当产品经理
遇到人工智能

叶亮亮◎著

电子工业出版社
Publishing House of Electronics Industry
北京·BEIJING

内 容 简 介

近年来,人工智能技术已经逐渐从实验室走向大众生活。互联网企业为了提升行业未来的竞争力,也纷纷在各领域进行布局。人工智能技术的爆发,同样对产品经理提出了新的要求,对于产品从业人员来说,人工智能时代既需要了解发生了哪些变化,又需要学会坚守不变的原则。本书将从产品经理角度出发,介绍AI的发展历史、AI的基本知识、AI产品设计方法论等方面的内容,并结合实际的智能产品设计案例,让读者更加清楚地了解人工智能技术的应用,并培养产品经理对于新技术的学习能力。

本书适合即将进入人工智能领域从事AI产品经理岗位的人士,或是现阶段进行产品经理工作转型学习的人阅读,同时适合企业负责人阅读。

未经许可,不得以任何方式复制或抄袭本书之部分或全部内容。
版权所有,侵权必究。

图书在版编目(CIP)数据

当产品经理遇到人工智能 / 叶亮亮著. —北京:电子工业出版社,2019.10
ISBN 978-7-121-37301-5

Ⅰ. ①当… Ⅱ. ①叶… Ⅲ. ①人工智能-基本知识 Ⅳ. ①TP18

中国版本图书馆 CIP 数据核字(2019)第 188254 号

责任编辑:宋亚东　　　　　　特约编辑:田学清
印　　刷:三河市良远印务有限公司
装　　订:三河市良远印务有限公司
出版发行:电子工业出版社
　　　　　北京市海淀区万寿路 173 信箱　　　　邮编:100036
开　　本:787×980　1/16　　印张:20　　字数:426.2 千字
版　　次:2019 年 10 月第 1 版
印　　次:2019 年 10 月第 1 次印刷
定　　价:79.00 元

凡所购买电子工业出版社图书有缺损问题,请向购买书店调换。若书店售缺,请与本社发行部联系,联系及邮购电话:(010)88254888,88258888。
质量投诉请发邮件至 zlts@phei.com.cn,盗版侵权举报请发邮件至 dbqq@phei.com.cn。
本书咨询联系方式:010-51260888-819,faq@phei.com.cn。

序

人工智能自 1956 年首次提出以来，经历了两次阶段性的起伏后，从 2016 年开始形成第三次爆发，相比于以往，这一次的爆发与我们的距离竟如此之近。人工智能在金融、医疗、安防、电商等领域，以一种全新的方式进入人们的生活，通过语音识别、自然语言处理、语音合成、计算机视觉等方式，影响着人类社会。

人工智能技术正在逐步走向成熟，但这并不意味着人工智能产品也已走向成熟。人工智能技术要真正发挥价值，在实际落地过程中从"技术驱动"转变为"产品驱动"，还要经历一段过程，这与大多新技术在落地过程的发展规律是相似的。AI 产品经理作为产品的"灵魂工程师"，对 AI 产品的完整生命周期负责，这就意味着在视角高度上，其应该具备引领人工智能产业发展的独特眼光；在基础能力上，其应该具备对人工智能技术的理解力；在评估项目时，其应该具备技术可行的判断力；在商业化过程中，其应该能够规划完整的产品发展蓝图。

《当产品经理遇到人工智能》一书在宏观层面从人工智能的历史发展开始介绍，总结了行业的发展规律，而后深入行业应用，对 AI 产品经理进行分类，说明不同类别产品经理岗位的差别，同时介绍了 AI 产品经理的职业要求，从行业转变到职位要求，内容层层深入递进。在微观层面以产品经理可理解的方式介绍神经网络、深度学习等知识，对 AI 产品经理的基本素质、思维方式、沟通协调能力进行深入分析。在人工智能具体应用中，深入分析了语音识别、自然语言处理、语音合成和计算机视觉的产品应用等，并通过实际的产品案例介绍了产品具体的落地过程，以及人工智能产品的商业模式和进入市场的方法。最后该书落脚到产品经理的个人成长方面，站在职业发展的角度说明产品经理应该具备的重要素质。

该书的出版能够弥补 AI 产品经理在落地人工智能产业过程中知识的缺失，让产品经理能够理解人工智能技术，并将其真正运用到实际的工作当中，在人工智能时代的浪潮中推动行业升级，实现 AI 产品经理的核心价值。

真诚希望《当产品经理遇到人工智能》这本书能为广大 AI 产品经理或即将从事产品经理的人士提供帮助，使他们实现自身的价值。

雷捷

前　言

人工智能带来的变化，有时候会让人猝不及防。每个人都在说人工智能，但人工智能究竟是什么，大家各有各的看法。人工智能本身就像一个没有边界的概念，与其说人工智能是一系列让机器变得智能的技术总称，不如说人工智能是一种综合性的思维。因为每一个智能产品的背后，依赖的绝非仅仅是一项技术，而是一个针对解决实际问题而呈现的最优方案，人工智能产品正是因为人们需要才变得智能的。

数据、算力和算法三个因素成就了人工智能的第三次浪潮，而人工智能接下来会如何成就人类社会，这就有赖于技术的落地了。目前人工智能已经能够让产品具备"听、说、读、写、看"的能力，也能让部分产品具备"运动"的能力，互联网企业最快"嗅"到人工智能带来的机会和挑战，因此纷纷提前在AI各产业链进行布局。时代的变化同样对AI产品经理提出了新的要求。作为产品的"灵魂工程师"，AI产品经理应该拥有纵观整体产业发展的视野，还要具备AI技术理解力及推动技术落地的能力，而这一切，都应该基于AI产品经理的成长。成长，应该是AI产品经理在这个时代不变的追求。

本书的写作目的

我们一直坚信"授人以鱼不如授人以渔"，新的技术总是层出不穷，对于AI产品经理来说，重要的不是亲自去钻研新技术，而是具备对新技术发展的洞察力，以及对用户的深刻理解和对市场的敏锐观察的能力，这也是本书在编写过程中着重体现的观念：重要的不是知识，是学习和搜索知识的能力。

我们希望这本书不仅让AI产品经理学会正确认识人工智能，将新的技术应用在产品上，更希望其能够系统梳理自己学习应用新技术的方法。本书的特色主要包含以下3点：①本书从人工智能发展历史开始讲起，从产品经理的角度去理解那些引起变革的重要技术及所带来的产品变化，培养AI产品经理对技术的敏感度；②本书总结了人工智能常见的算法模型和原理、重要的模型评价指标，没有晦涩难懂的计算公式，主要以适合AI产品经理理解的方式进行说明；③本书结合实际设计案例，对产品的基本素质、方案设计及沟通能力进行讲解，说明了如何结合AI技术进行产品设计。

本书的主要内容

本书将从 AI 产品经理的角度出发，介绍人工智能的发展历史、AI 基本知识、AI 产品设计方法论等方面的内容，并结合实际的智能产品设计案例，让读者能够更加清楚地了解人工智能技术的应用，培养 AI 产品经理对于新技术的学习能力。本书共包括 9 章，每章的主要内容如下所述。

第 1 章介绍了 AI 的发展历史，以及人工智能产业发展图谱。

第 2 章介绍了人工智能的行业应用、AI 产品经理的分类及 AI 产品经理的职业素养。

第 3 章介绍了产品经理应该了解的基础知识，包括建模过程、常见的算法原理、评价指标、智能硬件基本知识等。

第 4 章介绍了人工智能的技术应用类型，包括语音识别、自然语言处理、语音合成和计算机视觉，并延伸介绍了机器人领域的产品应用知识。

第 5 章结合人工智能产品的特点，介绍了产品经理应具备的思维方式，说明了大局观、同理心、数据分析、取舍之道等方面的能力培养。

第 6 章结合人工智能产品的落地过程，分析产品经理的沟通、协作方式及团队的建设思路。

第 7 章结合实际的案例，包括智能客服、景区评论挖掘、地址一致性校验等实际方案设计过程，了解产品经理在实际项目中是如何推动项目落地的。

第 8 章介绍了人工智能产品的商业模式规划方法和市场分析手段，并说明 B 端与 C 端产品的设计思维。

第 9 章对 AI 产品经理的人才观和成长环境进行总结，并探讨 AI 产品经理应该具备的核心能力。

由于作者水平有限，书中难免存在不足之处，敬请读者给予批评指正。

读者服务

轻松注册成为博文视点社区用户，搜索（www.broadview.com.cn）可直达本书页面。

- **提交勘误**：您对书中内容的修改意见可在 提交勘误 处提交，若被采纳，将获赠博文视点社区积分（在您购买电子书时，积分可用来抵扣相应金额）。

- **交流互动**：请在页面下方 读者评论 处留下您的疑问或观点，与我们及其他读者一同学习交流。

目录 Contents

第 1 章 洞察力：从产品经理角度认识人工智能 / 1
- 1.1 AI 的发展历史 / 2
- 1.2 人工智能产业发展图谱 / 10
- 本章小结 / 18

第 2 章 职业探索：从行业应用到职业素养 / 20
- 2.1 人工智能的行业应用 / 21
- 2.2 AI 产品经理的分类 / 30
- 2.3 AI 产品经理的职业素养 / 32
- 本章小结 / 36

第 3 章 基础素质：产品经理必备的人工智能基础知识 / 38
- 3.1 为何要了解人工智能技术 / 39
- 3.2 了解模型建立的过程 / 41
- 3.3 常见的算法原理 / 59
- 3.4 常用模型评价指标 / 76
- 3.5 智能硬件基本知识 / 81
- 3.6 人工智能水平的发展阶段 / 86
- 本章小结 / 89

第 4 章 产品模式：常见产品的应用分析 / 91

- 4.1 语音识别的产品应用 / 92
- 4.2 自然语言处理的产品应用 / 109
- 4.3 语音合成技术的产品应用 / 122
- 4.4 计算机视觉的产品应用 / 133
- 4.5 机器人的产品应用 / 154
- 本章小结 / 163

第 5 章 产品内功：树立 AI 产品的方法论 / 166

- 5.1 大局观：产品的定位和方向 / 167
- 5.2 同理心：探究产品的场景和目标 / 174
- 5.3 数据分析：用数据驱动产品 / 185
- 5.4 取舍之道：需求的优先级评估 / 203
- 本章小结 / 210

第 6 章 产品外功：沟通、协作与推动能力 / 212

- 6.1 学会说和听，降低沟通成本 / 213
- 6.2 明确产品规划，促进团队协作 / 222
- 6.3 学习型团队，项目整体推动 / 228
- 本章小结 / 241

第 7 章 方案落地：AI 产品的方案设计 / 243

- 7.1 AI 产品方案的落地过程 / 244
- 7.2 智能客服的调研和设计 / 246
- 7.3 景区评论挖掘方案 / 256
- 7.4 地址一致性校验方案 / 260
- 7.5 图片相似程度比对方案 / 269
- 7.6 智能搜索方案设计 / 273
- 本章小结 / 277

第 8 章 发展模式：产品的成长路径 / 279

- 8.1 商业模式：确定产品的发展逻辑 / 280
- 8.2 市场分析：如何实现突破进入市场 / 285
- 8.3 产品思维：B 端与 C 端产品设计 / 292
- 本章小结 / 300

第 9 章 核心价值：自我学习与成长 / 301

- 9.1 AI 产品经理的人才观 / 302
- 9.2 AI 产品经理的成长环境 / 304
- 9.3 AI 产品经理的自我迭代 / 306

第 1 章

洞察力：从产品经理角度认识人工智能

在 20 世纪，科学家提出了一个问题：机器何时能够像人类一样思考呢？这个问题所探讨的正是人们至今为止都在探索的人工智能（Artificial Intelligence，简称 AI）。人工智能的概念产生于 20 世纪 50 年代，经过半个多世纪的发展，到 21 世纪初人工智能发展迸发出了无限生机，为各个产业的升级带来了新的机遇。人们发现，人工智能在各个行业都有可落地的场景，进而为各个行业带来新的认知和变革。

人工智能的发展与互联网技术有着密切的联系，20 世纪末到 21 世纪初是互联网发展的黄金时代，从个人计算机（PC）时代互联网的普及到现代移动互联网的发展，互联网全面渗透到了各个行业，极大地改变了行业数据的积累方式。随着数据、算法、算力三方面水平的提升，为人工智能的落地创造了条件，从而促使完整的人工智能产业链逐步形成。互联网企业作为科技企业的代表，自然不会错过"AI+行业"带来的机遇，AI 的相关领域成为各个投资者密切关注的领域。互联网企业通过 AI 赋能，让企业中的 AI 产品经理接触到了人工智能这个概念。

面对即将进入的人工智能时代，虽然越来越多的产品经理开始关注这个领域，但却不知从何入手。人工智能究竟是什么？人工智能的产业分布如何？人工智能的产品落地形态有哪些？在使用人工智能技术过程中，AI 产品经理又应该具备什么样的职业素养？这是许多 AI 产品经理在初次接触人工智能概念时产生的疑问。其实，作为 AI 产品经理，重要的不是了解人工智能技术本身，而是要洞察人工智能背后的产业发展规律。本章将带着这一系列问题，从人工智能的发展历史说起，从 AI 产品经理的角度认识人工智能。

1.1　AI 的发展历史

1.1.1　开拓历史引发热潮

人工智能是什么？大多数人对此的定义：拥有人类的智慧（甚至人类的外表），可以和人平等交流的机器。机器何时能够像人类一样思考呢？"像人类一样思考"的描述，开启了"人工智能"思想的雏形。其实，不仅希望"机器能够像人类一样思考"，人们对于人工智能更高的期望是"与人类没有任何差别"。人们对于人工智能的美好期待在很多科幻电影中得以体现，这些影片不仅展示了人们对人工智能的理解，而且对人工智能可能带来的伦理问题、价值问题进行了深入探讨。电视剧《西部世界》演绎了在未来世界中，当机器人真的如同人类一样能够与人交流、与人互动并且有自己的想法时，会产生的各种人性问题。在这部电视剧中，"机器人"不仅能像人类一样思考，更如同人类一样拥有自己的感情，甚至拥有远超人类的运动能力和智慧，如图 1-1 所示。

图 1-1　电视剧《西部世界》的海报

在人工智能的发展过程中，有一个人的名字经常被提起，他就是被称作"人工智能之父"的艾伦·麦席森·图灵（Alan Mathison Turing），如图 1-2 所示。他在 1950 年第一次提出了判定机器是否具备智能的实验方法和判定标准，也就是著名的"图灵测试"，对现代的人工智能技术发展有着深远的影响。他提出的"图灵机"概念，从理论上证明了通用数字计算机的可行性，为计算机的发展奠定了理论基础。1966 年，美国计算机协会以图灵的名字设立了

图 1-2　人工智能之父图灵

图灵奖。"计算机之父"冯·诺依曼，将图灵的理论变成实际的物理实体，提出冯·诺依曼结构，用二进制代替了十进制，并提出了计算机的基本结构：运算器、控制器、存储器、输入设备和输出设备。正是因为计算机的发展，为人工智能的发展奠定了基础。

尽管在 20 世纪 50 年代之前，就已经有很多看似与"人工智能"相关的研究，但人工智能概念的正式提出是在 1956 年达特茅斯（Dartmouth）学院举办的学术会议上，如图 1-3 所示。1956 年夏天，达特茅斯学院里聚集了约翰·麦卡锡（John McCarthy，Lisp 语言发明者）、马文·闵斯基（Marvin Lee Minsky，人工智能与认知学专家）、克劳德·埃尔伍德·香农（Claude Elwood Shannon，信息论的创始人）、艾伦·纽厄尔（Allen Newell，计算机科学家）、赫伯特·西蒙（Herbert Simon，诺贝尔经济学奖得主）等众多的人工智能先驱。他们在会后正式提出了"人工智能"的概念，后来人们称达特茅斯会议是全球人工智能研究的起点，而该年也被称作"人工智能元年"。自此后的 10 年，掀起了人工智能第一次研究与应用的热潮。

图 1-3　达特茅斯学院

在 20 世纪五六十年代，计算机技术水平尚处于比较初级的阶段，同时受限于理论模型的研究，人工智能的研究大多停留在实验室阶段。当然，这并不妨碍人们在一些垂直领域做出有益的探索，例如，这个时期人工智能就在西洋跳棋上得到了应用，被视作人工智能与人类的第一次棋类博弈。历史总是惊人的相似，人工智能每一次与人类的棋类博弈，总能给社会带来巨大的影响，总会掀起新一轮的研究浪潮。在这个时期，人们也开始尝试制造对话机器人，早期的对话机器人可以被视作现在智能客服和智能助手产品的"鼻祖"。

1. 人工智能与人类的第一盘棋

棋类游戏被认为是人类智力活动的象征，而西洋跳棋是人工智能在棋类博弈中的第一个落地应用。为何人工智能会在棋类游戏中"大杀四方"呢？这是因为棋类游戏的规则简洁明了，输赢都在盘面上，适合计算机求解。从 20 世纪 60 年代到今天，人工智能从西洋跳棋方面取得突破，而后对国际象棋、围棋发起挑战，这是人工智能中数据智能发展的表现。

1952 年，计算机技术的先驱阿瑟·萨缪尔（Arthur Samuel）使用 IBM 公司的第一批商用计算机 IBM701，研制了一个西洋跳棋程序，且这个程序具有自学能力。1961 年，萨缪尔向康涅狄格州的西洋跳棋冠军、当时全美排名第四的棋手发起了挑战，最终萨缪尔的程序获胜；1962 年，西洋跳棋程序又战胜了一位盲人高手。这在当时引起了很大的轰动，甚至有媒体宣称："机器在下西洋跳棋上已经超越了人类。"

2. 对话机器人鼻祖 Eliza

人工智能的一项基本挑战是赋予机器使用自然语言与人类进行交流的能力。在 20 世纪 60 年代，系统工程师约瑟夫·魏泽堡和精神病学家肯尼斯·科尔比共同编写了世界上第一个真正意义上的对话机器人程序 Eliza，这是最早的与人对话的程序，它能够使计算机与人用英语进行谈话，如图 1-4 所示。此产品的交互十分简单，主要是根据人类的输入、返回对话原理，通过模拟形成对话过程。

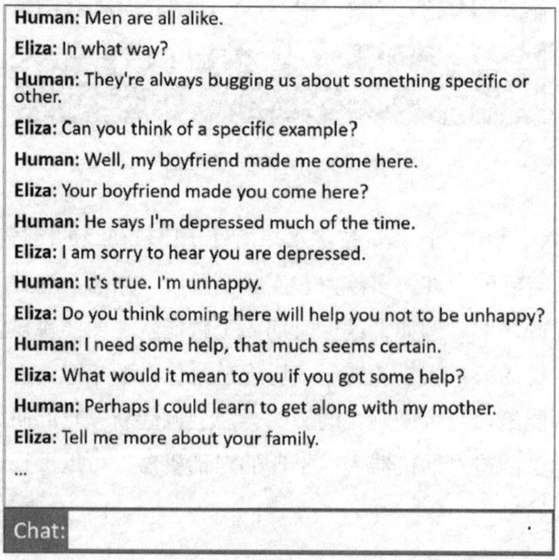

```
Human: Men are all alike.
Eliza: In what way?
Human: They're always bugging us about something specific or other.
Eliza: Can you think of a specific example?
Human: Well, my boyfriend made me come here.
Eliza: Your boyfriend made you come here?
Human: He says I'm depressed much of the time.
Eliza: I am sorry to hear you are depressed.
Human: It's true. I'm unhappy.
Eliza: Do you think coming here will help you not to be unhappy?
Human: I need some help, that much seems certain.
Eliza: What would it mean to you if you got some help?
Human: Perhaps I could learn to get along with my mother.
Eliza: Tell me more about your family.
...
Chat:
```

图 1-4 对话机器人 Eliza 和人之间的对话

虽然 Eliza 是第一个对话机器人，但是它并没有真正采用与"自然语言处理"相关的技术，所以不能真正理解人类的意图。Eliza 的基本原理是系统对输入句子做了一个变换，便直接产生了输出语句，尽管如此，也不能掩盖人们对 Eliza 对话机器人进行探索的价值。此后的 Parry（Colby，1975）和 Alice（Wallace，2009）都是以模仿人类行为为方向设计的文本对话机器人，而这些对话机器人目前在多个领域中都得到了应用。

1.1.2 成果受限进入低潮

尽管人工智能在人机对话、棋类游戏领域有所应用，但这些应用显然还不能真正运用到行业生产中，人工智能应用能否真正落地，同样受到质疑。在 20 世纪六七十年代，由于理论水平和计算机水平的限制，人工智能很难有可实际应用的产品产生。1969年，马文·闵斯基在《感知器》著作中指出了简单的线性感知器功能的有限性，这为人工神经元网络的研究带来了沉重的打击；1973 年，《莱特希尔报告》用翔实的数据说明，几乎所有的人工智能研究都远未达到早前承诺的水平。当人工智能还没有成熟的研究成果时，可预见的价值也比较低，人工智能的研究就此进入了持续 10 年的低潮期，从 20 世纪 60 年代末到 20 世纪 70 年代中期，许多国家对人工智能相关的研究经费投入也在逐渐减少。

当我们回顾人工智能处于低潮时的历史可以发现，人工智能研究进入低潮期主要有 3 个方面的原因。

① 理论研究还未达到成熟阶段。人工智能基于的数学模型和数学手段都有一定的缺陷，如逻辑证明器、感知器等都只能做要求简单、专业性强的任务，稍微超出范围就无法应对。

② 计算机硬件能力不足。人工智能的应用计算复杂度是呈指数级增加的，以当时的计算机水平来看，是不可能完成的计算任务。

③ 大量行业缺少应用数据。在计算机发展早期，各行业还停留在传统生产阶段，对于数据的利用和保存非常缺乏，这导致人工智能缺少有效的数据支持。

当然，在人工智能研究的低潮期，依然产生了不少对当今产品应用影响深远的技术。1972 年，Kohonen T.教授提出人工神经网络中的自组织特征映射网络 SOM（Self-Organizing Feature Map），它是采用一种"胜者为王"的竞争学习算法，这个算法在后续的模式识别、语音识别及分类问题中得到了有效的应用。1976 年，美国波士顿大学研究学者提出了著名的自适应共振理论（Adaptive Resonance Theory，ART），其学习过程具有自组织和自稳定的特征。这些技术的积累为人工智能第二次研究热潮的到来积累了有益的经验，也为当今语音识别、图像识别等技术奠定了良好的理论基础。

1.1.3 IT 技术带来新曙光

进入 20 世纪 80 年代，人工智能重新回到人们的视野中，这并不是毫无征兆的爆发，而是得益于被称为人工智能的三驾马车——算力、算法和数据在人工智能研究低潮期间的快速发展。可以说计算机硬件的发展、互联网技术的普及，都为人工智能在 21 世纪的爆发埋下了伏笔。

1．算力水平的指数提升

计算机的存储能力与计算能力的发展，为人工智能的大规模运算打下了坚实的硬件基础。戈登·摩尔（Gordon Moore）早在 1965 年就提到，每一代的芯片发展周期在 18～24 个月之内，而新一代的芯片能包含的集成电路元件数是前一代芯片的 2 倍，这也意味着计算机的计算能力相对于时间周期将呈指数式上升。自从 20 世纪 70 年代计算机进入大规模集成电路时代后，计算机的算力水平飞速提升，我国继 1983 年研制成功每秒运算 1 亿次的"银河Ⅰ号"巨型机，又在 1993 年成功研制了每秒运算 10 亿次的"银河Ⅱ号"通用并行巨型机。直到 21 世纪，云计算、GPU 技术都迅速发展起来了。

算力水平的提升对人工智能的发展有显著的影响，由诸多硅谷大亨联合建立的人工智能非营利组织"OpenAI"曾经发布了人工智能训练需要使用的算力分析，如图 1-5 所示。

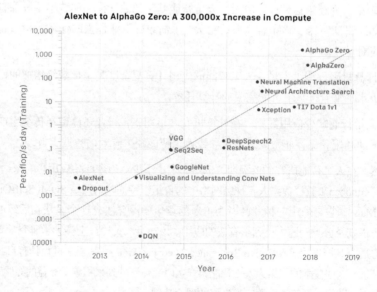

图 1-5　人工智能训练需要使用的算力分析

自 2012 年以来，人工智能训练任务中使用的算力呈指数级增长，目前的速度为每 3.5 个月翻一倍。自 2012 年以来，人们对算力的需求增长了超过 300 000 倍。由此可见，没有算力的提升，就没有人工智能的训练条件，硬件算力水平提升是人工智能快速发展的重要因素，是人工智能数据实现智能的重要保障。

2. 算法模型的突破发展

算法模型取得的发展深刻地影响了人工智能的应用，以深度学习神经网络为代表的人工智能技术正深刻影响着各行业的发展。事实上，很多经典的神经网络是在 20 世纪 80 年代得到发展的，例如，儒默哈特（D.E.Rumelhart）等人于 1986 年在多层神经网络模型的基础上，提出了多层神经网络权值修正的反向传播学习算法（Back-Propagation，BP），如图 1-6 所示。BP 算法通过信息正向传播和误差反向传播来调整网络参数，从而解决了多层前向神经网络的学习问题，证明了多层神经网络具有很强的学习能力，BP 算法几乎是所有神经网络

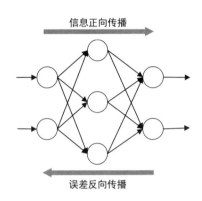

图 1-6　BP 神经网络的训练原理

研究学者的入门必学内容，是迄今为止最成功的神经网络学习算法。

美国物理学家霍普菲尔德（Hopfield）提出的离散"Hopfield"网络，解决了著名的旅行推销商问题（Travelling Salesman Problem）。霍普菲尔德的模型不仅对人工神经网络信息存储和提取功能进行了非线性数学概括，提出了动力方程和学习方程，还对网络算法提供了重要的公式和参数，使人工神经网络的构造和学习有了理论指导。1984 年，有学者提出了大规模并行网络学习机的想法，并明确提出"隐含单元"的概念，这种学习机后来被称为"Boltzmann"机。

直到 2006 年，深度学习巨擘杰弗里·辛顿（Geoffrey Hinton）正式提出了开启人工智能第三次研究浪潮的重要算法——深度学习，这个算法模型对人工智能的发展有着深远的影响。2013 年，《麻省理工科技评论》将其列为世界十大技术突破之首，代表了人们对"深度学习"在学术界和工业界巨大影响力的认可。Geoffrey Hinton 在学术期刊《科学》发表的文章中详细地给出了"梯度消失"问题的解决方案，即通过无监督的学习方法逐层训练模型，再使用有监督的反向传播算法进行调优。"深度学习"方法的提出立即在学术圈引起了巨大的反响，以斯坦福大学、多伦多大学为代表的众多世

界知名高校纷纷投入巨大的人力、财力进行"深度学习"领域的相关研究，另外以"深度学习"为代表的技术在多项比赛中均取得了优异的成绩，而后"深度学习"的成果又迅速蔓延到工业界。算法模型的突破使人工智能从计算智能逐步过渡到感知智能阶段。

3. 数据在互联网中沉淀

20世纪80～90年代，是计算机互联网技术迅猛发展的时期。早在1982年，个人计算机就开始成为一种文化现象。如图1-7所示，1982年的《时代周刊》甚至将个人计算机作为"年度人物"印在了杂志的封面上，足见计算机当时的影响力。基于互联网的发展，为人类世界带来了一笔新的资产——数据。从1996年开始后的15年间，计算机的数量从原来的630万台增长至6710万台，而根据"We Are Social"和"Hootsuite"披露的数据显示，2018年年初全世界的网民总数已经超过了40亿人。互联网快速发展的背后，是海量数据的沉淀。任何智能技术的发展都需要有一个学习的过程，人工智能依赖于大量数据的训练，而互联网产生的数据，为人工智能的发展提供了丰富的养料。

图1-7 个人计算机成为《时代周刊》封面

1.1.4 产品落地的巨大能量

进入21世纪，"数据+算力+算法"的发展进一步驱动人工智能的复兴。这一次当人工智能高调出现在人们面前时，已经走出实验室，并具备在各行业落地的可能。在总结信息技术的发展史时，以10年作为一个单元来看，每隔10年人类就会进入一个新的时代，如图1-8所示。因此人们推测，或许移动互联网之后的下一个10年，正是人工智能的时代，人们之所以看重人工智能，是因为每一个时代的变更，都会带来更多的机遇。

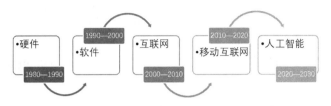

图 1-8　信息技术发展史

人工智能引起人们关注的热点事件总是巧合地与人工智能的"棋类"挑战赛有关。在国际象棋领域，1996 年，IBM 公司研发的超级国际象棋电脑"深蓝"正式首次挑战国际象棋世界冠军卡斯帕罗夫，最终以 2∶4 落败，但一年后深蓝就以 3.5∶2.5 击败了卡斯帕罗夫，成为首个在标准比赛中击败国际象棋世界冠军的电脑系统，这也是人工智能在 20 世纪 90 年代的亮点，因此在 20 世纪末引发了现象级的讨论。2016 年，人工智能研究终于突破人类最后的骄傲——围棋。AlphaGo（围棋人工智能程序）先是战胜了人类围棋高手李世石，后又战胜中国的世界围棋冠军柯洁，如图 1-9 所示。AlphaGo 在围棋上取得的胜利被视为人工智能发展新的里程碑，也是第三次人工智能研究浪潮的开端。

图 1-9　AlphaGo 战胜人类棋手

AlphaGo 能够战胜人类，这背后有一项重要的技术突破，也是其依赖的主要算法——深度学习神经网络。当人们开始重视"深度学习"的应用时才发现，原来"深度学习"已经让人工智能在语音识别、图像识别等多个领域取得了重大突破。2011 年，微软将"深度学习神经网络"应用在语音识别上。2012 年，在 ImageNet 图像识别比赛中，深度学习赢得了 ImageNet 图像分类比赛的冠军，并且准确率超出第二名 10%以上。同年，百度成立了"深度学习"研究院，2014 年 5 月又在美国硅谷成立了新的"深度学习"实验室，还聘请了斯坦福大学著名教授吴恩达担任首席科学家。Facebook 公司于 2013

年 12 月在纽约成立了新的人工智能实验室，聘请"深度学习"领域的著名学者、卷积神经网络的发明人 Yann LeCun，作为首席科学家。2014 年 1 月，谷歌抛出 4 亿美元收购了"深度学习"的创业公司 DeepMind，可见，"深度学习"的应用已经受到了互联网巨头的关注。

除了互联网企业，人工智能的发展趋势同样受到了国家层面的关注。在 2016 年 10 月，美国率先发布《国家人工智能与发展策略规划》，以图未来在该领域继续保持优势；相隔不到一年，中国在 2017 年 7 月发布了《新一代人工智能发展规划》，以促进国内人工智能的发展；2018 年 3 月，欧盟发布《人工智能时代：确立以人为本的欧洲战略》紧跟人工智能发展的大趋势。至此，美国、中国和一些欧盟国家都陆续发布了有关人工智能的国家战略，期望抢占人工智能的制高点。

与人工智能在发展早期面临的诸多困难不同，这一次人工智能已经在语音识别、计算机视觉、语音合成、自然语言处理等多个领域真正实现了产品的落地，在工业、金融、安防、电商等行业都能看到相关应用，并且部分应用极大地提升了产能。麦肯锡、埃森哲都曾预言：人工智能在未来会更多取代人类现有的工作，并且使人类社会的生产效率大大提高。

人工智能在技术层面仍然有许多提升的空间，但是此时摆在人们面前的是一个新的问题，就是如何让人工智能融入有效的应用场景中，并能够与商业模式紧密结合起来。正是因为产品落地过程中产生了很多新问题，因此人工智能产业发展也要求 AI 产品经理能够站在时代的前沿，去洞察人工智能行业的发展前景，推动人工智能在行业中实现有效落地。

1.2　人工智能产业发展图谱

当 AI 产品经理面对人工智能巨大的行业市场时，时常会感到迷茫。因为人工智能作为一项新技术，有太多新的概念、名词甚至是理念，它们几乎在同一时间涌入脑中，让人不知所措。人们常把 2016 年视作人工智能第三次热潮的元年，几乎在一夜之间，许多公司的产品都带上了"AI"的光环，AI 的产品应用有很多相似的地方，而业务领域却完全不同。那么，如何认识这些新的产品，了解这个市场呢？这就需要 AI 产品经理具备人工智能行业的洞察力。

如何具备人工智能行业的洞察力呢？我们将从人工智能的三个产业结构来了解分析，找准产品对应的位置，从而准确找到对应结构的市场和竞争对手，再通过梳理国内外企业在不同产业链中的布局状况，来把握全球市场的动向。

1.2.1 人工智能产业链结构

2016年以来，人工智能再次掀起应用热潮，而这一次爆发之所以比以往受到更多人的关注，是因为人工智能这一次的爆发有更好的基础性技术保障，也有更多落地应用的可能，人工智能产业结构也更加趋于合理和完善。根据当前人工智能产业链结构划分，人工智能产业链基本形成了应用层、技术层和基础层，不同层次之间还可按照产业链维度和技术维度进行具体划分，如图1-10所示。

图 1-10 人工智能产业链结构

应用层是人工智能技术与传统行业深度融合的领域，可实现不同场景的应用。在应用层按照对象不同，可以分为消费级终端和行业场景应用两大类别。在消费级终端方面，有智能无人机、智能机器人、智能交互技术及自动驾驶技术等技术维度；在行业场景应用方面，包括垂直行业解决方案及通用底层技术能力，对应各类外部行业的 AI 应用场景，如智慧医疗、智慧金融、智能家居等。在具体的行业落地方面，人工智能目前则主要形成芯片、自然语言处理、语音识别、机器学习应用、计算机视觉与图像、技术平台、智能无人机、智能机器人、自动驾驶 9 个热门领域。

技术层主要为整体产业链提供通用技术能力，是人工智能发展的核心。技术层按照技术应用可分为通用算法应用层、技术平台及框架系统三部分。在通用算法应用层中，包括了模块化通用人工智能能力，如自然语言处理、计算机视觉等，在计算机视觉层面云集了商汤科技、旷视科技、云从科技等大量独角兽企业，这些企业不仅在技术层面上研究算法，而且提供更多的行业解决方案，向应用层延伸；在技术平台中，则可分为机器学习、深度学习、数据挖掘、模式识别等平台；在框架系统中，则主要包括开源的机器学习框架，以及可被广泛应用于各类算法的编程。

基础层为整体产业提供算力，是支撑人工智能应用的前提。基础层按照能力类别可分为数据平台、计算力以及传感系统。基础层中计算力的硬件部分，则主要指芯片、云计算设备等，芯片领域的典型公司如寒武纪科技、深鉴科技，从事包括 GPU、FPGA 及 ASIC 等各类 AI 芯片的研发设计，由于技术门槛过高、投资周期长，目前国内仅有极少部分具备足够技术积累的初创企业参与其中；计算力平台依托云计算为整个人工智能产业链提供算力，除了阿里云，国内典型的创业公司有七牛云、青云等；传感系统主要指的是传感器元件，包括光、温度、速度、声学器件等基础传感器。人工智能引发了行业新的增长点，传统的芯片计算架构已无法支撑大规模并行计算的需求，全球 AI 产业都普遍面临算力的瓶颈，当前该领域的进入门槛更高，目前多以国际巨头参与为主。

1.2.2　国际巨头的布局

面对人工智能的爆发，人们不禁会回想起互联网的兴起过程，认为人工智能会有类似的发展轨迹，所以国家层面将人工智能当作未来的主导性战略，并出台了相关发展战略规划也就不足为奇了。那么企业又是如何对人工智能产业发展进行布局的呢？放眼国内外，许多互联网巨头企业都凭借自身的优势，以投资或自主研发的形式，在人工智能的三大产业链中提前进行了布局。

互联网企业在过去10年的高速发展过程中，沉淀了大量的数据，同时还掌握了大量核心算法和硬件技术，因此在布局人工智能的企业中，互联网企业最为活跃。以知名的谷歌、亚马逊、Facebook、微软、苹果为例，它们在人工智能的应用层、技术层和基础层均有布局，尤其在基础层相较于中国企业有较大的领先优势，如表1-1所示，展示了这5家公司在人工智能各个产业链的布局情况。

表 1-1 国际互联网企业产业布局图谱

公司	应用层		技术层	基础层
	消费级终端	行业场景应用	技术平台/框架	芯片
谷歌	谷歌无人车、Google Home	Voice Intelligence API、Google Cloud	TensorFlow系统、Cloud Machine Learning Engine	定制化TPU、Cloud TPU、量子计算机
亚马逊	智能音箱Echo、Alexa语音助手、智能超市Amazon go、PrimeAir无人机	Amazon Lex、Amazon Polly、Amazon Rekognition	AWS分布式机器学习平台	Annapurna ASIC
Facebook	聊天机器人Bot、人工智能管家Jarvis、智能照片管理应用Moments	人脸识别技术DeepFace、DeepMask、SharpMask、MultiPathNet	深度学习框架Torchnet、FBLearner Flow	人工智能硬件平台Big Sur
微软	Skype即时翻译、小冰聊天机器人、Cortana虚拟助理、Tay、智能摄像头A-eye	微软认知服务	DMTK、Bo Framework	FPGA芯片
苹果	Siri、iOS照片管理、即时翻译	Vision API Natual Language API	苹果机器学习框架 Core M Create ML	Apple Neural Engine A12 Bionic

应用层产品是大多数普通用户能够接触到的人工智能落地产品，针对C端的人工智能产品主要体现在人机交互和提升效率两个方面。而人机交互的产品主要体现在语音交互上，如苹果的Siri、微软小冰聊天机器人等智能对话机器人及亚马逊智能音箱Echo等。这些产品设计突破和创新了传统以文本进行输入的人机交互方式，

从而使网络企业巨头通过应用层产品抢占了未来用户的语音交互入口；提升效率则体现在人们的衣食住行等方面，小的应用如各类智能照片管理应用、Facebook 的人工智能管家 Jarvis。另外，出行方面则有无人机、无人车等。值得一提的是，无人车和无人机都是结合机器视觉、控制等多项技术，对未来的交通运输提出的新的构思，以帮助人们改善出行方式。虽然目前还未见到量产且成熟的产品，但相信未来无人驾驶技术终将得到应用，就如同一百多年前没有人敢想象飞机的诞生一样。

在技术层方面，国外互联网企业非常重视开源生态的构建，自 2015 年谷歌公布了第一个开源平台 TensorFlow 以来，各大企业都先后开放了自己的开源平台，如表 1-2 所示。例如，人工智能常见的开源平台包括谷歌的 TensorFlow、微软的 DMTK 与 CNTK、IBM 的 SystemML、Facebook 的 Torch、亚马逊的 DSSTNE，这些开源平台相当于现如今的 iOS 和 Android 系统，国际巨头不仅期望通过开源生态构建"护城河"，还希望能够通过开放式创新吸引大量人才，开源生态构建的意义可见一斑。

表 1-2 人工智能开源平台一览表

企 业	成立时间	开源平台名称	简　介
谷歌	2015.11	TensorFlow	谷歌的第二代深度学习系统，同时支持多台服务器
微软	2015.11	DMTK	一个将机器学习算法应用在大数据上的工具包
IBM	2015.11	SystemML	可实现定制算法、多模式编写、自动优化
Facebook	2015.12	Torch	深度学习函式库 Torch 框架，鼓励模块化编程
微软	2016.01	CNTK	通过一个有向图将神经网络描述为一系列计算步骤
亚马逊	2016.05	DSSTNE	能同时支持两个 GPU 参与运行的深度学习系统

除了应用层和技术层，基础层也是人工智能的重中之重，这其中 AI 芯片的研究便受到广泛的关注。从技术架构来看，人工智能芯片分为通用性芯片（GPU）、半定制化芯片（FPGA）、全定制化芯片（ASIC）、类脑芯片四大类。英特尔、IBM 等"老牌"云服务器芯片厂商同样在积极布局这一市场，各自通过并购、投资、研发等方式不断切入云 AI 芯片领域。互联网企业当然不会放过这一产业，谷歌在 2016 年宣布独立开发一种名为 TPU 的全新的处理系统，是专门为机器学习应用而设计的专用芯片，在打败了李世石和柯洁的 AlphaGo 人工智能程序中，就是采用了谷歌的 TPU 系列芯片。

以谷歌为代表的国际巨头依托强大技术实力与数据资源，以自身产品和服务为载体，全力布局人工智能全产业链，在应用层、技术层、基础层全面布局人工智能产业，夯实自身产品基础能力，尤其对基础层和技术层的布局更加深厚，正着力打造强大的人工智能生态体系。

1.2.3 国内巨头的布局

中国的互联网企业也积极在人工智能产业链中进行布局,包括成立 AI 研究院、组建研究团队或是对相关领域的公司进行投资,以保证在未来的竞争中不落后于他人。虽然国内尚没有具有较大行业影响力的人工智能平台,同时产业生态还处于早期发展阶段,缺乏支持行业发展的试验平台和数据集,但得益于中国移动互联网的快速发展,以及中国的互联网企业积累的巨大的用户数据,人工智能在中国未来市场的增长势头依然被看好。

人工智能作为新兴产业,科技含量较高,集聚效应已在中国国内初步显现,目前国内初步形成了三大人工智能聚集区,主要集中在北京、上海、广东等科技、教育与经济发达的一线城市,而从人工智能的投入来看,则以百度、阿里巴巴、腾讯和华为为代表,四家企业在人工智能产业的布局情况,如表 1-3 所示。

表 1-3 国内企业人工智能产业的布局情况

公司	应用层		技术层	基础层
	消费级终端	行业场景应用		
百度	百度识图、百度无人车、度秘(Duer)	Apollo、DuerOS	PaddlePaddle	DuerOS 芯片
阿里巴巴	智能音箱天猫精灵 X1、智能客服"阿里小蜜"	ET 大脑	PAI 2.0	自主研发 AI 芯片
腾讯	WechatAI、Dreamwriter 新闻写作机器人	智能搜索引擎"云搜"、中文语义平台"文智""优图"	腾讯云平台、Angel、NCNN	—
华为	AI 拍照、AI 降噪、AI 雷达、电量管理	华为云服务	HiAI 平台	麒麟 970、麒麟 980

1. 百度

以搜索为核心功能的百度在发展人工智能方面不遗余力。根据公开数据显示,在 AI 研究方面,百度的四大 AI 实验室在语音识别、图像识别、深度学习等领域都取得了突破性进展,目前百度语音识别准确率已达 97%,人脸识别测试的准确率已达 99.7%。2018 年中国专利保护协会发布的《人工智能技术专利深度分析报告》显示,百度以 2368 件的"AI 专利"申请量在国内专利权人中位居第一,数量是腾讯的 2 倍、阿里巴巴的 3 倍以上,成为中国人工智能领域获得专利方面名副其实的"领头羊"。

百度大脑被定位为开放的、全球领先的 AI 服务，涉及的服务包括语音识别、图像识别、人脸识别等热门领域；百度 Apollo 平台则是针对汽车行业和自动驾驶领域的开放平台，能够提供完整的服务；百度的 DuerOS 则能为企业和开发者提供对话式人工智能解决方案。同时，百度还推出了 AI 生态合作伙伴计划即"燎原计划"，旨在为合作伙伴提供技术、客户、营销、企业运作和投资等全方位的支持，通过提供解决方案、硬件集成、课程培训和数据服务，帮助伙伴成功，共享 AI 未来。

百度在基础层的部署，主要通过自主研发的方式进行，在 2018 年百度 AI 开发者大会上宣布推出云端全功能 AI 芯片"昆仑"。百度的 CEO 李彦宏称，"昆仑"是中国第一款云端全功能 AI 芯片，它的运算能力比最新基于 FPGA 的 AI 加速器提升了近 30 倍。综合来看，"昆仑"具备 3 个方面的优势：①高性能，针对语音、自然语言处理、图像等人工智能应用进行专门优化；②高性价比，同等性能下"昆仑"的成本能够降 1/10；③易用性，支持多个深度学习框架，编程灵活度高，能够灵活支持模型的训练和预测。

2. 阿里巴巴

阿里巴巴在人工智能领域的布局上，和电商业务有非常紧密的结合，在 2017 年阿里巴巴云栖大会的最后一场中，其推出了"产业 AI"的概念。阿里云总裁胡晓明首次全面揭幕了阿里巴巴产业的 AI 的生态构建：以阿里云为基础，从家居、零售、出行、金融、智能城市、智能工业六大方面展开产业布局，以及从视觉、语音、算法到芯片构建立体合作伙伴生态。阿里巴巴的人工智能项目"ET 大脑"也升级为开放的 AI 生态系统，还启动了"千里马计划"，通过赛事来招募合作伙伴。

阿里巴巴推出的"明星"应用产品包括智能音箱——天猫精灵，这是阿里巴巴人工智能实验室在 2017 年 7 月 5 日正式推出的天猫精灵 X1。在 2017 年的"双十一"期间，天猫精灵很快就提前售罄，成为中国首个出货量过百万的智能音箱。从 2017 年到 2018 年，天猫精灵在中国市场已经取得了连续四个季度排名第一的成绩，累计出货量达 500 万台以上，而这一数据依然在增长，2018 年"双十一"期间，天猫精灵参与了活动，交互次数超 2000 万次。

"鲁班"（现改名为鹿班）也是阿里巴巴自主研制的一款人工智能产品，主要应用于海报设计，目前累计设计 10 亿次海报。在 2016 年"双十一"期间，"鲁班"就把"双十一"站内投放广告的形式呈现为千人千面，根据主题和消费者特征进行个性化呈现，平均每个分会场需要投放 3 万张图片素材，整个"双十一"期间累计生产了 1.7 亿张图片的素材；2017"双十一"期间，"鲁班"一天制作了 4000 万张海报，并且每张海报都是根据商品特征进行专门设计的。据阿里巴巴智能设计实验室负责人乐乘介绍，"鲁班"的设计能力已经接近高级设计师水平，他们在未来将会开放"鲁班"的一键生成、智能创作、智能排版、设计拓展 4 个核心功能。

除了针对 C 端的应用产品，阿里巴巴同样在行业解决方案中进行布局。在 2017 年 12 月 20 日，阿里云在云栖大会·北京峰会上正式推出"ET 大脑"，它是全球首个类脑架构的人工智能系统。ET 大脑生态将在金融、工业、城市、零售、汽车、家居六大方向进行立体布局，具体整合城市管理、工业优化、辅助医疗、环境治理、航空调度等全局能力为一体，从这些能看出阿里巴巴有全面布局产业 AI 的野心。

3．腾讯

从 2012 年以来，腾讯已经相继成立腾讯优图实验室、人工智能联合实验室、腾讯 AI Lab 和腾讯西雅图 AI 实验室，由 50 余位 AI 科学家及 200 多位 AI 应用工程师组成的团队，专注于人工智能的基础研究。

此外，腾讯还采用投资、合作等方式快速完成人工智能技术累积与应用创新布局，面向内容、社交、游戏等应用场景多面发力。现阶段，腾讯集中深化计算机视觉、语音识别、机器学习和自然语言处理四大垂直领域，围绕文本、图像、语音、视频、游戏和硬件六类智能产品，布局智能舆情、智能医疗、智能游戏、智能音箱等应用。目前，腾讯人脸识别技术优图已经能够在复杂情况下有效检测人脸，性别识别的准确率能达到 95%，年龄识别的误差也在 5 年之内。医学影像方面，腾讯觅影已可用于筛查早期食道癌，报道称其检出率能达到 90%，超越了传统的筛查手段。在技术平台方面，腾讯推出腾讯云平台"云搜""文智自然语言处理"等功能，腾讯文智自然语言处理技术是基于并行计算、分布式爬虫系统，并结合语义分析技术，来满足 NLP、转码、抽取、数据抓取等自然语言处理的需求，用户可通过该产品实现搜索、推荐、舆情、挖掘等功能。

4．华为

华为在人工智能方面的布局路线，与百度、阿里巴巴、腾讯 3 家互联网企业稍显不同，华为一开始就更加关注基础层产品的建设，可以说华为的人工智能始于 AI 芯片，而且更多聚焦于产业互联网领域的应用，以 AI 技术赋能企业发展，以企业变得更加智能为目标。在华为的 AI 生态体系中总共分为 3 部分，分别是云上的 HiAI 平台、设备上的 HiAI 引擎、AI 芯片的计算基础。

华为在 AI 芯片方面取得了最为瞩目的成绩，在 2017 年 9 月，华为发布了世界首个手机 AI 芯片麒麟 970，在一年后的 9 月，又在柏林 IFA（柏林国际电子消费品展览会，世界上最大的消费类电子产品展览会）上正式发布了麒麟 980 芯片。麒麟 980 芯片是一款面向全球发布的顶级人工智能芯片，是全球首款 7 纳米工艺芯片，不仅在性能、能效、移动通信连接等方面有了显著提升，还增强了 AI 运算力，并丰富了 AI 应用场景。麒麟 980 在发布之初就创造了多项"世界第一"：世界第一个 7 纳米工艺的 SoC，相较于麒麟 970 的 10nm 工艺，它的性能提升了 20%，能效提升了 40%；除此之外，在指甲盖大小的芯片上集成了 69 亿个晶体管，相比前代的晶体管，密度提升了 55%。2018 年 10 月，华为在全联接 2018 大会上，又正式发布了两款自主研发的达芬奇架构的 AI 芯片——昇腾 910 和昇腾 310。华为发布的一系列芯片都有不同的应用方向，据相关资料显示，麒麟芯片将主打手机处理器，昇腾芯片则主要是配合云服务来使用。AI 芯片服务于华为的全球 AI 方案，是华为一系列 AI 发展战略的核心。

除了在 AI 芯片上进行布局，华为也在消费终端大量应用 AI 产品，华为以 AI 芯片作为计算核心，全面支撑着手机上的各种 AI 功能，如华为手机推出语音交互机器人"AI 小 E"，有熄屏唤醒功能，通过唤醒词训练来让小 E 熟悉使用者的声音，然后针对用户的指令进行语义分析，并主动判断用户的需求，最后给出解决方案；华为基于拍照上的 AI 应用，推出了 AI 场景识别功能，能够识别 19 类 500 多种摄影场景；另外，通过人脸建模技术能拍出更好的自拍与他拍人像，支持 AI 美颜、3D 人像光效，能调整出侧光、剧场光等效果。

华为的人工智能布局从终端延伸到了云端，从 AI 芯片、语音助手、原生 AI 应用，到数据同步、手机安全等基于云的各种服务，再到面向第三方应用开发者的 HiAI 平台，可以看出华为正在走一条贯穿终端、芯片、云及生态整合的 AI 之路。

本章小结

洞察，指的是一个人通过对事物表面现象的观察从而了解其本质的能力，AI 产品经理要能洞察人工智能产业的发展方向，首先要了解人工智能的发展历史。人工智能的发展历史是一个跌宕起伏的历史，因此对于人工智能产品经理（以下统称为 AI 产品经理）来说，更要能在这信息大爆炸的时代，抓住问题的本质、厘清发展的脉络。从人工智能多年的发展来看，一直是技术导向型，伴随近年技术的成熟，尤其是互联网行业的快速发展，人工智能逐步进入产品落地阶段，在这个阶段的 AI 产品经理，应该具备对"技术""行业""产品"和"用户"的洞察力。

本章的主要内容包括以下几个方面。

① 数据、算力和算法的支撑。人工智能的起起落落，其实和数据、算力和算法 3

大要素息息相关，这是 AI 产品经理评估产业是否可以落地的重要考察要素，也是我们面对人工智能产业时总结出的行业发展规律。

② 人工智能产业结构的基本组成。人工智能产业链包括应用层、技术层和基础层，三者互相联系形成了完整的产业链，AI 产品经理要了解自己所负责的产品及合作伙伴。

③ 国内外网络巨头在人工智能产业中的布局。国内外网络企业巨头在人工智能产业中的布局都是全方位的，而且都会结合自身业务来开展，AI 产品经理应该洞察企业巨头的动向，分析了解其布局的逻辑和思路，对自身产品的规划形成参考价值。

人工智能被视为新一轮产业变革的核心驱动力，将催生出新的技术、产品、产业、模式，并最终引发经济结构的重大变革，实现社会生产力的整体提升。面对这样一个可能产生巨变的时代，AI 产品经理更应该清楚地意识到一项新的技术从研究成熟到运用，再到产品落地的整个过程会遇到的阻碍和应做好的准备。因此，AI 产品经理只有了解市场整体情况，才能够明确自己产品的定位。

第 2 章

职业探索：从行业应用到职业素养

　　人工智能是一个综合性的学科和概念，一个能够被称作人工智能产品的背后绝对不会仅依赖一项技术。目前，学界对人工智能的定义也非常模糊，比较受到广泛认可的定义是 Stuart Russell 与 Peter Norvig 的定义：人工智能是有关"智能主体（Intelligent Agent）研究与设计"的学问，而"智能主体则是指一个可以观察周边环境并做出行动以达到目标的系统"。当人工智能技术落地到一个具体行业领域时，根据行业的应用需求就会向 AI 产品经理提出具体的职业要求。

　　虽然当前人工智能技术还难以达到完全智能主体的高度，但是凭借计算机强大的计算能力，机器模仿人类中的一个能力并发挥到极致已经成为现实。以目前的人工智能技术来看，人工智能能赋予产品诸如推理、知识、规划、学习、交流、感知、移动和操作的部分能力，具体的技术包括语言识别、图像识别、自然语言处理、语音合成等，AI 产品经理需要做的工作就是根据自身对行业的理解，能够综合运用这些能力和技术。本章将重点探讨人工智能究竟在哪些行业得到应用，以及它们是如何应用到这些行业中的。那么不同的行业应用对 AI 产品经理又有什么样的要求呢？我们通过人工智能的行业应用案例，一起来探讨 AI 产品经理应该具备哪些职业素养。

2.1 人工智能的行业应用

2.1.1 AI 行业应用案例

目前，整体人工智能的商业市场还处于萌芽期，远未达到成熟阶段，人工智能产业链也正在逐步完善。在乌镇智库 2017 年推出的《全球人工智能发展报告》的产业篇中这样描述：人工智能产业是指以人工智能关键技术为核心的，由基础支撑和应用场景组成的，一个覆盖领域非常广阔的产业，与人工智能的学术定义不同，人工智能产业更多的是基于经济和产业方面的一种概括。该报告指出中国人工智能产业规模在 2016 年已突破 100 亿元，以 43.3%的增长率达到了 100.60 亿元，2017 年增长率提高至 51.2%，产业规模达到了 152.10 亿元，预计 2019 年将增长至 344.30 亿元。在 2017 年前后，直接面向大众的人工智能产品才开始显著增多。目前，各领先互联网公司及软件公司均已在人工智能产业多个环节同时布局，致力构建端到端的完整 AI 生态系统，提供全套的 AI 解决方案。

此前，人工智能的应用还主要集中在金融、安防、医疗等专业领域或行业，或以智能客服的方式服务于大众生活，人们接触的人工智能产品并不多。在 2017 年以后，因为"深度学习"的推广应用，使得计算机视觉、语音识别能力达到可落地应用的水平，才让更多的人工智能产品进入大众生活。我们现在常听到的刷脸支付、智能安防系统、AI 翻译、无人店、智能语音音箱等 AI 落地商业化的产品，其实也只是在近一两年，在更加高频的生活场景中与大众产生直接的接触。

目前，AI 的主要支撑技术可以分为 3 类：语音文字处理、图像与视觉处理和大数据分析预测。不论哪种行业，在落地到具体产品形态时，都依赖于背后主要的支撑技术，下面我们就来举例说明。

① 语音文字处理：医疗语音记录、法院庭审语音记录、AI 写稿和金融智能客服等。

② 图像与视觉处理：自动驾驶、医疗影像诊断、机器判卷和机器人分拣等。

③ 大数据分析预测：智能风控系统、健康管理系统和案件刑期预测等。

人工智能虽然在行业应用过程中取得了一些成果，但除本身的技术局限外，再加上数据和成本等因素的限制，阻碍了人工智能在行业的落地，这也是 AI 产品经理在实际评估某类行业是否能够使用人工智能技术时需要考量的因素。我们可以通过以下 9 个人工智能行业应用案例来了解人工智能主要解决的核心问题和应用现状。

1. 制造业

核心问题 减少生产周期,降低人工成本,提升良品率。

应用案例 ①智能装备,如自动识别设备、人机交互系统、工业机器人。②智能工厂,包括智能设计、智能生产、智能管理以及集成优化。③智能服务,包括大规模个性化定制、远程运维及预测性维护等具体服务模式。生产特斯拉汽车的库卡机械手臂被称为全球最智能的全自动化生产设备,如图 2-1 所示。据说特斯拉汽车的生产从原料到组装几乎都由机器人完成,具备人工智能的机械手臂已经不仅能够代替人类完成简单重复的工作,甚至在需要精密操作的高端制造领域,机械手臂也能够出色地完成任务,甚至比人类做得更好。

图 2-1 生产特斯拉汽车的库卡机械手臂

2. 物联网

核心问题 远程设备控制,设备间互联互通,家居环境的安全性、节能性、便捷性等。

应用案例 小米在智能家居方面布局多年,以 AI 驱动的智能家居业务已初步形成完整的生态。从 2013 年 11 月发布的小米路由器开始,小米就以路由器为中心,将智能家居硬件联网,以手机 App 和智能音箱作为双入口和控制中心,控制联网的硬件,从而打造完整的智能家居系统。小米智能音箱已经能够连接包括电视、电风扇、台灯、空调等硬件,如图 2-2 所示。近年火热的智能音箱不仅为智能家居带来新的语音交互方式,还可以提供如音乐、有声读物等服务内容,以及互联网服务,包括查询天气信息、网络购物等,它还可与其他智能家居连接,实现场景化智能家居控制。另外,这些智能家居产品能够收集各种数据,以很快的周期进行优化,这样智能家居产品将变得越用越聪明。

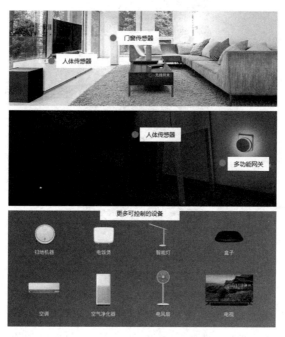

图 2-2 小米智能家居方案

3. 金融

核心问题 金融机构风险管控能力,金融机构服务主动性与智慧性,金融服务效率。

应用案例 人工智能在金融行业的相关应用,主要以机器学习、知识图谱、自然语言处理、计算机视觉 4 项技术为主。在金融行业,从获客到服务的所有环节已经都有所应用,具体包括智能风控、智能支付、智能投顾等。智能风控是指结合人工智能技术,将风控从被动式管理转变为监测预警的主动式管理,全面提升了风控的效率与精度。智能支付以生物识别技术为载体,如人脸识别、指纹识别、虹膜识别、声纹识别等,提供多元化消费场景支付解决方案。智能投顾则聚焦个人理财投资,可有效降低交易成本并提升服务体验。智能营销克服了传统投研模式的弊端,可快速处理数据并提高分析效率等。未来,人工智能将持续带动金融行业的智能应用升级和效率提升。2016 年年底,招商银行的摩羯智投诞生,成为中国银行业首个智能投顾系统,它能够按照投资期限、风险偏好、回报预期等维度,智能地形成个性化的资产配置方案,如图 2-3 所示。

图 2-3　摩羯智投帮助客户选择基金组合方案

4．零售

核心问题　线上服务和线下体验结合，提升用户体验和流程效率。

应用案例　通过大数据与业务流程的密切配合，人工智能可以优化整个零售产业链的资源配置。在设计环节中，机器可以提供设计方案；在生产制造环节中，机器可以进行全自动制造；在供应链环节中，由计算机管理的无人仓库可以对销量和库存需求进行预测，进行补货、调货等环节；在终端零售环节中，机器可以分析消费者的购物行为然后进行智能选址，以优化商品陈列位置。

从 2017 年开始，阿里巴巴推出的无人便利店、无人超市、淘咖啡、缤果盒子等引发热潮，已在国内近十个城市铺开，如图 2-4 所示。这些无人便利店依托互联网，运用计算机视觉的人脸识别技术，实现自动化管理、消费自动记录。新零售业背后衍生出了智慧供应链、客流统计、智能招商运营系统、智能定价系统、智能推荐系统多个环节，支撑新零售业务的开展，与此同时人在便利店中的角色也将发生转变。

图 2-4　阿里巴巴推出的无人便利店

5. 交通

核心问题　减少交通事故，提升整体运输效率。

应用案例　道路交通中常见的不停车收费系统（ETC）就是典型的人工智能在行业中的应用，实现了对通过 ETC 入口的车辆身份及信息自动采集、处理，自动收费和放行，有效地提高了通行能力。此外，研究学者还构想了未来的智能交通系统，通过对交通中的车辆流量、行车速度的数据进行采集和分析，管理者可以对交通进行实时监控和调度，这样可以有效提高通行能力、简化交通管理，如图 2-5 所示。

图 2-5　交通运行中的精确感知和智能化调控

6. 安防

核心问题　能快速、准确地实现探测，构建全方位的安防体系。

应用案例　探测是安防的核心技术，因此人工智能等应用主要使得安防系统具备探测的功能，实现探测的目的，并且能够实现快速准确的探测。对于安防领域的应用，主要表现为图像识别、大数据及视频结构化等技术的实现，包括人体分析、车辆分析、行为分析、图像分析 4 类智能安防产品。从应用领域角度来看，主要用于公安、交通、金融、工业、民用等。图 2-6 展示的是人脸识别技术在公安安防系统中的应用，AI 摄像头能够显著缩短警方在监控中查找嫌疑人的时间。未来，安防系统会将智能视频分析技术、云计算及云存储技术结合起来，构建智慧城市下的安防体系。

图 2-6　人脸识别技术的应用

7. 医疗

核心问题 医疗数据的积累，快速准确、低成本的诊断，安全的治疗方案，结合基因技术的精准医疗。

应用案例 当下人工智能在医疗领域应用广泛，从最开始的药物研发到操刀做手术，现今人工智能都可以做到。目前，医疗领域的人工智能可划分为 8 个主要方向，包括医学影像与诊断、医学研究、医疗风险分析、药物挖掘、虚拟护士助理、健康管理监控、精神健康以及营养学。其中，协助诊断及预测患者的疾病已经逐渐成为人工智能技术在医疗领域的主流应用方向。图 2-7 所示为 IBM Watson 的肿瘤诊断模块，已经覆盖了全球最常见的 13 个癌种，即患病率和发病率占 80%的常见癌症，把医生从海量的学习记忆中解放了出来。

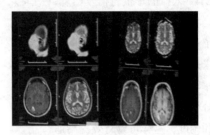

图 2-7　IBM Watson 的肿瘤诊断模块

8. 教育

核心问题 如何快速提高学生的学习成绩，如何培养出更优秀的人才。

应用案例 人工智能和教育的结合在一定程度上可以改善教育行业师资分布不均衡、费用高昂等问题，从工具层面给师生提供更有效率的学习方式。例如，运用图像识别技术进行机器批改试卷、识题、答题等；通过语音识别技术纠正、改进学生发音等。"Maths Whizz"是一款在线辅导数学的软件，如图 2-8 所示。公司设计了一套和学校进度相吻合的课后学习课程，学生在学习的过程中可以随时提出问题，虚拟教师会为学生一步步解答，并且根据学生的反馈调整解答方式，直到学生掌握为止。

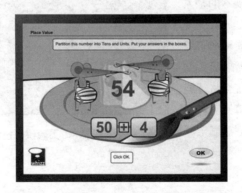

图 2-8　Maths Whizz 在线辅导数学的软件

9. 物流

核心问题 提升配送和仓储效率，实现路线规划。

应用案例 图 2-9 所示为智能仓储机器人可以实现物品快速运送。目前，物流行业已经利用大数据对商品进行智能配送规划，以优化配置物流供给、需求匹配、物流资源等，而当前大部分人力分布在"最后一千米"的配送环节，少数企业使用无人机等解决方案。

图 2-9　智能仓储机器人

2.1.2　AI 产品应用分析

人工智能已经在企业的许多业务场景中发挥至关重要的作用。除了智能棋类博弈的 AlphaGo，事实上，人工智能技术还在多个领域得到了应用。为了追赶人工智能热潮，许多企业开始纷纷贴上人工智能的标签，并开始尝试利用人工智能技术不断优化企业的运营。但作为 AI 产品经理，需要清醒地意识到：虽然从技术角度上 AI 具备跨行业应用的可能，但由于不同行业本身的信息化程度不同，AI 落地的方式和形态也可能大相径庭。例如，同样是人脸识别技术，在支付环节对识别准确率和召回率的要求，显然要比娱乐性质的人脸识别更高，因为支付环节的偏差带来的是实际的经济损失。

在评估 AI 技术是否能落地某行业时，AI 产品经理应该对行业信息化程度、解决价值等方面进行综合判断并最终得出结论，当然，有的时候我们不必急于解决大的问题，应用 AI 技术在一些小而美的产品上也未尝不可。目前来看，语音文字处理、图像视觉处理和大数据分析应用是 AI 落地具体场景的主要 3 个产品类型。

1. 语音文字处理类产品

语音文字处理类产品是 AI 落地行业进展较快的技术成果，这得益于语音文字处理技术的成熟性，包括语音识别技术和语义理解技术的进步，同时，相关行业对于此类产品是允许有一定错误的，因此能够快速推进相关产品的落地。语音文字处理类产品包括智能客服、语音转文字、语音助手、法律咨询、车载语音设备和智能音箱等。这类产品的基本特质是能够与人类进行对话，并按照人类指示完成简单的操作，比较出色的产品包括苹果的 Siri、百度的度秘、谷歌的 Allo、微软的小冰、亚马逊的 Alexa。以苹果的 Siri 为例，从文字聊天开始，到支持语音识别功能，已经能够完成短信、介绍餐厅、询问天气、设置闹钟等功能,如图 2-10 所示。当然,语音文字处理类产品仍有许多问题待解决,如多轮对话、上下文理解等依旧是难点,部分产品涉及专业名词较多的语音识别、翻译时,准确率也会显著下降。

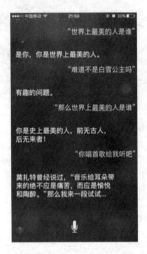

图 2-10 苹果的 Siri 与人的对话

2. 图像视觉处理类产品

图像视觉处理类产品也比较多,尤其在 2017 年的商业应用中取得了瞩目的成绩。在图像与视觉类技术产品方案中,有不同的技术得到了应用,如电商应用图像识别,在营销等领域进行产品推广;图像处理相关技术应用人脸识别,实现了风格转换,达到了娱乐效果;在一些专业领域的医疗图像诊断、自动驾驶等图像类应用,有很多公司也在开展应用。当然,这些技术在专业领域的应用还处于辅助决策的阶段,因为目前在落地过程中还需解决更多具体的问题。例如,医生对图像的诊断不只依赖图像,还会结合对病人的实际询问等综合做出判断;完全自动驾驶汽车发生撞人事故后的责任认定问题等。在决策类机器不能替代人的情况下,图像视觉类产品在相关行业的应用价值也就降低很多。

图像识别技术,在搜索引擎中也有演变的应用,如实现搜索相似图片,谷歌和百度都具备以图搜图的功能,让搜索图片更加精准;图像识别技术中对于人脸的处理,则主要应用于修图 App,如 Faceu、美图秀秀等;在金融企业中,运用人脸识别技术结合活体检测,为用户完成授信工作。OCR 识别技术早在 1929 年就被提出来了,本质上也是图像识别技术,这类产品主要应用于企业级别的产品,如身份证识别、营业执照识别、银行卡编号识别等。图像处理和自然语言处理结合后可以衍生新的产品应用,

图 2-11 所示为谷歌翻译提供菜谱翻译功能，用户可以通过摄像头实现菜谱的翻译，其中就运用了计算机图像识别技术和自然语言处理技术。当手机获取图像后，会转化成计算机可识别的文字，再将文字进行翻译，最后在手机屏幕中显示。

图 2-11 谷歌翻译提供菜谱翻译功能

3．大数据分析预测类产品

大数据分析预测类的产品主要表现在数据智能方面，例如，AlphaGo 实际上就是数据智能的典型代表。当大数据应用类产品落地时，十分依赖行业的数据情况。由于很多行业还处于数据建设阶段，在早期不可避免地会遇到由于数据缺失导致预测准确率不高的问题。大数据分析预测主要是基于行业大数据搭建深度网络进行建模，从而对一些指标趋势进行分析和预测，如智能风控、分级教育、工业设备故障预测等。在智慧工厂的案例中，大数据分析预测对于整个生产过程中设备的维护起着至关重要的作用，因为这会影响工厂的生产效率，如图 2-12 所示。近年来提出的预测维护就是基于人工智能的大数据分析预测的应用，相比于事后的维修与维护，预测维护显然更能够减少工厂的损失。例如，在啤酒灌装生产线的系统中，智慧工厂通过传感器收集振动、温度、湿度、PM2.5 等数据后，人工智能就可以帮助工厂做一些预测性的维护，如预测灌装生产线是否存在问题，一旦发现问题并及时处理，就能够避免同批生产的数百万瓶啤酒的浪费。当然，由于存在预测准确率的问题，尤其工业对于准确率的要求较高，并且许多大型设备更换也需要时间，因此在实际落地的过程中，目前基于 AI 的分析预测在很多工厂的应用占比仍然很小。

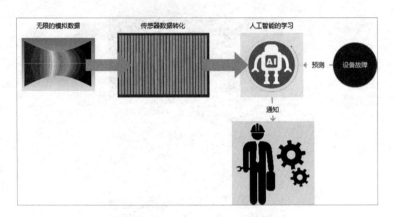

图 2-12　智慧工厂预测维护流程

目前，有许多人工智能技术已经开始有具体应用了，以上列举的也仅是部分产品的应用。通过 AI 技术行业落地的现状，我们可以总结出以下规律：数据是很多 AI 行业应用难以落地的关键，对于医疗、金融、工业等专业度高的行业，AI 的应用更需要有深厚的行业数据积累，而现状是大量的行业本身数据积累不足，即便有数据也是凌乱且缺乏标签化的，数据位置也很分散，因此要转变为产品应用就很困难。人工智能能够为行业提供基础能力，对于 AI 产品经理而言，人工智能是一件工具，如何应用好它，就要具备洞察力，只有找到合适的市场切入点，才能创造出有价值的产品。

2.2　AI 产品经理的分类

中国大部分的 AI 企业诞生于 1996 年前后，在 2003 年进入发展期，之后相关产业逐步达到峰值。2016 年，互联网企业在人工智能领域开疆拓土，之后才衍生出对 AI 产品经理的需求。那么什么是 AI 产品经理呢？产品经理这一岗位最早源于 1927 年的美国宝洁公司，此后各个行业纷纷效仿，一直蔓延到互联网行业，现如今企业越来越重视产品经理岗位的作用。产品经理注定与产品的生命周期有着紧密的联系，而 AI 产品经理主要指的是在产品方案中，直接应用或间接涉及了 AI 技术，进而完成相关 AI 产品的设计、研发、推广、产品生命周期管理等工作的产品经理。

互联网企业按照产品形态对产品经理类型进行了划分，AI 产品经理同样可以按照产品形态分为硬件、软件、App、Web 等类型的产品经理。另外，按照客户划分，可以分为 2B（企业）、2C（个人用户）甚至是 2G（政府机关）的产品经理。无论按照产品形态还是客户类型分类，产品经理的工作本质是没有改变的。人工智能领域可以划分为基础层、技术层和应用层，自然每个层级都会衍生出对于 AI 产品经理的需求。本节按照人工智能领域的分层划分，来说明每一个层级对 AI 产品经理的主要要求。

1. 基础层的 AI 产品经理

基础层主要负责提供计算能力和数据支持。由于基础层面对的主要是企业客户，因此要求 AI 产品经理对企业用户的诉求要比较了解。计算能力包括云计算、智能硬件、神经网络芯片，数据则包括数据收集和整理，如行业数据、方言数据等。典型的基础层的 AI 产品经理如云计算产品经理、智能硬件产品经理等。基础层的应用产品比较偏向技术，如智能硬件类 AI 产品经理应该了解芯片的相关知识，还要非常懂得软件知识，是典型的要求具备较高技术且是复合型人才的 AI 产品经理职位。因为基础层 AI 产品经理需要具备更深的专业知识才能做出较好的设计方案，因此这个职位比较适合具有相关行业的技术背景的人才。

2. 技术层的 AI 产品经理

技术层包括通用技术、算法、框架 3 个领域。技术层在人工智能产业链中的主要作用偏重于技术的实现，因此，处在相关领域的技术层 AI 产品经理的主要工作是定义技术类产品，包括如何进行技术能力的产品包装并进行输出，如身份识别的云服务、OCR 识别服务等。技术层 AI 产品经理需要具备的能力包括产品能力的划分、技术的产品包装等。技术输出产品的主要应用市场在企业服务中，因此技术层产品经理会接触到如接口定义、SDK 包装，同时也涉及技术后台产品的设计等。

3. 应用层的 AI 产品经理

应用层产品经理应该是大多数 C 端产品经理从业人员会接触到的领域。在一些互联网产品应用中，由于需要和数据算法打交道，自然会接触到人工智能的应用，例如，搜索产品经理、地图产品经理、智能客服产品经理等。还有一些新的应用，如语音输入、智能输入法、智能拍照等，则是围绕 AI 技术进行创新的。此外，集成人工智能技术的行业解决方案，通常是人工智能技术背景的企业在深入行业诉求后研发的产品。应用层 AI 产品经理更加考验设计产品的基本功，它要求 AI 产品经理在了解人工智能技术的基础上，结合用户需求和市场特点，创造性地设计好用的产品。

基于 AI 在不同产业中的应用，对于 AI 产品经理的要求也不一样，例如，在智能家居、智能车载音响等比较专业的领域，产品经理不仅需要对行业有深刻的理解，对于线下场景分析的能力也较强；如果负责的产品是围绕 AI 搭建服务平台的，主要提供的是 2B 服务，则对 AI 产品经理对内对外的沟通能力有较高的要求，考验产品经理设计更加灵活和通用的行业解决方案；而对于提供基础技术服务的平台，更侧重于对底层技术框架的理解，目标是大幅缩短企业各类业务在人工智能研发上的投入成本和周期，因此对于 AI 产品经理的产品成本估算能力有一定要求。

2.3 AI 产品经理的职业素养

人工智能作为一个新兴的领域，充满机会的同时也充满挑战，因为该行业的变化极快，所以需要 AI 产品经理有较强的学习能力。目前企业在招聘 AI 产品经理时，会根据负责业务的类型进行岗位划分，得出相关的 AI 产品经理分类。

① 基于语义应用类的 AI 产品经理，如负责 IM 模块的对话产品经理、负责构建知识图谱的产品经理、机器翻译产品经理、搜索产品经理等。

② 基于语音交互类的 AI 产品经理，包括负责语音合成产品经理、语音搜索产品经理、智能音箱产品经理等。

③ 基于视觉处理的 AI 产品经理，如人脸识别产品经理、图像检索产品经理等。

④ 基于数据应用类的 AI 产品经理，如排序推荐产品经理、大数据产品经理、出行规划产品经理等。

还有一些产品已经突破传统互联网终端，而转移到其他智能设备中，由于业务需要，会应用人工智能技术，例如，穿戴式设备的产品经理，包含 VR、AR、MR、手表、手环、耳机等，甚至有的企业需要实体机器人产品经理。AI 产品经理的招聘一般都会结合具体的业务运用，而不会仅仅针对某一技术领域进行招聘。下面我们通过 3 个企业对 AI 产品经理的岗位职责和岗位要求，来分析 AI 产品经理的职业素养。

1. 强业务相关——电商应用类 AI 产品经理

（1）岗位职责

① 将先进、前沿的人工智能技术落地运用到真实的电商业务场景中，实现"人工智能即服务"的理念。

② 负责各产品线的运营推广，主动积极推动各类业务的合作和沟通，维护并不断

拓展公司内的业务合作关系，挖掘丰富技术落地场景，协作业务提升体验和效率。

（2）岗位要求

① 具备丰富的跨团队整合经验与协作意识，有较强的整体项目管理和推动能力。

② 热爱学习、眼界开阔，关注业界新兴流行的技术应用，具有创新性的思维和方法，在大数据、云计算、人工智能等领域有深入的思考与积累，对未来行业和技术的发展有自己的见解。

③ 对电商行业较为熟悉，对人工智能在电商领域的应用价值有较丰富的思考和落地经验，拥有能根据需求快速做出初步解决方案的能力。

（3）分析

电商应用类 AI 产品经理是与业务结合较紧密的 AI 产品经理岗位，从招聘要求来看，需要具备以下几种能力。

① 业务理解能力。要熟悉人工智能基础知识，更高的要求是对电商行业有充分的了解，能够结合电商业务提出新的解决方案。

② 执行力。AI 产品经理能将先进的前沿技术找到合适的落地点。

③ 协调沟通能力。在工作过程中，需要 AI 产品经理推动各个业务的合作，因此需要具备沟通能力。

④ 开阔的眼界。关注新兴技术，对未来行业和技术发展有独到的见解，能给团队带来有益的变化。

2. 算法相关——搜索推荐类 AI 产品经理

（1）岗位职责

① 负责 AI 产品从底层策略到前端交互的整条产品线设计，偏向于推荐方向。

② 建立基于 NLP 的多轮对话推荐系统的搭建工作。

③ 建立后端策略的评估体系及提升策略。

④ 可对前端交互界面设计提出创新方案。

（2）岗位要求

① 热爱 AI 行业，对业内发展有关注且具有自己见解者最佳。

② 熟练掌握技术并可以和技术人员进行产品应用与产品研发，懂算法原理者更佳。

③ 有强烈的产品主人翁意识，能够积极推动各部门合作。

④ 有较强的沟通和协调各方业务的能力。

⑤ 可以基于业务提出自己的想法。

⑥ 有搜索推荐背景者优先考虑。

（3）分析

随着技术的发展，企业要求能够运用 AI 相关的技术，因此搜索推荐类 AI 产品经理需要具备以下能力。

① 前后端能力。AI 产品经理不仅是底层服务者，更需要了解前端的交互流程。

② 产品规划。搜索推荐和自然语言处理相关，需要搭建完整的系统。

③ 验证体系。搭建和搜索推荐相关的评估体系，不再局限简单的业务数据。

④ 在能力模型中要具备产品的通用能力，在人工智能方面要有自己的见解。

3. 功能优化——智能客服类 AI 产品经理

（1）岗位职责

① 参与智能客服业务场景中的 AI 产品设计，积极推进 AI 产品在智能客服领域落地。

② 与算法团队合作，为 AI 产品提供算法数据支持、案例分析及算法优化建议。

③ 分析业务诉求，持续追踪产品上线后的效果，并持续推进产品改进优化。

④ 有效进行行业分析、数据分析和竞品分析，并对负责产品形成指导。

⑤ 对用户需求、业务变化、AI 技术发展趋势与未来方向有极高的敏感性，能不断挖掘落地应用场景。

（2）岗位要求

① 有 AI 方面相关工作经验，有 NLP 产品设计、算法工作经验者优先。

② 熟悉 NLP、机器学习等算法，并清楚如何评估模型，如何进行数据分析与业务分析。

③ 逻辑与分析能力强，能够深刻理解业务场景，进行产品设计。

④ 具备系统化思考和设计能力，有较好的总结归纳能力。

（3）分析

智能客服类的产品与其他业务场景不同，是运用成熟的技术来解决存在的问题。对于智能客服 AI 产品经理来说，需要具备以下能力。

① 能结合真实的业务场景推进技术落地,智能客服具备企业客户和用户两个场景,两个场景有所不同。

② 能促进算法团队的合作,具备算法理解能力。智能客服系统可应用的技术多种多样,此领域有别于垂直技术领域。

③ 具有逻辑分析能力。面对多变的业务场景,需要根据不同的组织架构进行分析。

综合各个企业对于 AI 产品经理岗位的人才招聘要求来看,可以梳理出 AI 产品经理的工作特点和工作要求:AI 产品经理主要指的是运用人工智能技术,对当前产品具备的功能进行优化升级,或者是直接使用某一项技术,实现创造性的功能。AI 产品经理其实是一类产品经理的泛称,在具体的招聘中会有更加具体的业务场景,因此 AI 产品经理对于行业和用户的理解是不可或缺的。在产品方案的设计上,从需求的收集、挖掘、分析到产品的战略规划,再到产品解决方案的设计,AI 产品经理均参与其中,因此其对 AI 技术的理解必不可少。产品的落地是产品经理的重要职责,因此除了与 AI 训练师、AI 工程师沟通,还要和业务人员沟通,推动产品上线,跟踪数据,做出产品优化方案,因此对 AI 产品经理的沟通协作能力要求比较高。同时,AI 产品经理还应该具备边界判断的能力以及判断最佳解决方案的能力,这就要求 AI 产品经理对行业知识要有深刻的理解。

互联网产品经理同样对技术、业务等方面的理解有一定要求,而 AI 产品经理相比于传统的互联网产品经理来说,在 5 个基本职业素养要求方面又有较大的区别。

① 技术理解能力。技术理解能力应包含对技术原理的理解,主要领域的理解以及对未来技术趋势发展的理解。人工智能技术虽然得到了广泛应用,具有良好的技术背景,在每一个纵深领域的应用都不仅仅是一项技术,而是多项技术的综合应用。例如,翻译软件就涉及自然语言处理、图像识别技术等,在工作过程中需要 AI 产品经理找出解决需求的方案,并转化为 AI 产品,判断落地可行性及可实现程度,而且要参与制定数据标注规则过程。虽然 AI 产品经理并不会亲自设计产品功能,但仍然要求 AI 产品经理对深度学习、神经网络的基本概念有所了解。

② 具备业务经验与知识。具备业务经验和知识的人能够快速发现业务中存在的问题,理解行业业务,收集或挖掘行业需求,分析目标用户,输出用户画像,并且能够判断哪些问题能够用人工智能解决。因为在当前阶段,人工智能应用在业务中还属于工具的应用,因此对 AI 产品经理来说,关键在于把这个工具用得恰到好处。例如,电商类 AI 产品经理要求对电商业务场景熟悉,从而能够梳理出业务场景和流程,能够更精准地抓住问题关键,将人工智能技术真正落地到业务场景中。

③ 全新的交互方式。人工智能已经不局限于 Web 或者 App，很多产品已经依附于硬件，如智能音箱、无人车等，在物联网领域也有广泛的人工智能应用。因此，人机交互也不局限于文本输入，语音输入和图像输入也变得很常见。因此，对于 AI 产品经理来说，新的交互方式对于产品设计能力也会提出新的挑战，AI 产品经理需要考虑更多的用户场景。

④ 行业认知和趋势判断。人工智能如何实现商业化落地是一项重大课题，行业周期发展如何，有哪些前沿技术，有哪些新的产品形态，对于未来趋势的研判是否能够遵循底层原则、明确竞争态势、确立产品对策，都是 AI 产品经理需要进行不断探索的重要课题。

⑤ 深厚的人文素养。正如科学家提出的人工智能的终极命题一样"机器像人类一样思考"，AI 产品经理在使用新的技术的同时，不仅局限在产品的功能设计上，而且要对人性进行深刻洞察。随着 AI 产品经理能力的不断提升，其就会站在更高的角度去看待产品。

总之，人工智能相关专业技能和专业知识是 AI 产品经理的硬实力，学习力、思考力、协作力、心态情商、领导力则是 AI 产品经理的软实力，对于 AI 产品经理来说，软、硬实力应该兼备。

本章小结

人工智能在行业的应用过程中对 AI 产品经理的职业素养要求。

（1）对技术的理解

① 人工智能技术是一个综合性的概念。人工智能是一个综合性学科，当前相关的人工智能产品不会仅局限于一次技术的应用，而是多项技术的综合应用，AI 产品经理要学会厘清其中的关系。

② 算法、算力和数据的评估。从人工智能的历史发展规律来看，人工智能的发展会受到算法、算力和数据的影响，因此当 AI 产品经理接触到一个新的应用领域和应用场景时，不妨从这三个方面评估是否已经到了可切入的成熟阶段。

③ 强人工智能和弱人工智能的取舍。"让机器像人类一样思考和行动"是典型的强人工智能，以当前的技术水平来说是比较难做到的，但利用好人工智能在垂直领域的优势，放大某一项技术的能力，却能够达到意想不到的效果。AI 产品经理要学会取舍，寻找合适的切入点。

④ 探究本质能力。人工智能目前的主要能力包括视觉、语义、预测等，现在的人工智能产品都是多个能力的综合应用，因此在设计一个产品功能时，需要预判产品需要具备的基本能力，并进行有效的组合。

（2）对行业的理解

人工智能最终会落实到每一个细分的行业之中，决定落地效果的不是技术本身，而是行业的整体发展水平。将 AI 落地到行业中时，需要深刻理解行业，AI 产品经理可从以下角度进行思考。

① 行业的现状。当前行业的发展处于什么阶段？行业中整体的上下游关系如何？

② 行业的问题。当前行业中存在什么问题限制其发展，解决这些问题能够带来多大的成效？

③ 行业切入点。当前哪些行业是容易切入的？

④ 行业容量。行业市场当前容量是多大，未来的发展容量有多大？

（3）对产品的理解

人工智能的产品不会违背产品的发展规律，可以从以下几个方面进行思考。

① 究竟产品在解决什么问题？对于无法真正解决问题的产品，如果盲目运用人工智能只会"画蛇添足"，AI 产品经理要清楚需要解决的真正问题。

② 产品的使用频次如何？一个产品出现在用户面前，用户会使用几次，每一次的使用价值如何？

③ 这个产品真的是用户和市场需要的产品吗？

④ 产品的未来可扩展性设计。"不要重复造轮子"这句在研发领域流行的话同样适用于产品设计领域。当下设计的功能究竟是个例还是通用功能，需要 AI 产品经理谨慎思考。

（4）对用户的理解

从技术落地行业，从行业细分产品，最终都是服务于用户的。你的用户是谁？这个用户可以是企业，也可以是个人，无论什么类型的用户，AI 产品经理都应该明确他们正在面临的问题，用什么样的人工智能技术可以解决。AI 产品经理不要沉浸于自己就是用户的假想中，只有真正去接触用户，才会了解真实的用户需求。

第 3 章

基础素质：产品经理必备的人工智能基础知识

现在产品经理的岗位要求已与以前大有不同。在一个大型企业中，产品经理的工作也已进行了逐步细分，已经出现按照产品形态、业务类型划分的例子。在进入人工智能时代后，企业自然也出现了对 AI 产品经理的需求。有别于其他类型的产品经理，AI 产品经理岗位对于人工智能技术的理解程度要求更高，这在许多岗位中甚至被视为 AI 产品经理的一项基础素质。虽然人工智能技术已经在各个行业中得到应用，尤其在互联网领域实现了落地，但是多项人才报告指出，这一领域仍然有较大的人才缺口。这是因为人工智能本身存在较高的技术门槛，企业对于 AI 产品经理的要求也越来越高，而相应的教育体系却还未建立起来。

越来越多的产品经理在工作过程中会接触甚至使用人工智能技术，那么要想成为一名优秀的 AI 产品经理，是否需要深入掌握人工智能的基础知识呢？如果需要，又应该了解哪些相关知识呢？应该掌握到什么程度呢？这一系列问题都将通过本章的内容进行解答。本章主要从 4 个方面梳理人工智能的基础知识，通过工作流程来说明 AI 产品经理了解人工智能技术的必要性，而且将人工智能基础知识拆解成模型的建立过程、常见的算法原理、模型的评价指标及智能硬件基本知识 4 个部分，最后还介绍了不同人工智能的发展水平。希望通过本章的学习，可以使 AI 产品经理能够对人工智能的知识点有全面的认知，进而理解自己的工作内容。因为这些知识点涉及很多专业的概念，理解起来会有一定的难度，本章会从 AI 产品经理的角度结合其工作内容，以便帮助读者学习和理解。

3.1 为何要了解人工智能技术

"AI 产品经理是否需要了解人工智能技术呢?"这个问题成为很多进入人工智能领域的产品经理心中的疑问。这个问题可以用 AI 产品经理推进产品落地的简要流程来说明,如图 3-1 所示。产品经理是接触各个团队最多的角色,因为在整个产品生命周期中,往往都需要产品经理持续推动流程往前走。一般来说,产品经理在完成市场调研、用户调研后能够完成产品的需求分析,并开始撰写产品方案,需求分析和方案设计考验的是产品经理的"内功";在进入产品的交互设计阶段后,产品经理需要同交互设计师一同完善产品的交互细节,不仅仅是界面交互,还包括语音交互等场景设计,同时需要注意硬件产品和软件产品的交互设计是有很大区别的;在进入产品视觉设计阶段后,则需要产品经理同设计人员说明期望视觉传达的效果等其他内容。产品经理在推进产品上线的过程中,需要站在不同团队的视角,和每个团队说明需求的背景和要实现的功能。

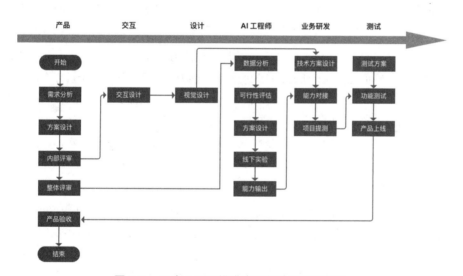

图 3-1　AI 产品经理推进产品落地的简要流程

尤其需要注意的是,相比于传统的互联网产品经理,AI 产品经理在推进产品上线的过程中,必然会涉及同 AI 工程师团队的沟通环节,当方案进入整体评审阶段后,研发团队就会进行数据分析、可行性评估、方案设计等准备工作,尤其在方案设计前期,AI 工程师会与产品经理进行密切的沟通。假设团队决定要设计一个基于计算机视觉的"识别菜品"的功能,在这个功能已经明确的前提下,无论是 AI 产品经理主动输出还是 AI 研发团队进行方案讨论，一般都会有几个问题需要 AI 产品经理进行确认。

① 用户使用这个功能应输入什么？识别菜品时，用户输入的是文字、语音还是图片？

② 用户使用这个模型应输出什么？你期望获得的是菜品的名称、相似的菜品还是推荐的菜谱，抑或是菜品的营养元素？

③ 已有的数据情况如何？目前系统中保留了什么样的数据可以作为训练样本，这些数据的准确度如何？

④ 是否对提供的识别模型准确率有要求，准确率一般多高才能满足业务诉求？

⑤ 大致的并发量是多少？预计这个功能会有多少用户使用？高峰值是多少？

AI 产品经理在与 AI 研发团队沟通的过程中，这些问题都属于初步的沟通问题，同时还会听到诸如这样的问题："这个问题是'分类'还是'聚类'问题""训练的准确率达到一定水平，但是测试准确率不高""样本存在异常点，是否需要剔除""样本的覆盖范围不够大""是否需要使用决策树模型试一下""是否需要对模型的参数进行调优"等。对于这些问题，AI 产品经理如果没有一定的专业知识，是无法回答的。

在 AI 研发团队完成模型的开发后，还需要将模型提供给业务研发人员使用，这时 AI 产品经理需要负责同业务研发团队说明模型的能力，实现对接，这个过程中还需要将一些专用名词进行转化。在产品测试阶段，AI 产品经理则需要同质量保证人员说明人工智能产品可能的边界测试点等。在推进产品上线的过程中，AI 产品经理需要和运营团队、交互团队、视觉团队、业务研发团队、测试团队等进行密切的沟通，甚至到产品上线使用时都需要持续跟进，很多问题可能会突然摆到 AI 产品经理面前要求其做出决策，而且问题还很具有专业性。

通过这样一个小小的案例，我们不难发现，AI 产品经理的角色是贯穿在产品生产的全流程中的，在一步一步实现功能的过程中，一定避免不了回答与人工智能的相关问题，或者做出一些决策。那么，"AI 产品经理是否需要了解人工智能技术呢？"这个问题的答案也是显而易见的，因为 AI 产品经理就是做人工智能应用的相关产品，如果产品经理对于即将从事相关行业的技术一无所知，在工作过程中就会无形增加很多的沟通成本。

那么，AI 产品经理是否要完全精通所有的人工智能知识点呢？如果真这样要求的话，显然会陷入另外一种极端。对于 AI 产品经理来说，在学习人工智能技术的过程中，需要注意两个原则。

（1）深入算法的研究不是产品经理的主要工作

AI 产品经理需要了解人工智能到什么程度呢？对于人工智能相关原理的学习，许多 AI 产品经理无法把控学习的程度，尤其是一些具有技术背景或者技术转型的 AI 产品经理，经常会犯过度学习的错误。要求学习人工智能技术并不是让 AI 产品经理去评估选用的算法模型，或是写代码亲自实现某个功能，或是亲自进行模型参数的调优。如果 AI 产品经理把绝大部分精力耗费在技术研究方面，就会忽略许多原本应该思考的问题，反而对产品的发展不利，导致本末倒置。正确的学习人工智能知识的态度：一方面 AI 产品经理不要对人工智能背后的专业知识因感到害怕而失去学习的兴趣，另一方面也不能把算法的研究作为工作的重点。AI 产品经理需要了解人工智能技术，包括基本的实现模式、常用的评价指标，而能够学以致用、举一反三，才是更重要的能力。

AI 产品经理重要的职责仍然是要对业务、用户有充分的理解，要更多地从业务、用户、企业的角度思考问题，并且合理运用人工智能技术实现产品目标，这样才能扮演好 AI 产品经理在团队中的角色，推动整个团队向前发展。

（2）学习人工智能知识是一个持续的过程

人工智能的发展水平在不断提升，AI 产品经理切忌在认识到人工智能的相关知识以后，就以为掌握了全部，毕竟人工智能是一个非常宽泛的概念。作为 AI 产品经理，在学习人工智能知识的过程中，重要的是形成自己的学习方法论，保持一颗"持续学习"的心。

各行各业都期望在人工智能时代有所作为，而人工智能最终都会按照两个阶段进行：第一阶段是帮助人，第二阶段是代替人。无论机器是帮助人还是代替人，本质都是在探索如何服务好人类，因此更重要的是赋予人工智能产品必要的人文和情感，让产品变得有温度。对人工智能的认识也好，对行业的认知也罢，具备持续的学习能力才是 AI 产品经理真正应该具备的素养。

3.2 了解模型建立的过程

人工智能是一个综合性的概念，目前许多人把通过机器来模拟人类认知能力的技术都称作人工智能，因此人工智能的概念在商业中时常会被提起，有些企业只要运用人工智能某一项技术，就标榜自己是人工智能的产品。但对于学术界来说，科研人员会更倾向于在某一算法领域取得研究成果。

对于 AI 产品经理或非科研人员，在阅读人工智能的相关论文时会有很大的困难，因为人工智能各项算法都需要拥有综合性学科的知识才能理解，而且大量的运算对数学知识要求很高，如线性代数、微积分等都是进行算法研究的入门知识，因此，AI 产品经理通过学术论文进行学习的成本非常高。无论如何,所有的人工智能都是从建模开始的,AI 产品经理可以通过了解建模的过程,来了解 AI 工程师处理问题的流程。

3.2.1 初识建模过程

在工作过程中,我们经常会遇到一个名词——模型。什么是模型呢?模型可以理解为"为了解决某一个问题而构造的一个函数"。从模型的简化过程来看,就是输入和输出的过程:模型基于系统的输入,通过各种参数计算会得到一个输出,这个输出的数值含义可能代表"是或否",也可能代表"可信程度",这取决于模型解决的目标。模型不是天然存在的,它需要根据数据样本进行构建,构建模型的过程称为建模过程。一个模型的建立过程如图 3-2 所示。

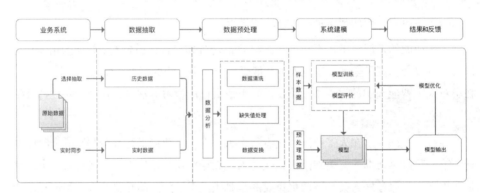

图 3-2 一个模型的建立过程

在一个通用模型的建立过程中,业务系统会保存原始数据,包括历史数据和实时数据,我们针对数据需要进行数据抽取,可以选择性地抽取或者实时同步抽取。原始的数据会有很多无效的数据,因此针对原始数据,我们需要经过数据预处理,得到理想的数据样本,才能够根据样本数据对模型进行训练。训练模型需要根据模型评价指标确定是否可以进行输出,在模型上线后,还需要根据实时数据评估模型的优劣,不断调整模型的参数,这就是一个常见的模型建立的基本过程。

例如,以识别手写数字 0~9 这一经典问题作为建模过程的案例。我们采集了 44 位作家的手写字体作为数据集,并建立了拥有 250 个样本的数据库,该样本中所有的输入属性的范围是 0~100,最后一个属性是类代码 0~9。如图 3-3 所示为一组手写数字 0~9 的字体样本,我们通过肉眼观察可以发现,不同的人写出来的数字样式是有区别的,但即使数据经过变形,人的肉眼依然能够很好地识别数字,但这些特征如何进行描述,才能让计算机也能够识别手写的数字呢?

图 3-3 一组手写数字 0~9 的字体样本

为了能够让计算机识别这些手写的字体，首先要对这些图片样本进行特征的提取，这里出现了一个专业概念——特征提取。特征提取指的是对某一模式的组测量值进行变换，以突出该模式具有代表性特征的一种方法。对于产品经理来说，特征提取指的是将隐含在数据样本中的特征，通过一定的数学或描述方法提取出来。

不同领域会有不同的特征提取方法，如针对手写数字字体，特征提取就是如何将这些人类看得懂的图片转化成机器需要识别的特征。为了提取手写数字的特征，可以构建数字特征矩阵，用于保存数字的特征信息。图 3-4 所示为数字 2 的二值化处理，通过将待识别的数字 2 的图片进行二值化处理，将图片中的背景部分用 0 表示，而数字覆盖到的区域用 1 表示，每个数字样本就会存一个 0 和 1 的描述矩阵，这个 0 和 1 的描述矩阵，就可以当作一个特征，让模型进行学习。

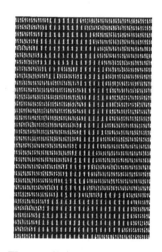

图 3-4 数字 2 的二值化处理

除此之外，对于识别图片中的数字，人工还可以通过以下方式构造特征。

① 字体的长宽比：如 1 的长宽比较小，而其他数字的长宽比和数字 1 有显著差别。

② 空间密度：如果把数据分为左上、左下、右上、右下四个方位，不同方位的数字密度也会有所差别。如数字 0 的四个方位相差不大，而 7 这个数字的四个方位就显然有所不同。

③ 数据的横向切片数：如 1 的横向切片数和 7 的横向切片数的特征不同。

④ 切片数为 1 的位置：不同数字的位置不同，有的靠左、有的靠右、有的靠上、有的靠下、有的在数字中间。

在手写字体中，数字字体的颜色对于数字识别其实没有决定性因素，这个时候色彩就不会作为特征构建到训练数据中去；而如果色彩是图片识别中重要的特征时，就需要输入模型中进行学习。这些描述均是图像特征的构建，属于特征工程领域，且是一些经典模型处理图片识别的做法。而现在比较流行的深度学习算法，其优势在于不需要人为构建特征，而是由模型自行构建特征。AI 产品经理需要有这样一个认知：样本数据构建的特征不同，对于模型的准确度是有较大影响的。

特征如何构建主要是由 AI 工程师处理的，但 AI 产品经理的工作是可以对特征提供更多的参考意见。对于 AI 产品经理来说，重点在于了解业务的背景以及这些数据的特点，在 AI 工程师不了解业务背景情况下，可以将业务的背景传达出去，以便团队充分理解。例如，在日常工作中，业务人员希望借助计算机视觉的能力判定证照是否为假证，那么 AI 产品经理应该提前了解"假证的特征是什么？"这样便于 AI 工程师构建业务所需要的模型特征。

3.2.2　模型的训练过程

在特征构建完毕后，AI 工程师需要使用训练数据对模型进行训练，对于模型来说也是学习的过程。AI 产品经理在向 AI 研究团队提出需求时，就可以根据现有的数据情况，初步估计学习模型的类型。图 3-5 所示为模型的基本训练方式，一般来说，根据训练数据是否有标签，模型训练可以分为有监督学习（Supervised Learning）、无监督学习（Unsupervised Learning）和半监督学习（Semi-Supervised Learning）。

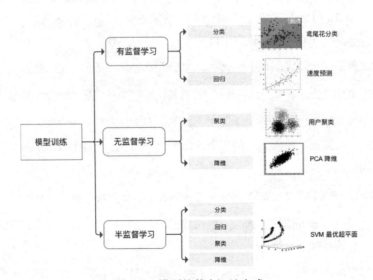

图 3-5　模型的基本训练方式

（1）有监督学习

有监督学习指的是使用已知正确答案的示例训练模型的方式，其重要特征是训练数据中包含输入数据及其对应的输出数据。常见的有监督学习算法包括感知机、决策树、线性回归、逻辑回归、支持向量机等学习算法。有监督学习是日常使用最多的建模形式，根据不同的目的，还可以具体细分为分类模型和回归模型。例如，根据鸢尾花的图片进行种类的分类，其目标是需要模型根据鸢尾花的形状、颜色等特征进行模型自动划分种类，这个过程就是分类；如果模型训练的结果是预测速度的变化之类连续的数字，则称为回归，分类和回归的概念会在后文进行详细说明。

（2）无监督学习

无监督学习指的是训练数据中只包含输入数据，而不提供任何输出标签，算法需要根据数据内部的特征进行学习，如聚类算法、降维算法等均属于无监督学习。聚类算法包括K-均值聚类、层级聚类和用户聚类方法等，而降维算法则包括主成分分析法和独立成分分析法等。有许多场景会应用无监督学习，例如，评论数据挖掘，需要在分析大量语句之后，训练出一个模型，将较为接近的词分为一类，而后可以根据一个新的词在句子中的用法（和其他信息）将这个词分入某一类中。无监督学习比较微妙的地方在于，有时候数据是无法人为地观察出其特征的，通过无监督学习后挖掘的特征，可能会对数据集有新的启发。例如，根据用户的购买习惯进行聚类，就是无监督学习的模型构建过程，在构建前并未对用户特征进行标记。

（3）半监督学习

半监督学习指的是数据中包含输入数据，只提供部分输出数据的模型训练方式。应用场景同样包括分类和回归，半监督学习的算法包括一些对常用监督式学习算法的延伸，这些算法首先试图对未标识数据进行建模，在此基础上再对标识的数据进行预测。如图论推理算法（Graph Inference）或者拉普拉斯支持向量机（Laplacian SVM）等。半监督学习的数据集比较特殊，是部分有标签、部分无标签的数据集，由于有标签的数据很多时候需要花大量的人力和物力去分类和生成，半监督学习也被视作当前训练模型的重要组成部分。在通常情况下，半监督问题往往会利用一些假设，将半监督学习转化为传统的有监督学习或无监督学习问题。半监督学习可以在小数据样本的情况下使用。

在传统的学习方式中，并没有引入强化学习（Reinforcement Learning）的概念，但部分学者会将这种学习方式与监督学习并列。强化学习又称再励学习、评价学习，在智能机器人及分析预测等领域有许多应用，其核心是以"试错"的方式进行学习，通过与环境进行交互获得的奖赏指导行为，目标是使智能体获得最大的奖赏。强化学习不同于连接主义学习中的监督学习，主要表现在强化信号上，强化学习中的强化信号是对产生动作好坏进行的一种评价。

不同的模型训练方式要求的数据是不一样的，这是 AI 工程师对数据评估的初步判定原则。对于有监督学习的训练方式，实际上要求提供的数据是带有输出标签的；对于无监督的训练方式，则需要确保数据样本覆盖广，能够将所有条件产生的数据提供给 AI 工程师。训练数据的质量决定了模型的质量，所以 AI 产品经理在提出相关需求时，应该提前了解数据的质量，是否存在大量空数据或无效数据，数据的特征是否比较明显，数据之间是否有联系，从而不至于让 AI 工程师因为数据问题难以建立高质量的模型。

1. 训练数据

当数据准备完成后，AI 工程师需要对模型进行训练。我们经常听到的训练数据，指的就是模型在建模过程中进行参数调优的数据。训练数据在训练的过程中使用，目的是找出一套合适的模型。训练数据一般是原始数据经过特征提取之后获得的，如果模型的训练数据质量较差，在进行特征提取之前，AI 工程师还会对数据进行清洗。模型需要根据训练数据进行调优，当模型针对训练数据能够有质量较高的输出时，就完成了模型的训练过程。AI 产品经理需要提前考察训练数据的质量，初步评估是否可用模型解决，同时应该知晓数据清洗和特征提取也需要占据一定的工作量，这正是同功能开发有区别的地方，建模的过程是会出现无法满足业务需求的情况的。

2. 测试数据

数据是模型训练的前提，模型能否达到输出的标准，则需要通过测试数据进行验证，测试数据可用于判断找出的方法是否有效。在给 AI 工程师提供数据后，AI 工程师一般会将数据分为两部分，一部分为训练数据，另一部分为测试数据。测试数据是用于测试模型是否达到准确率的样本。模型经过训练数据后会得到一组参数，AI 工程师将通过测试数据验证训练出来的参数是否可靠，一般来说，训练数据和测试数据的精度都到达一定要求后，模型就基本搭建完成了，可用于生产环境中。

3. 归一化处理

在建立模型的过程中，我们要对多个变量进行归一化处理，什么是归一化处理呢？归一化是指在数据处理过程中，将有量纲的表达式或数据变为无量纲的表达式或数据的过程，使数据成为标量。在数学处理方式上可以简单概括为将样本数据中的最大值设为 1，最小值设为 0，其他数据等比例处理为 0~1 的数据的处理过程。为何要对变量进行归一化处理呢？因为不同变量的度量单位是不一样的，例如，水的温度和水的流速、空气的温度有关，假设水的流速是 1m/s，空气的温度是 30℃，这时候 1 和 30 显然不能同时输入函数中，需要同时归到 0~1 的关系中才能够更好地度量自变量与因变量的关系。

4. 模型的训练精度

AI 工程师在交付模型后，会提供本次模型的训练测试精度指标，但在运用到生产环境时，有时会发现效果可能无法像离线数据或训练数据的效果那样好。为什么模型的训练精度高但实际应用的精度低呢？AI 产品经理可以初步判断模型可能出现了三个问题：模型过拟合、模型欠拟合或模型的泛化能力较差。

5. 模型过拟合与欠拟合

形象地说，拟合就是把平面上一系列的点，用一条光滑的曲线连接起来。拟合的过程就是针对已知点列，从整体上靠近它们，那什么是模型过拟合或欠拟合呢？如图 3-6 所示展示了在数据层面上，欠拟合和过拟合的表现形态。在欠拟合状态下，模型的预测和实际的分布基本不一致；过拟合的状态则与所有分布一致，但无法正确描述实际的趋势；最佳效果则可以在一定程度上表达数据的变化特征，同时能够适应新的数据。

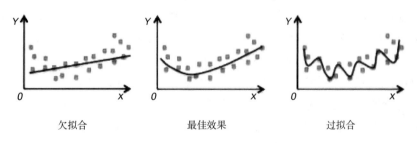

图 3-6　数据的三种表现形态

欠拟合一般发生在模型训练刚开始的阶段，简单来说就是模型根本还没有学习到数据样本的特征，所以模型的精度始终无法达到 AI 产品经理的要求。欠拟合的情况是模型在训练阶段就无法达到设定的准确度，所以欠拟合模型在实际运用阶段自然就更难保证准确度了。

与欠拟合相反的情况是过拟合。过拟合问题是训练模型只能针对训练数据的输入有较好的输出，对于新的数据准确度就很低了。过拟合的产生现象就是训练样本得到的输出和期望输出基本一致，但是测试样本的输出和测试样本的期望输出相差却很大。过拟合产生的原因是训练过程中模型过度的学习训练数据中的细节和噪声，以致模型在新的数据上表现很差。过拟合的产生意味着训练数据中的噪声或者随机波动也被当作概念被模型学习了，而问题在于这些概念不适用于新的数据，从而导致模型泛化性能变差。如果在训练过程中模型的准确率非常高，但对于新样本数据的输出却非常差，就可以基本判定模型有过拟合现象了。

与拟合相关的还有另外两个相似的概念，即插值和逼近，插值指的是在已知点列并且完全经过点列中补插连续函数；逼近是已知曲线，或者点列，通过逼近使得构造的函数无限靠近它们。拟合、插值和逼近被称作是数值分析的三大基础工具。

6. 泛化能力

与过拟合概念结合比较紧密的是模型的泛化能力，通常来说，过拟合程度越高的模型，其泛化能力就越差，泛化能力体现的是模型对于新数据的适应能力。什么是新数据？模型的输入数据与训练数据具有同一规律，我们把分布在训练数据范围以外的数据称为新数据。模型学习的目的是学到隐含在数据背后的规律，经过训练的模型如果能够对新数据的输出同样适用，可以说这个模型的泛化能力较强。

训练数据始终是有限的，泛化能力较好的模型，对于新出现的数据样本，其输出的质量比泛化能力较差的模型更精准；然而泛化能力不好的模型，一旦出现新样本数据，就会输出完全错误的结果。泛化能力和模型的精度是需要平衡的，模型在训练精度上可能不是最高，但却能适应多样化的新样本，如果泛化能力太强，就会导致模型的精准度出现问题。以手写数字为例，假定模型学习的是10个人的手写数字，精度高但是泛化能力差的模型，其表现就是模型能够很好地识别10个人的手写数字，但只能识别这10个人写得非常符合训练时提供的数字样式，对于这10个人以外所写的数字样式几乎无法识别，这样就会出现判定错误的情况。这就不是一个通用的识别模型，相应的模型的泛化能力也就不达标。相反，如果模型的泛化能力强，说明模型虽然不能百分之百地识别出这10个人所有的手写数字样式，但是模型可以接受其他非10人中的手写数字样式，因此这个模型的通用性更强。对模型的准确率和泛化能力的考量，需要AI产品经理根据实际情况进行确认，并不是说泛化能力越强的模型就越好。

7. 模型的优化重构

新的样本总会一直出现，旧的模型就需要进行参数的调整，就像产品迭代一样，模型也需要优化迭代。因此，监督模型准确率的变化情况，也是 AI 产品经理的日常工作之一，一旦出现准确率持续下降的情况，就应该考虑重新对模型进行优化重构。简单的模型优化重构当然是使用新的样本数据重新进行训练学习，但现在也有一些训练方法，能够结合历史样本参数实现在线的参数调整，这是 AI 产品经理应该提前了解的一些常识。

总结来看，模型的训练过程可以分为以下步骤。

① 收集数据。数据是模型学习的基础，也是人工智能落地的前提条件，不同的产品或业务形态数据有不同的收集方法。例如，互联网的业务数据一般存储在数据库中，可以通过接口的方式获取；网络数据可以通过公开数据源或者网络爬虫的方式进行数据抽取；智能设备的数据则主要来自设备传感器发来的实测数据。

② 准备样本数据。计算机能够处理的数据格式有限，AI 工程师需要将数据转换为计算机可处理的格式，如将离散数据转换为整数值、填充缺失数据为特定的值。AI 产品经理可以在这一阶段检验数据集的数据质量，查看是否有含义不清的数据或脏数据，通过绘制图表等手段，了解数据的基本特征和分布规律，可以挖掘出有价值的信息提供给 AI 工程师。

③ 分析输入和输出。输入数据一般分为低维和高维输入数据，低维数据指的是数据的特征值低于三维，可以将这些数据点绘制出来，人工分析数据的特征，看是否有明显的分布模式，是否存在明显的异常值。例如，考察用户购买商品的概率，输入数据，包括用户的点击、收藏和加入购物车 3 个行为特征，就属于比较低维的特征。对于大于三维的高维数据，可以使用降维的方法将其压缩到三维以下，方便图形化展示数据，AI 工程师分析数据的目的是确保没有垃圾数据，否则将降低算法的性能。同样是用户是否购买商品的研究，只要增加时间、用户性别等维度特征，就会形成多维数据样本，而且在分析数据的同时，AI 工程师也需要明确输出数据是离散型的还是连续型的，这与模型的训练目标有关。

④ 训练模型。根据模型目标选择学习算法，模型从这一步才真正开始学习。对于有监督学习，AI 工程师会将样本数据进行拆分，用作模型测试；对于无监督学习，因为不存在目标变量值，故不需要训练算法，则建立模型后会直接对模型进行测试验证效果，如果与业务方经验有强依赖，则需要业务方考察模型的质量。

⑤ 测试模型。对于有监督学习，在测试的过程中便会使用测试数据检测算法的准确率或者性能；对于无监督学习，运用机器学习算法，可以通过多个模型对比的方式检验算法的性能，也可以将输出结果交由业务方进行判断，有些模型会进入 A/B 测试阶段，以验证新模型的效果。

⑥ 模型上线。模型通过测试后，就会将模型能力包装转换为应用程序或者接口，提供给业务方调用，执行实际的生产任务，检验上述步骤是否可以在实际生产环境中正常工作。一般情况下会关注调用量的情况，如果调用量过大导致数据计算量增大，也会影响模型输出的稳定性。

3.2.3 经典的学习任务

在人工智能技术发展过程中，逐步形成了几类经典问题，分类（Classification）、回归（Regression）、聚类（Clustering）、推荐（Recommendation）、排序（Ranking）。实际上，在许多人工智能的产品应用中，当拆开某一个单元来看的时候，都是其中的某一类问题，例如，图像识别本质就是分类问题，无论技术应用在什么领域，模型本质其实并没有改变，根据不同的问题，也会有不同的训练模型。

1. 分类问题

分类问题是人工智能应用中最常见的问题，从算法输出结果来看，一般分类模型输出的结果是离散的，常见的算法包括决策树和支持向量机等。分类问题也有很多应用，例如，人工智能在医疗领域的应用，医生使用分类算法诊断病人是否健康，将病人的检查结果分为不健康和健康两类，这可以简单抽象为一个医学诊断的二分类问题。

分类的算法有很多种，如图 3-7 所示的分类器，可以分为基本分类器和集成分类器，基本分类器是根据不同的算法原理进行划分的，而集成分类器指的是集合不同的基本分类器构建的新分类器。常见的分类器模型包括 K 近邻法、支持向量机、决策树、朴素贝叶斯、神经网络、逻辑回归。K 近邻法、朴素贝叶斯、决策树是简单的分类算法，模型直观、实现容易。支持向量机与逻辑回归是较复杂但更有效的分类算法。

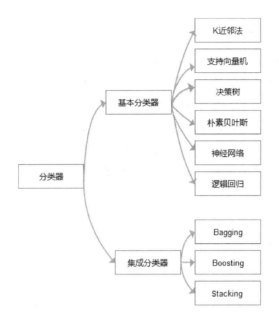

图 3-7 分类器

（1）常见问题 1：多分类问题

许多分类问题属于二分类问题，简单理解就是"非黑即白"的问题，如垃圾邮件过滤、正负向的情感分析均属于分类应用中的二分类问题。在大多数情况下，现实世界的分类问题会更复杂，并不是简单的二分类问题，而是更升一级的多分类问题。例如，模型依据用户对产品的评价数据进行分类，用户的问题分类一定是多种多样的，如产品质量、服务态度、物流等问题，这就是典型的多分类问题。AI 产品经理需要知道应根据不同的应用场景来选择模型，但多分类的模型难度显然是高于二分类的模型，所以在评估需求时也要清楚分类问题的类别。

（2）常见问题 2：不平衡数据

不平衡数据的产生是在建模过程中常见的现象，指的是不同类别的样本数据相差悬殊。若不同类别的样例数目稍有差别，通常对模型的建模影响不大，但若相差悬殊则会对学习产生困扰，这正是数据不平衡引发的问题。

对于不平衡数据，分类模型则可以用于检测异常情况。例如，在金融领域的风控模型，就需要通过模型找到信用不合格的人；在信用卡欺诈的检测中，合法交易远远多于欺诈交易，如果 1% 的信用卡交易是欺诈行为，则预测每个交易都是合法的模型就有 99% 的准确率，那么这个模型就很有可能检测不到任何欺诈交易。在不平衡数据中，通常稀有类会比较有意义，这时检测到异常的特征就更加重要了。

2. 回归问题

回归分析研究的是通过自变量的给定值估计或预测因变量的均值，其研究的是因变量对自变量的依赖关系。通常来说，回归模型可用于预测、时间序列建模以及发现各种变量之间的因果关系，因此回归问题通常用来预测某一个值。简单来说，回归问题就是寻找自变量和因变量之间关系的函数。例如，现实生活中一个区域的温度和风速的关系，显然我们无法找到其中的函数关系，但可以通过收集样本数据，模拟温度和风速的关系，好的模型往往就可以比较准确地拟合实际的情况。

在日常工作中，我们实际上已经运用了简单的回归模型处理比较有规律的数据。在 Excel 表格中添加趋势线，实际上就是回归模型建立过程的基本应用，包括指数、线性、对数等拟合方式，如图 3-8 所示。

在回归模型中，最常见的模型是线性回归和逻辑回归，线性回归通常是人们在学习预测模型时首选的技术。在该技术中，因变量是连续的，单个或多个自变量可以是连续的也可以是离散的，回归线的性质是线性的。线性回归使用的是最佳的拟合直线。Logistic 回归可用于发现"事件=成功"和"事件=失败"的概率，当因变量的类型属于二元（1/0、真/假、是/否）变量时，就可以使用逻辑回归模型。

图 3-8　Excel 中运用的回归模型

（1）常见问题 1：线性和非线性

在一项工程进行中我们经常会听到这样的说法：这个问题是线性的或者这个问题是非线性的。什么是线性呢？线性指的是量与量之间按比例、呈直线的关系，当变量之间的函数在数学上的一阶导数为常数时，可以称这两个变量之间是线性关系；非线性关系则是指量与量之间不按比例、不呈直线的关系，当变量之间的函数在数学上的一阶导数不为常数时，两个变量之间就是非线性关系。需要注意的是，多元线性方程在平面中也不是呈直线的关系，但其本质上也是线性函数，因此我们不要只用呈现形式是否为直线来判定是线性还是非线性。

回归模型本质上就是通过训练算法来获得变量之间函数关系的，因此线性回归就是在完成具有多个自变量、一个或多个因变量之间的关系的线性建模时用到的解决方法。当然，在现实生活中，自变量和因变量的关系显然不是线性模式这么简单，当数据维数增多时，就会有多重共线性的影响，这时自变量和因变量通常是非线性函数关系，也就是非线性问题，则需要非线性模型来解决。非线性模型通常采用核函数方法，是对向量内积空间的扩展，使得非线性回归的问题在经过核函数的转换后可以变成一个近似线性回归的问题。神经网络就是典型的非线性模型，绝大部分非线性回归问题是可以通过"核函数+线性回归"的思路来解决的。

（2）常见问题2：什么是核函数

许多数据样本属于低维空间线性，不可分，采用核函数（Kernel Function）技术可以解决这类问题。核函数的作用是将数据映射到更高维的空间，通过核函数将非线性映射到高维特征空间，在更高维的空间中，数据可以变得更容易分离或更好地实现结构化，从而实现数据的线性可分。核函数在聚类、排名、主成分、相关性和分类方面都有所应用。

核函数一般用 k 表示，以下为常见的核函数。

① 线性核函数。线性核函数主要用于线性可分的情况。线性可分指的是两类样本可以用一个线性函数完全分开。线性可分的样本从特征空间到输入空间的维度是一样的，其参数少、速度快，对于线性可分数据，其分类效果很理想。因此，对于线性可分的数据样本，通常 AI 工程师会首先尝试用线性核函数做分类，看看效果如何，如果不理想再换别的核函数，其表达式为

$$k(x_1, x_2) = \langle x_1, x_2 \rangle$$

② 多项式核函数。多项式核函数可以实现将低维的输入空间映射到高维的特征空间。多项式核函数的参数多，当多项式的阶数比较高的时候，核矩阵的元素值将趋于无穷大或无穷小，计算复杂度会大到无法计算，其表达式为

$$k(x_1, x_2) = \left(\gamma \langle x_1, x_2 \rangle + c\right)^n$$

③ 高斯核函数（RBF）。高斯核函数是一种局部性较强的核函数，它可以将一个样本映射到一个更高维的空间内。该核函数是应用最广的一个，无论其为大样本还是小样本都有比较好的性能，而且其相对于多项式核函数来说参数要少，因此大多数情况下在不知道用什么核函数的时候，会优先使用高斯核函数，其表达式为

$$k(x_1, x_2) = \exp\left(-\frac{\|x_1 - x_2\|^2}{2\sigma^2}\right)$$

④ Sigmoid 核函数。Sigmoid 核函数是一个在生物学中常见的 S 型函数，也称为 S 型生长曲线。采用 Sigmoid 核函数，支持向量机实现的就是一种多层神经网络。在信息科学中，当函数具备单调递增以及反函数单调递增等性质时，会被用作激活函数。对于 AI 产品经理来说，只需要了解 Sigmoid 函数是一个 S 型函数，能将变量映射到 0 和 1 之间即可，其表达式为

$$k(x_1, x_2) = \tanh(\gamma \langle x_1, x_2 \rangle + c)$$

回归模型的应用是人工智能中数据智能的案例。天气预报中的温度预测是典型的回归分析问题，其模型背后是通过一系列采集的历史数据和实时数据来预测未来温度的变化情况，如图 3-9 所示。还有许多其他的预测也属于回归问题，如预测商品价格、未来几天的 PM2.5、房价变化、基于财务报表分析股票波动等。从结果而言，回归模型的预测是对真实值的一种逼近预测。

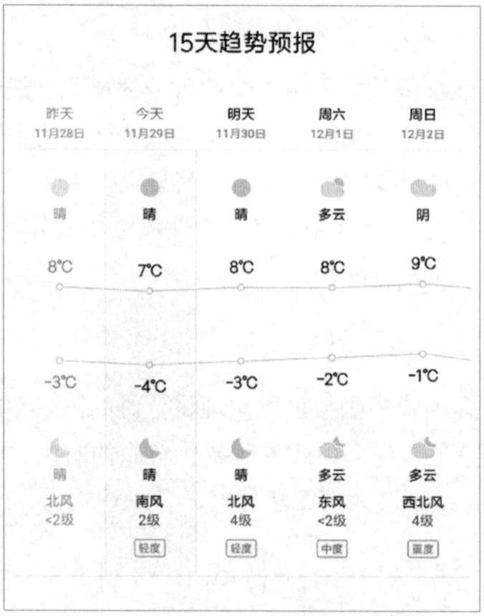

图 3-9　天气预报中的温度预测

3. 聚类问题

将物理或抽象对象的集合分成由类似的对象组成的多个类的过程被称为聚类。聚类算法属于无监督学习，它是发现隐藏数据结构和知识的有效手段。目前，很多推荐

新闻类的应用都会将聚类算法作为主要的实现手段，通过大量未标注的数据构建强大的主题聚类是聚类算法的目标。聚类算法有很多类型，包括 K-means 基于密度的聚类、用高斯混合模型的最大期望（EM）聚类等。

聚类问题通常很容易与分类问题混淆。我们通常没有过多地区分这两个概念，认为它们都是将样本按照类别进行分组，认为聚类就是分类，分类也差不多就是聚类。但 AI 产品经理需要重点理解这个问题，避免犯低级错误。虽然聚类分析起源于分类学，但是聚类不等同于分类。分类问题通常是在既定的范围内给样本打上相应的标签，而聚类则是根据不同的特征构造方式，找到数据的特征进行聚类的过程。聚类与分类的差别主要在于聚类是使用无监督方式，通过数据的差异性进行归类，根据不同的标准会归纳很多类别；而分类指的是按照某种标准给对象贴标签（工程上也称 Label），再根据标签进行区分归类。例如，通过人物头像区分男女，模型的输出一定是男或者女，我们已经事先知道需要分类的类别，这属于分类问题；而根据一组用户的购买数据特征直接划分用户群体，会发现有相似购买习惯的人群，而用不同的聚类维度和算法，可以生成不同的类别，这属于聚类问题。聚类方法可以应用在用户分割、欺诈检测的产品中。用户分割可以根据用户的消费行为习惯，将用户划分为不同的类别；欺诈检测则可用在金融领域中，发现正常与异常的用户数据，识别欺诈行为。

传统的聚类分析计算方法主要有如下几种。

（1）基于距离划分的方法

基于距离划分的方法是给定一个有 N 个元组或记录的数据集，通过分裂法构造 K 个分组，每一个分组代表一个聚类，其中 $K<N$。大部分划分方法是基于距离的。给定要构建的分组数 K，聚类方法首先创建一个初始化划分，然后采用一种迭代的重定位技术，通过把对象从一个组移动到另一个组进行划分。一个好的划分标准是：同一个簇中的对象尽可能相互接近或相关，而不同的簇中的对象尽可能远离或不同。使用这个基本思想的算法有 K-means 算法、K-Medoids 算法和 CLARANS 算法。算法一般会根据向量之间的距离来确定划分效果。

（2）基于密度的方法

基于密度的方法主要用于克服由于基于距离的聚类算法只能发现"类圆形"的聚类的缺点（类圆形指的是数据分布呈现多个圆的分布）。基于密度的方法对于发现任意形状的簇有较好的效果。这个方法的指导思想：只要一个区域中的点的密度大于某个阈值，就把它加到与之相近的聚类中去。代表算法有 DBSCAN 算法、OPTICS 算法和 DENCLUE 算法等。

（3）基于层次的方法

层次聚类方法对给定的数据集进行层次分解，可以是基于距离的或基于密度的，直到某种条件满足为止。具体又可分为"自底向上"和"自顶向下"两种方案。例如，在"自底向上"方案中，初始时每一个数据记录都组成一个单独的组，在接下来的迭代中，它把那些相互邻近的组合并成一个组，直到所有的记录组成一个分组或者某个条件满足为止。代表算法有 BIRCH 算法、CURE 算法和 CHAMELEON 算法等。

（4）基于网格的方法

基于网格的聚类方法是首先将数据空间划分为有限个单元的网格结构。基于网格的方法比较适用于很多空间的数据挖掘问题，通常都是一种有效的方法。基于网格的方法的优点是处理速度很快，通常这与目标数据库中记录的个数无关，只与把数据空间分为多少个单元有关。代表算法有 STING 算法、CLIQUE 算法和 WAVE-CLUSTER 算法。

（5）基于模型的方法

基于模型的方法是指给每一个聚类假定一个模型，然后寻找能够很好地满足这个模型的数据集。通常，目标数据集具有由一系列的概率分布所决定的特征，基于此，能够找到数据点在空间中的密度分布函数。对于这类数据，可以使用基于模型的方法进行聚类，通常有基于统计的模型和神经网络的模型的聚类方法。

4．推荐问题

推荐问题是当前互联网产品中常见的问题，各种类型的互联网产品都期望通过用户行为数据进行精准推荐，以达到最佳的营销效果。在推荐算法中，协同过滤是经典算法。

当系统想要向某个用户推荐某商品时，最常见的做法就是找到与其具有相同爱好的用户，分析其行为，或者关注那些与该用户之前购买物品相似的商品，并推荐相似的产品，这就是协同过滤的基本思路。协同过滤有两种基本算法，分别是基于用户的协同过滤算法和基于商品的协同过滤算法。

基于用户的协同过滤算法就是我们找到相似的用户群体，然后将某个属性下用户群体喜欢的商品或内容推荐给同一属性群体的其他用户，用户的购买、收藏和评价等行为可以表征用户的喜好程度，从而将这种主观的用户感受的行为转化成可度量的评分，然后再根据用户大规模的行为计算出其对商品的喜好程度。不同用户对相同商品或内容的喜好程度就是一个多维的向量，据此可以计算用户之间的相似关系，然后在有相同喜好的用户间进行商品推荐。例如，用户 A 和用户 B 都购买了 X、Y 商品，并且都给出了好的评价，那么，在模型中我们就会将用户 A 和用户 B 划分为同一类用户，模型会认为用户 A 购买的商品同样适用于用户 B，因此会将商品 Z 推荐给用户 B，如图 3-10 所示。

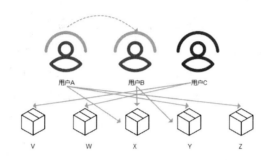

图 3-10　基于用户的协同过滤算法

基于物品的协同过滤算法与基于用户的协同过滤算法原理是一致的，就是在商品和用户之间进行互换。基于物品的协同过滤算法是按照物品的维度，我们可以通过不同用户对不同物品的评分或评价等行为，获得物品之间的关系，从而对用户进行相似物品的推荐。在用户购买商品模式中，购买商品 X 的用户 A 同时会购买商品 Z，说明商品 X 和商品 Z 的相关度较高，当用户 B 也购买了商品 X 时，可以推断其也可能有购买商品 Z 的需求，于是可以将商品 Z 推荐给用户 B，如图 3-11 所示。

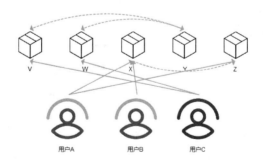

图 3-11　基于物品的协同过滤算法

在实际的推荐算法中，当然不会简单地使用协同过滤算法，系统还可以根据物品成对出现的关系进行推荐。当然，"深度学习"也被引用于推荐问题中。如 YouTube 在 2016 年公布的基于"深度学习"而做的个性化的推荐算法中，个性化推荐系统大致可以分为三个层次。以电商推荐场景为例,第一层次是用户购买过什么,能够给用户推荐类似的商品,本质是协同过滤算法;第二层次推荐的是用户需要并且也适合用户的其他商品;第三层次是能够基于用户的性格、兴趣等个人特征,为用户推荐意想不到却符合其心意的商品。推荐算法的数据量和计算量其实非常大,并且还会存在稀疏矩阵的问题(即数值为 0 的元素数目远远多于数值非 0 的元素),毕竟大部分用户只能对一小部分商品有喜好评价。

推荐算法在电商行业产品的典型应用就是"千人千面",它是淘宝在 2013 年提出的新的排名算法。依靠淘宝大数据及云计算能力,我们能从细分类目中抓取特征与买家兴趣点匹配的商品,展现在目标客户浏览的页面上,从而帮助卖家锁定真正的潜在买家,实现精准营销,如图 3-12 所示。例如,淘宝能够根据用户的地域特征设计不同的商品展示内容,如在冬季,向气温较高的南方地区优先推荐单鞋商品,而向气温较低的北方地区则优先推荐冬靴。

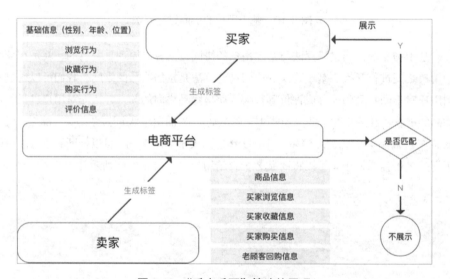

图 3-12 "千人千面"算法的原理

有针对性的个性化推荐不仅是电商产品精细化运营的手段,甚至在政治、经济、文化等领域也有所应用。随着心理学和计算机研究的不断发展及两者的深度融合,如何有效掌握用户的性格特征并融入个性化推荐场景中值得研究,但是基于性格的个性化推荐算法的研究仍然处于初步阶段,而推荐算法还会引发数据滥用的问题,也会被大众诟病。2019 年 1 月 1 日起开始施行的《中华人民共和国电子商务法》对此有明确规定,因此实际操作中 AI 产品经理需要谨慎。

5. 排序问题

排序学习是搜索、广告的核心方法，在互联网的迅速发展过程中，搜索引擎扮演着重要的角色。让用户在海量的信息中找到自己想要的信息，这其中离不开排序算法的功劳。传统的检索模型靠人工拟合排序公式，并通过不断地实验确定最佳的参数组合，效率较慢。随着影响相关度的参数逐步增多，传统的打分机制逐渐不能满足这方面的要求，而使用机器学习排序与此思路不同，机器学习能够通过机器自动学习找到最合理的排序公式，人仅需要给机器学习提供训练数据即可。随着算法的进步，以深度学习和强化学习为代表的人工智能技术，同样给搜索排序带来了新的变化，主要成果体现在语义搜索、搜索个性化和智能决策3个方面。

以搜索引擎算法发展更新为例，互联网的搜索技术也随着计算方式的不同，经历了三代发展的历程。

① 第一代搜索技术。将互联网网页看作文本，采用传统信息检索的方法。

② 第二代搜索技术。利用互联网的超文本结构，根据计算网页的相关度与重要度排序，代表的算法有 PageRank 等。

③ 第三代搜索技术。有效利用日志数据与统计学习方法，使网页相关度与重要度计算的精度有了进一步的提升，代表的方法包括网页重要度学习、匹配学习、话题模型学习、查询语句转化学习。

正是因为搜索引擎的发展，对于某个网页进行排序需要考虑的因素也越来越多，包括网页的 PageRank 值在内，还有查询和文档匹配的单词个数、网页 URL 链接地址长度等都会对排序产生影响，因此需要更加智能的排序模型。机器学习算法更适合采用很多特征进行公式拟合，排序学习可以是监督、半监督或强化学习，通常用于构建信息检索系统的排名模型。常用的排序学习方法主要有逐个的（PointWise）、逐对的（PairWise）和逐列的（ListWise），这三种方法的主要区别在于损失函数，不同的损失函数执行不同的模型学习过程和输入、输出空间。随着搜索引擎的不断发展，排序算法也从检索时代、大规模机器学习时代、大规模实时在线学习时代演进到深度学习与智能决策时代。

3.3 常见的算法原理

人工智能的算法可以视作人工智能的灵魂，它决定了机器会具备什么样的智慧。当我们把目标锁定在具体的算法层面时，会发现人工智能中存在大量的算法应用，并且这些算法解决的问题看上去并不是那么智能。不同的算法之间相互结合衍生，或应用在不同的领域进行优化，或是多个算法思想进行优化组合，形成新的算法。实际上，这些算法都是在解决基本问题，基本问题组合解决才使机器看上去充满智能。

虽然对于 AI 产品经理来说不必深入研究每一种算法，但能够了解一些在人工智能方面常见的基本算法和基本原理，一方面能够理解算法在应用时需要什么样的数据，另一方面可以知道如何建立流程，有利于在建模过程中配合 AI 工程师进行项目把控。同时，AI 产品经理通过了解常见的算法，需要让自己明白人工智能的"能与不能"，从而对一个新的产品做好初步评估工作。

本节主要介绍的算法在计算机视觉、自然语言处理、语音识别、语音合成 4 大综合任务中都有所体现，了解这些经典算法的原理，有利于 AI 产品经理合理拆解问题。

3.3.1 人工神经网络

1. 人工神经网络的定义

人工神经网络（Artificial Neural Network，ANN）是人工智能产业发展过程中高频出现的词汇，几乎伴随人工智能发展的历程。所以很多人会将人工神经网络当作人工智能，但需要注意的是，人工神经网络不等同于人工智能，二者是完全不同的概念。人工智能的概念已经在前文介绍过了，而人工神经网络是一种模型和一类算法的统称，旨在帮助计算机学习，其中就包括当前火热的深度学习神经网络，人工神经网络是计算机实现人工智能的重要工具和手段。

1943 年，心理学家 Warren McCulloch 和数理逻辑学家 Walter Pitts 在合作的论文中首次提出神经网络单元模型，从而开创了人工神经网络研究的时代。神经网络的模型起源完全基于数学和算法，由于当时还缺乏计算资源的条件，因此模型始终无法进行测试，只停留在理论阶段。一直到 1958 年，Frank Rosenblatt 创建了第一个可以进行模式识别的模型，即感知器，才改变了神经网络研究的困境。1982 年，美国加州理工学院的物理学家 John J.Hopfield 博士提出的 Hopfield 网络，David E.Rumelhart 及 James L.McCelland 研究小组发表的《并行分布处理》，促进了此后的人工神经网络的不断发展。伴随着计算能力、数据量和算法的不断进步，人工神经网络从单层神经网络不断发展至多层神经网络，并衍生出了 BP、ELM 等训练方法，如图 3-13 所示。

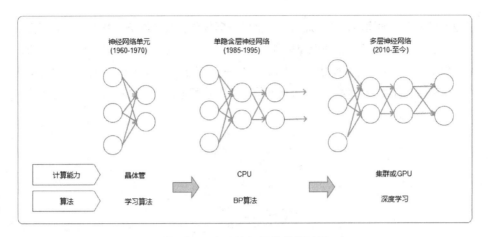

图 3-13 人工神经网络发展过程

2．人工神经网络的结构

人工神经网络的产生是受到了人脑工作机制的启发，是一种模拟人脑的计算架构。图 3-14 所示为人工神经网络由一定数量的神经元组成，即最小的单位是神经元，一个神经元中都有一个激活函数。当计算机利用神经网络进行学习训练时，就能让计算机变成不再只是执行命令的机器，而是让它在一定程度上具有了分析与判断的能力。当然，这个能力也离不开海量的数据和高超的计算能力。

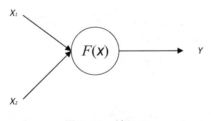

图 3-14 神经元

如今，人工神经网络已经成为一种具有高度非线性，以及可经过数理分析方法实现对生物神经元进行模仿的模型。人工神经网络最基本的架构是单隐含层神经网络结构，现在的多层结构便是依据此结构演化而来的，图 3-15 所示为典型的单隐含层的神经网络基本架构。一个典型的神经网络架构一般包含 3 个层次：输入层、隐含层和输出层。这 3 个层次分别模仿的是神经元的树突、轴突和轴突末梢。一般把 X 当作输入，Y 当作输出，输入层接收外部的输入数据，如图片、文本、语音等，通过隐含层抽象数据的通用模式，进而通过输出层输出计算的结果。人工神经网络通过大量的外界变量输入做出不同的输出,并在此过程中能够不断优化自身的网络,其本质是对现实中某种算法或函数的逼近,通过调整内部大量处理单元的连接关系、激励函数和权重值,来改变系统的复杂度,从而达到处理信息的目的。对于 AI 产品经理来说,可以简单地将神经网络看作复合函数,当给神经网络输入一些数据后,它会通过函数进行计算,从而输出一些数据。

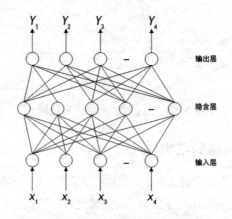

图 3-15　典型的单隐含层的神经网络基本架构

神经网络基本结构的说明如下。

(1) 单元和神经元

神经元是包含权重和偏置项的函数,是神经网络的最小单元。单元接收数据后执行计算,类似于细胞接受刺激,单元计算完成后进行输出,而且所有单元的组合输出会使用激活函数将数据限制在一个范围内。

(2) 权重

神经网络训练的过程就是在寻找最佳的权重值,从而构建最佳模型的过程。

(3) 偏置项

偏置项与权重类似,在神经网络训练过程中系统会学习到最佳偏置项。

(4) 超参数

超参数是手动设置的,当一个模型的结果无法达到预期时,超参数可以当作人工进行调整参数的选项。

(5) 激活函数

激活函数也被称为映射函数,它负责将神经元的输入映射到输出端。我们选择正确的激活函数可以大幅提高神经网络的性能,为了提高模型的泛化能力,有时会为不同的单元选择不同的激活函数。

(6) 隐含层的概念

每个神经网络有两层:输入层和输出层。二者之间的称为隐含层。图 3-15 所示的神经网络基本架构包含一个输入层(n 个单元)、一个输出层(n 个单元)和 1 个隐含层,增加隐含层可提高神经网络输出的非线性。神经网络每个层都包含一定数量的单元,在大多数情况下,单元的数量完全取决于创建者。但是,对于一个简单的任务而言,神经网络的层数过多会增加不必要的复杂性,且在大多数情况下会降低其准确率。

人工神经网络模型主要考虑网络连接的拓扑结构、神经元的特征、学习规则等。目前,已有近 40 种神经网络模型,其中有反传网络、感知器、自组织映射、Hopfield 网络、波耳兹曼机、适应谐振理论等。最近 10 多年来,人工神经网络的研究工作不断深入,已经取得了很大的进展,在模式识别、智能机器人、自动控制、预测估计、生物、医学、经济等领域已成功解决了许多现代计算机难以解决的实际问题,表现出了良好的智能特性。

人工神经网络的特点和优越性主要表现在以下三个方面。

① 具有自学习功能。神经网络的学习过程类似一个黑盒模型,例如,实现图像识别,我们只需要把不同的图像样本和对应的应识别的结果输入人工神经网络中,系统就会通过自学习功能,慢慢学会识别类似的图像。自学习功能对于预测有特别重要的意义。

② 具有联想存储功能。神经网络的计算过程本质上是矩阵的运算,因此单元之间可以相互影响。如果在人工神经网络中增加反馈网络,更可以实现联想存储,用历史信息反馈影响输出。

③ 具有高速寻找优化解的能力。在相同的运算能力下,传统方法寻找一个复杂问题的优化解,往往需要很大的计算量,而经过训练的反馈型人工神经网络能更快地找到问题的优化解。

3.3.2 深度学习

1. 深度学习的演变

深度学习神经网络是属于人工神经网络中的一种算法,因为深度学习推进人工智能在多个领域取得了突破,为计算机视觉和机器学习带来了革命性的进步,是 2012 年以来人工智能研究的最新趋势之一，以及当今最流行的科学研究趋势之一，因此我们对其进行单独介绍。

深度学习其实并不是一个很新的概念，这个名词早在 1986 年就已经出现了，只是因为当时的算法和计算能力不足，深度学习神经网络系统始终没有得到很好的应用。直到 2006 年，Geoffrey Hinton 在 *Science* 和相关期刊上发表了论文，首次提出了针对基于深度置信网络（DBN）非监督贪心逐层训练算法，解决了深层结构相关的优化难题，才从真正意义上引起了人们的重视，从此深度学习迅速在语音识别和图像识别领域崭露头角。2012 年，Geoffrey Hinton 与他的学生在 ImageNet 竞赛中，用多层的卷积神经网络成功地对包含 1000 个类别的 100 万张图片进行了训练，取得了分类错误率为 15% 的好成绩，显著好于其他参赛队伍。这次竞赛充分证明了多层神经网络识别效果的优越性，现代深度学习方法正是从此发展起来的。

2. 深度学习的训练过程

深度学习与传统的训练方式不同，在训练过程中有一个"预训练"（Pre-Training）的过程，这可以方便地让神经网络中的权值找到一个接近最优解的值，之后再使用"微调"（Fine-Tuning）技术对整个网络进行优化训练。这两种技术的运用大幅缩短了训练多层神经网络的时间。

如何理解深度学习神经网络的结构？可以延续单隐含层神经网络结构的方式来理解一个多层神经网络结构，即在单隐含层神经网络的输出层后面，继续添加隐含层次，原来的输出层变成中间层，新加的层成为新的输出层，就可以得到如图 3-16 所示的深度学习网络结构。可以发现，深度学习神经网络由多个隐含层组成，因此具有多个抽象层次的数据特征，比较简单的理解就是相比于单隐含层神经网络结构，深度学习神经网络是一种多隐含层的、多层感知器的学习结构。

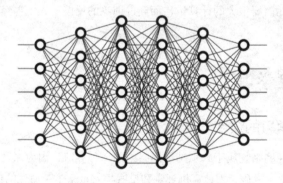

图 3-16　深度学习网络结构

深度学习在多个计算阶段中精确地分配信用，以转换网络中的聚合激活，从而学习复杂的功能，同时深度架构被用于多个抽象层次。在多层神经网络中，输出也是按照一层一层的方式来计算的，从最外面的层开始，算出所有单元的值后，再继续计算更深的一层，而且只有当前层所有单元的值都计算完毕以后，才会计算下一层的。

与单隐含层神经网络不同，多层神经网络中的层数增加了很多。增加更多的隐含层有什么好处呢？在深度学习神经网络中，每一层神经元学习到的是前一层神经元值更抽象的表示，随着网络层数的增加，每一层对于前一层的抽象表示更深入，因此可以说深度学习神经网络能更深入地表示特征，以及具有更强的函数模拟能力。以图像识别的过程为例，当图像输入深度学习神经网络后，第一个隐含层学习到的是图像"边缘"的特征，第二个隐含层学习到的是图像由"边缘"组成的"形状"特征，第三个隐含层学习到的是由"形状"组成的"图案"特征，最后的隐含层学习到的是由"图案"组成的"目标"特征。通过抽取更抽象的特征对事物进行区分，深度学习网络能获得更好的区分与分类能力。需要注意的是，我们不要简单地认为通过增加神经网络隐含层次就能得到良好的效果，有时候增加隐含层也会增加误差的累积，效果还不如单隐含层神经网络，不然这一项技术早在研究早期就快速发展起来了。

深度学习中有三个经典神经网络，分别是深度神经网络、卷积神经网络和循环神经网络。

（1）深度神经网络（DNN）

深度神经网络是深度学习最基础的神经网络。为了克服梯度消失，ReLU、Maxout等激活函数代替了 Sigmoid 函数，形成了如今深度神经网络的基本形式。在全连接深度神经网络的结构里，下层神经元和所有上层神经元都能够形成连接，其缺点是由于每一层之间连接起来涉及一个算法，每一个算法都有自己的各种参数，因此出现了参数数量膨胀的问题，在这种情况下容易出现局部最佳但整体拟合不佳的过拟合现象。

（2）卷积神经网络（CNN）

图像中存在固有的局部模式，如汽车的车轮、车灯、车身等。所以，将图像处理和神经网络结合引出卷积神经网络。卷积神经网络是通过卷积核将上下层进行链接的，同一个卷积核在所有图像中是共享的，图像通过卷积操作后仍然保留原先的位置关系。卷积神经网络有"卷积核"，这个"卷积核"可以作为介质连接神经元，用"卷积核"连接神经元时不需要每一层都进行连接了。

(3) 循环神经网络（RNN）

深度神经网络无法对带有时间序列变化的数据样本进行建模。然而，在自然语言处理、语音识别、手写体识别等应用中，样本出现的时间顺序非常重要。循环神经网络正是为了适应这种样本而诞生的，相比于深度神经网络前向神经网络（Feed-forward Neural Networks）结构的每层神经元的信号只能向上一层传播，样本的处理在各个时刻都是独立的。在循环神经网络中，神经元的输出可以在下一个时间段直接作用于自身。

3. 深度学习的应用案例

深度学习的好处是用非监督式或半监督式的学习特征和分层特征替代手工获取特征，这给计算机视觉领域带来的突破几乎是革命性的。传统的图像处理在进行特征提取时，包括边缘检测、角点检测、对象检测等，这种图像特征提取方法的难点在于必须通过人工在每张图像中选择、寻找特征。深度学习则改变了传统的特征提取方法，通过自身的算法发现各种类型图像中的特征，许多曾经看似困难的问题，深度学习让机器可以解决得比人类还要好。除此以外，深度学习还以监督、非监督、半监督或强化学习的形式被广泛应用于各个领域，从分类和检测任务开始，深度学习应用正在迅速扩展到每一个领域，如现在在视频分类、语音识别、口语理解、视觉识别和描述等领域都有广泛的应用。下面我们来举两个实例。

（1）Google Sunroof——看你家房顶能收到多少太阳能

在世界能源危机下，人们的环保意识逐步增强，人们开始重视清洁能源和可再生能源。在新能源中，太阳能是民用门槛最低且技术最成熟的能源之一。为了使房主更好地了解他们是否应该安装太阳能电池板，谷歌公司在2015年推出了一项名为"采光屋顶"的项目，技术人员可以利用谷歌地图数据来评估美国屋顶的能源潜能。

Google Sunroof可以帮助有意安装屋顶太阳能项目的潜在用户，当用户获取高分辨率卫星图像、谷歌地图数据以及自己家周围的相关数据后，就可以评估在自家屋顶安装太阳能电池板后的发电潜力及其效益。

Google Sunroof首先会根据航拍地图为房主的屋顶创建一个3D模型，然后再用深度学习将屋顶和周围的数目区分开，接着，根据太阳运行轨迹以及天气状况，甚至会考虑到一年里有多少阳光照射到屋顶、当地天气以及附近物体的遮挡等，从而估算出安装了太阳能电池板的房顶能收集到多少太阳能，并根据当前太阳能行业的定价估算涉及的成本，从而得出收益。

（2）预测地震的余震

在大地震发生后的数周或数月内，地震区的周边地区经常会发生强烈余震，造成再次损害，这会极大阻碍当地的恢复重建工作。尽管科学家已经提出一些经验性规律来描述余震的可能规模和时间，但是预测出余震的位置依然十分困难。如果能够精准地预测余震的位置，便有助于救援队将紧急服务引导到灾民最需要的地方。

谷歌和哈佛团队正是受到深度学习的启发，决定利用深度学习来预测余震。研究人员展示了深度学习怎样比现有模型更可靠地帮助预测余震位置，科学家训练了一个神经网络，在数据库中查找超过131000次"主震—余震"事件的模式，然后在30000个类似的数据库上测试其预测结果。深度学习网络比最有用的现有模型更可靠，现有库仑效应应力变化模型得分为0.583，而新的AI系统达到了0.849。

在地震学中看到数据之间的关系是非常困难的，从不同区域的地面构成到地震板块之间的相互作用类型，以及能量波穿过地球的方式等，地震过程涉及太多变量，研究者很难找到其中的模式，而深度学习神经网络却能发现复杂数据集中以前被忽视的模式，这在地震学中显得尤为重要。

英国剑桥大学的研究人员也做了关于预测地震的研究，研究人员将"模拟地震"发生之前、之中和之后测量的大量数据输入机器学习算法中，然后通过算法筛选数据，查找当人造地震发生时发出信号的可靠模式，从而提高地震的预测精度。不过，目前关于预测地震的方法还停留在实验室阶段，而真实地震的情况要复杂得多，因为真实震中的压力要比实验中大好几个数量级，而且岩石温度不同也会造成声波差异，因此，目前用人工智能来预测地震还为时尚早。

3.3.3　支持向量机

支持向量机（Support Vector Machine，SVM）是一种监督式的学习方法，可广泛地应用于统计分类以及回归分析中。支持向量机将向量映射到一个更高维的空间里，然后在这个空间里建立一个最大间隔超平面。在分开数据的超平面的两边有两个互相平行的超平面，分隔超平面使两个平行超平面的距离最大化，假定平行超平面间的距离或差距越大，分类器的总误差就越小。

支持向量机曾经是深度学习发展最受欢迎、讨论最为广泛的学习算法之一。在2012年以前，图片分类的主流算法基本还是"特征+支持向量机"的模型，随着深度学习神经网络在计算机视觉领域的良好应用，支持向量机的相关研究才逐渐式微。虽然目前支持向量机的应用有所减少，但这并不意味着支持向量机不具备应用价值，在一些特定领域，支持向量机还有较好的应用。

相比于深度学习神经网络，支持向量机的优势在于消耗的计算资源更少。因此，针对一些小训练集样本问题，也可以采用这一低成本的方案。需要注意的是，支持向量机并不是神经网络，它们是两种完全不一样的方法。支持向量机的基本原理是通过核函数的技术来变换数据，基于这种变换，算法便可以找到预测可能的两种分类之间的最佳边界。支持向量机可以运用在线性分类、非线性分类、线性回归中，相比逻辑回归、决策树等模型效果更好。

按训练数据的线性可分性，由简到繁可分为 3 种模型：线性可分支持向量机、线性支持向量机及非线性支持向量机。在实际工程中，支持向量机分类的目的就是找到一个超平面使样本分成两类，并且间隔最大。支持向量机的目标是通过训练样本计算出 w，找到超平面系数。

SVM 划分两个数据样本时，这条线被称为决策边界或者分类器，如图 3-17 所示。根据视觉直觉，它们在映射空间的形态很好理解，当将分离超平面映射回初始空间时，分离边界就不再是一条线了，间隔和支持向量也就变得不同了。数据在低维不可分，但是高维可分。将假设给定的一些分属于两类的二维点映射到三维空间中，这些点便可以通过直线进行分割，SVM 的目标要找到一条最优的分割线，来界定一个超平面是不是最优，这就是 SVM 寻找最优平面的原理，如图 3-18 所示。

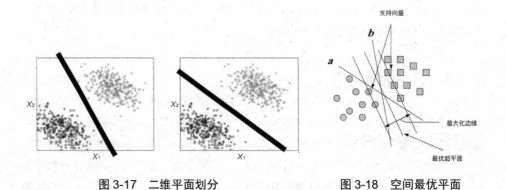

图 3-17　二维平面划分　　　　图 3-18　空间最优平面

支持向量机算法的目的是找出最优超平面，使分类间隔最大，要求不但正确分开，而且使分类间隔最大。在两类样本中，离分类平面最近且位于平行于最优超平面的超平面上的点就是支持向量，要找到最优超平面，只要找到所有的支持向量即可。对于非线性支持向量机，通常的做法是把线性不可分转化成线性可分，通过一个非线性映射,将低维输入空间中的数据特性映射到高维线性特征空间中,在高维空间中求线性最优分类超平面。

3.3.4 主成分分析

主成分分析(Principal Component Analysis,PCA)是最简单的以特征量进行分析的多元统计分布的方法,主要是利用降维的思想,将多指标转化为少数几个综合指标。在通常情况下,这种运算可以被看作是通过揭露数据的内部结构,从而更好地解释数据的变量的方法。

PCA 主要运用于数据降维,降维致力于解决 3 类问题。

① 通过降维缓解数据维度灾难问题。

② 通过降维,可以在压缩数据的同时让信息损失最小化。

③ 通过降维,将难以理解的几百个维度的数据结构转变为更容易理解的两三个维度。

在我们通常接触的数据样本中,数据维度可能达到数十个、数百个、数千个或更多。随着数据集维度的增加,算法学习需要的样本数量呈指数级增加,因此对具有许多特征的数据进行建模具有一定的挑战性。而且,如果训练数据中存在大量不相关特征的数据,其构建的模型通常不如用最相关的数据训练的模型。但是,我们通过数据观察很难知道数据的哪些特征是相关的,而哪些特征又是不相关的。

PCA 方法的核心是线性代数的矩阵分解方法,通过对样本进行线性变换,把数据变换到一个新的坐标系中,使得任何数据投影的第一大方差在第一个坐标(称为第一主成分)上,第二大方差在第二个坐标(第二主成分)上,依次类推。PCA 经常会减少数据集的维数,同时保持数据集对方差贡献最大的特征。这是通过保留低阶主成分,忽略高阶主成分做到的,低阶成分往往能够保留住数据的最重要方面。

例如,二维数据集降维就是把点投射成一条线,数据集的每个样本都可以用一个值表示,不需要两个值,三维数据集可以降成二维,就是把变量映射成一个平面。一般情况下,n 维数据集可以通过映射降成 k 维子空间,其中 $k \leq n$。再想象有更高维度的空间,如有 5 万维,我们可以为这个空间选择一个基础,然后根据这个基础仅选择 200 个最重要的向量。这些基向量被称为主成分,而且可以选择其中一个子集构成一个新空间,它的维度比原来的空间少,但又保留了尽可能多的数据复杂度。

理解 PCA 的另一个思路是 PCA 将数据中存在的空间重映射成了一个更加紧凑的空间,这种变换后的维度比原来的维度更小。我们仅需使用重映射空间的前几个维度,就可以开始理解这个数据集的组织结构。这就是降维的目的——减少复杂度的同时保留结构。

3.3.5 K-means 算法

根据不同的模式有不同的聚类算法，K-means 算法是一个经典的基于原型的目标函数的距离聚类方法的代表，是一个对相似的数据进行聚类的迭代算法。该算法的主要思想是通过迭代过程把数据集划分为不同的类别，使得评价聚类性能的准则函数达到最优，从而使生成的每个聚类内紧凑、类间独立。它计算出 k 个聚类的中心点，并给某个类的聚类分配一个与其中心点距离最近的数据点。

K-means 算法以欧式距离作为相似度测度。图 3-19 所示为假定有一组样本，每一个样本 $m(x_1, x_2, \cdots, x_n)$ 中的数据可以表征各自的特征，它是求对应某一个初始聚类中心向量最优分类，详细的实现步骤如下。

第一步，初始化中心点。假定将数据样本分为 3 类，在第一次初始化过程中，将随机设定聚类的中心点，图中 3 个星分别代表 3 个聚类的中心点。

第二步，计算距离。根据欧式距离计算出每一个数据点与聚类中心的距离，根据距离重新分配给离它最近的一个聚类中心点。

第三步，设全新中心点。根据第二步划分的类别后，重新计算新聚类的中心点，三个簇的中心点在不断计算中发生变化。

第四步，形成聚类簇。通过迭代，在数据点所属的聚类不变的时候退出整个过程，重复第二步到第三步，直至每一个聚类中的点不会被重新分配到另一个聚类中。如果在两个连续的步骤中不再发生变化，那么我们就完成了 K-means 算法。

需要注意的是，从 K-means 算法框架可以看出，该算法需要不断地进行样本分类调整，不断地计算调整后新的聚类中心。因此，当数据量非常大时，算法的时间开销是非常大的。所以，需要对算法的时间复杂度进行分析、改进，以提高算法的应用范围。通过 K-means 算法实现的原理我们可以发现，算法的本质是通过计算欧式距离作为样本特征，不断寻找样本的聚类中心点，这个过程是算法自动找到最合适的聚类中心点的过程。通过 K-means 计算的聚类中心点，也可以用于新样本的分类。AI 产品经理通过 K-means 聚类算法，能够了解聚类特征的构建过程，了解数据样本对于构建模型的意义即可。

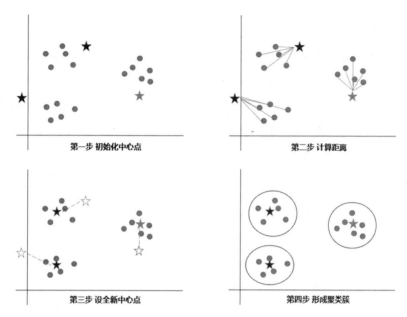

图 3-19　K-means 算法的步骤

3.3.6　关键词

关键词是指能够反映文本语料主题的词语或短语。在实际业务中，单个词语的意义不大，主要是短语，而且大多数关键词是名词短语。传统的提取方法包括 TF-IDF 提取关键词法，这是一种简单有效的提取关键词的方法。

$$TF = \frac{词在文档中出现的次数}{文章总词数}$$

$$IDF = \log \frac{语料库中文档综述}{包含该词的文档数 + 1}$$

其思想主要在于预先统计在语料中出现的所有词的词频，计算出 IDF 值，然后再针对要提取关键词的文章或句子的每个词计算出 TF 值，二者的乘积便是 TF-IDF 值，值越大表示作为关键词的优先级越高。

从最终的结果反馈上来看，关键词抽取大体可以分为两大类，一类是关键词分配，另一类是关键词提取。关键词分配是指给定一个指定的词库，选取和文章关联度最大的几个词作为该文章的关键词；关键词提取是把文本中包含的信息进行结构化处理，并将提取的信息以统一的形式集成在一起。

该算法的主要步骤可以概括如下。

① 一段语料中的关键词在该段语料中可能频繁出现，而在其他语料中出现的次数较少。

② 对于"总分总"结构的文本，出现在文章首部和尾部位置的词语成为关键词的可能性要远大于只出现在文章中部的词语。

③ 在文本中反复出现且关键词附近出现关键词的概率非常大。

④ 在文本中反复出现且左右出现不同词语的概率非常大。

关键词提取技术可用于自然语言处理，从现有的算法来看，根据其是否依赖外部知识库，大致可以分为两大类：一类是依赖外部知识库，如 TF-IDF、KEA、RAKE 等算法；另一类则是不依赖外部知识库，该类算法可以解决语言无关以及避免词表中不存在词语所造成的问题，主要是根据文本本身的特征去提取，如 Textrank 算法等。下面我们以两个实例来说明一下。

案例 1：大数据网络舆情系统

关键词提取技术可以运用在网络舆情监控系统中，如图 3-20 所示。百度推出的网络舆情分析产品，主要通过监控网络指定系列关键词的出现情况，通过搜索引擎、社交媒体、报刊等各种媒体渠道对舆情信息进行收集和智能检测。该系统能够捕捉互联网观点，从量级趋势上诊断该观点的支持、传播数量；从数量上诊断该观点是否具备关注度与传播度，能否形成舆情。目前，该系统可实现从内容分析、热点发现、传播趋势、受众分析、搜索分析、分析预测 6 个方面来全面解读互联网的舆情风向。

案例 2：运用关键词提取进行搜索排序

谷歌公司 2015 年上线的 Google RankBrain，提出使用人工智能算法 RankBrain 对搜索结果进行重新排序。Google RankBrain 解决的也是对查询词的深入理解问题，尤其是比较长尾的词，找到与用户查询词不完全匹配、但其实很好地回答了用户查询的那些页面。谷歌公司内部存在着许多核心算法，而 RankBrain 的工作就是学习这些核心算法并将它们应用到不同类型的搜索结果排名中去。2015 年，RankBrain 上线时，15% 的查询词经过 RankBrain 处理，2016 年所有查询词都要经过 RankBrain 处理。

谷歌公司经常列举的 RankBrain 例子是：

What's the title of the consumer at the highest level of a food chain?

能够与这个查询词完全匹配的结果比较少，而且查询中的几个词容易有歧义，例如 consumer 通常是消费者的意思，food chain 也可以理解为餐饮连锁，但这个完整的查询和商场、消费者、饭馆之类的意思没有任何关系。RankBrain 能理解其实用户问的食物链顶端的物种是什么名字。这种长尾查询数量很大，谷歌每天收到的查询里有 15% 是以前都没出现过的。这种查询如果靠关键词匹配比较难以找到高质量页面，数量太少、甚至没有，但理解了查询的语义和意图，就能找到满足用户需求的、关键词并不完全匹配的页面。

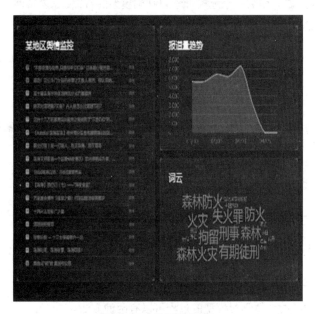

图 3-20　关键词提取

3.3.7　集成学习方法

集成学习（Ensemble learning）指的是通过组合学习算法的方式提高机器学习效果的一种方法，与单一模型相比，集成学习通过集合多种模型，更容易提供更好的结果。简单理解集成学习方式就是将针对同一目标的多个学习算法集合起来，共同决定模型的输出，如图 3-21 所示。深度学习也常常通过训练多样化和准确的分类器运用集成学习方法，通过改变架构、超参数设置和训练技术来实现多样性。

集成学习方法根据基础学习器的异同分为同质集成和异质集成。使用单一基础学习算法产生相同类型的学习器进行集成学习的过程为同质集成，将不同类型的学习器进行集成学习的方式称为异质集成。目前，常见的有 3 种集成学习方法，分别是装袋（Bagging）、提升（Boosting）和堆叠（Stacking）。装袋方法指的是将训练集中的数据随机或者按一定规则抽取训练集，不同的训练集获得不同的训练模型，对于分类问题通常采用投票输出，对于回归问题采用平均的方式输出。提升方法指的是第一次训练得到基础模型后，根据基础模型的表现调整学习样本，将学习不好的训练集赋予更大的权重，并分配给下一个模型继续进行学习，从而不断地提升其性能。堆叠方法可用于异质集成，指的是将多个模型设置为基础模型，如贝叶斯网络、随机森林、KNN 三个模型共同学习，之后用另一个元模型学习基础模型的特征，如逻辑回归作为元模型，从而实现异质集成的学习方法。

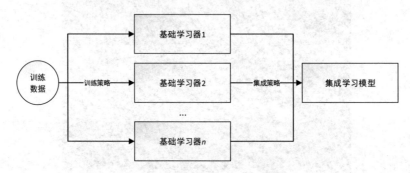

图 3-21　集成学习方法原理

集成学习方法有两个主要的问题需要解决，第一个是如何得到若干个个体学习器，第二个是如何选择一种集成策略，将这些个体学习器集合成一个强学习器。

生成多个独立的个体学习模型的过程可以有两种方法。

① 序列集成方法，指的是基础学习器按照顺序生成的方法，其中的顺序是利用基础学习器之间的依赖关系。例如，AdaBoost 方法就是序列集成的方法，将训练错误的样本标记并赋予其更多的学习权重，从而提高整体学习器的输出质量。

② 并行集成方法，指的是训练的基础学习器并行生成的方法。例如，随机森林就是采用该方法，其原理是利用基础学习器之间的差异和独立性，通过共同决策或评价的方式降低输出的误差。

为了使集成方法比其中的任何单一算法更准确，基础学习器必须尽可能准确和多样化。

集成学习中的集成策略一般有以下 3 种方法。

1. 平均法

对于若干个弱学习器的输出进行平均处理，得到最终的预测输出，使用平均法集合输出，适用于数值类的回归预测问题。通常使用的结合策略是平均法，根据平均方式的不同，可以分为简单平均输出和加权平均输出，加权平均输出指的是不同学习器的输出加权平均求和。

2. 投票法

投票法一般用于分类决策，分为相对多数投票法和绝对多数投票法。相对多数投票法是比较简单的方法，也就是在 n 个弱学习器样本的预测结果中，数量最多的类别为最终的分类类别；绝对多数投票法则是在相对多数投票法的基础上，要求不仅是获得最高票数，还要求票数过半，否则模型会拒绝预测的一种方法。由于相对多数投票法和绝对多数投票法都有可能导致模型拒绝输出，因此还有加权投票法，即将每个弱学习器的分类票数乘以一个权重，最终将各个类别的加权票数求和，从而找出最终的类别。

3. 学习法

学习法是对弱学习器进行逻辑处理的一种方法。弱学习器是相当于初级学习器的，将初级学习器的学习成果作为输入，训练集的输出作为输出再次训练一个次级学习器，从而为初级学习器构建了一个集成选择的模型。在实际运作过程中，初级学习器通过训练集生成次级学习器的输入样本，次级学习器依次进行训练得到最终的输出结果。通常我们会听到有很多基础模型，而新构造的模型再学习基础模型的输出，指的就是学习法集成。

集成意味着通过投票或者取平均值的方式，将多个学习器（分类器）结合起来以改善结果。在分类的时候进行投票，在回归的时候求平均值。核心思想就是集成多个学习器以使性能优于单个学习器。它本身不是一个单独的算法，而是通过构建并结合多个模型，"博采众长"来完成学习任务。集成学习可以用于分类问题集成、回归问题集成、特征选取集成、异常点检测集成等，可以说所有的领域都可以看到集成学习的身影。正因为如此，集成学习方法在许多著名的机器学习比赛中能够取得很好的名次。

3.4 常用模型评价指标

AI产品经理在进行需求评审时，需要清晰描述业务的背景，说明需要用模型解决的业务问题，同时还要说明模型需要达到什么样的标准才可以进入实际使用阶段，这里所说的标准一般指的就是评价指标，切忌说"准确率越高越好"这样不具体的描述。AI工程师会以此作为建立模型的学习目标，也是后续评估模型是否可用的标准，当然，在不同的应用领域，对于人工智能模型有不同的评价指标。如何评估一个人工智能模型是否可用或者好用呢？本节将介绍一些通用的评价指标，不同类型的评价指标基本是依照这些衍生而来的。

3.4.1 选择样本验证

为了评估模型的可用性，我们首先需要构建可用的验证样本。一般用来进行建模的一个数据集，往往会被分为两个数据集——训练数据和测试数据，在前文已经介绍过训练数据和测试数据的作用。我们要评价一个模型的优劣，就要选择合适的样本集来评价模型的泛化能力，如果训练数据和测试数据没有选择好，就可能无法有效验证模型的能力。训练数据和测试数据的构建也有不同的方法，通常处理的方法如下所述。

1. 留出法

留出法指的是直接将数据样本集分成两部分，一部分用作训练，另一部分用来做评估。实际使用时会有很多变形，例如，随机抽取 n 个样本作为测试集，剩余样本作为训练集。若要评价训练结果，可以随机抽取 100 次测试集，通过观察每次训练集的训练结果评估计算平均值或方差，作为模型最后的评估结果。

2. 交叉验证法

交叉验证法是将数据分为 k 个大小相似的互斥子集，每个子集尽可能保持分布的一致性，然后每次选出一个子集作为测试集，剩余子集作为训练集，这样可以得出一个评估结果。使用同样的方法，依次将 k 个子集分别作为测试集进行验证，之后会得出 k 个评估结果，用这 k 个评估结果就可以算出一个平均值作为最后的评估结果。通常把这种交叉验证叫作 k 折交叉验证，实验中最常用的是 10 折交叉验证，即分成 10 个子集分别进行评估。

3. 自助法

前两种方法由于在测试时使用的是全部数据集的一个子集，这样就有可能导致偏差，而自助法就是一个比较好的解决方案，它以自助采样法为基础。自助采样法的步骤是从有 m 个样本的数据集 D 中，随机抽取一个样本放入 D' 中，然后再将该样本放回 D 中再次随机抽取。如此重复 m 次就有了一个新的数据集 D'，D' 就是自助采样的结果。当样本数较少时，采用这种方法会有比较好的效果。

AI 工程师在进行建模实验阶段，产品经理需要准备好验证的样本数据，如果有新数据进入，也可以使用新数据提前验证模型的泛化能力。

3.4.2 评价指标说明

1. 分类模型的评价指标

评估指标是把"尺子"，用来评判模型的优劣。不同的模型有着不同的"尺子"，同一种模型也可以用不同的"尺子"来进行评估，只是每把"尺子"的侧重点不同而已。评价分类结果精度的指标，最常见的是准确率（Accuracy）、精确率（Precision）和召回率（Recall）。以最简单的二分类问题进行说明：数据的结果可分为正例（Positive Class，P）和反例（Negative Class，N）。按照正例和反例，分别比较模型的预测结果和实际结果，会有真正数、假正数、真负数、假负数 4 种数据，如表 3-1 所示。

表 3-1 模型正例和反例

实际/预测	预 测 为 正	预 测 为 负
实际为正数	TP	FN
实际为负数	FP	TN

TP：实际为正数、且预测为正数的样本数，称为真正数。

FP：实际为负数、但预测为正数的样本数，称为假正数。

FN：实际为正数、但预测为负数的样本数，称为假负数。

TN：实际为负数、且预测为负数的样本数，称为真负数。

对于一个理想的分类器，自然是希望 FN=FP=0，即分类器完美地完成了分类任务，没有任何错误，但实际情况是很难达到完全正确的，这时就需要使用相关的评价指标。准确率是模型预测和标签一致的样本在所有样本中所占的比例；精确率是模型预测为正类的数据中，有多少确实是正类；召回率是所有正类的数据中，模型预测为正类的数据有多少。这三个数据往往用来判断一个二分类算法的优劣。

(1) 准确率

准确率表示的是模型预测结果正确分类的指标，计算公式是正确分类的样本数与总样本数之比，公式为

$$Accuracy = (TP+TN)/(P+N)$$

这个指标说明的是预测正确的结果占总数的比例，准确率不会关注具体类别的差异，评估的是模型对整体数据的指标。如果是平衡数据，准确率在一定程度上能够体现模型的质量，但对于不平衡数据样本，准确率高不一定代表模型质量就高，例如，筛查异常的样本时，在1000例中有1例是异常样本，但是模型将所有样本判定为正常，准确率为99.9%，但这个模型实际上是无法找到异常样例的。

(2) 精确率

精确率又称查准率，针对的是模型预测样本的评价，需要观察模型预测结果的质量，公式为

$$Precision = TP/(TP+FP)$$

这个指标表示的是预测为正且预测正确的样本占所有预测为正的样本的比例。精确率高意味着：只要模型识别的结果是正的，实际结果也是正的概率就很高。精确率高说明模型侧重将不易区分的样本划分为负样本，以检查识别出来的正样本是否正确。

精确率高比较适用于"宁缺毋滥"的场景。例如，过滤正常证件的任务，需要保证模型预测为正常证件的结果，大部分证件的实际结果也是正常证件，这就需要预测模型对于识别正常证件具有很高的精确率。

(3) 召回率

召回率又称查全率，考察的是模型的敏感度，公式为

$$Recall = TP/(TP+FN)$$

召回率是指预测为正且预测正确的样本占所有实际为正的样本的比例。召回率高意味着能够将大部分为正的样本找到。召回率高说明模型侧重将不易区分的样本划分为正样本，考察的是对正样本是否敏感，适用于"宁可错杀一百不可放过一人"的场景中，例如，识别是否是犯罪嫌疑人，非典期间识别是否可能患了非典、肿瘤的预测等，能够保证不遗漏任何一个可疑的样本。

（4）F1

准确率和召回率是互相影响的，理想情况下肯定期望模型能够做到两者平衡，但是一般情况下精确率和召回率呈反比关系，即精确率高、召回率就低；召回率低、精确率高，那么就需要一个指标来综合评估。

所以，如果要求模型的精确率和召回率达到平衡，可以用 F1 来衡量，其计算公式为

$$F1 = 2 \times Precision \times Recall / (Precision + Recall)$$

F1 可以保证模型不会偏重于精确率或准确率，而是保持二者的平衡。不同的分类问题，对精确率和召回率的要求也是不同的。

除了以上指标，根据具体问题，还有细分的评价指标，例如，平均准确率（Average Per-class Accuracy），主要用于应对每个类别下样本的个数不一样的情况，用来计算每个类别下的准确率，然后再计算它们的平均值；对数损失函数（Log-loss），在分类输出中，若输出不再是 0 或 1，而是实数值，即属于每个类别的概率，那么就可以使用 Log-loss 对分类结果进行评价。这个输出概率表示该记录所属的其对应的类别的置信度。例如，样本本属于类别 0，但是分类器则输出其属于类别 1 的概率为 0.51，那么这种情况便认为分类器出错了，因为该概率接近了分类器的分类的边界概率 0.5。

AI 产品经理需要知道，其中一项指标高并不能说明分类器效果的好坏。例如，识别一个人是否患有艾滋病，就算全部预测为负样本，那准确率也有 99% 以上，但是这种高精确率的分类器在实际生产中并没有任何作用。

2. 回归模型评价

回归是对连续的实数值进行预测，即输出值是连续的实数值，回归算法的主要评价指标包括均方误差（MSE）、均方根误差（RMSE）、平均绝对误差（MAE）、R 方系数（R-Squared），在 m 个样本中，y_i 表示真实值，$\widehat{y_i}$ 表示预测值，$\overline{y_i}$ 表示平均值。

（1）均方误差（MSE）

均方误差是反映估计量与被估计量之间差异程度的一种度量，其公式为

$$MSE = \frac{1}{m}\sum_{i=1}^{m}\left(y_i - \widehat{y_i}\right)^2$$

该公式通过计算真实值与预测值的差值，然后平方之后求平均值，从而评估总体的误差大小。

（2）均方根误差（RMSE）

均方根误差的公式为

$$\text{RMSE} = \sqrt{\frac{1}{m}\sum_{i=1}^{m}\left(y_i - \widehat{y_i}\right)^2}$$

RMSE 对异常点较敏感，如果回归器对某个点的回归值很不理性，那么它的误差则较大，从而会对 RMSE 的值产生较大的影响，即平均值是非鲁棒的。

（3）平均绝对误差（MAE）

平均绝对误差是所有单个观测值与算术平均值的偏差的绝对值的平均。

$$\text{MAE} = \frac{1}{m}\sum_{i=1}^{m}\left|y_i - \widehat{y_i}\right|$$

平均绝对误差可以避免误差相互抵消的问题，因而可以准确反映实际预测误差的大小。

（4）R 方系数

R 方系数也称为决定系数，反映因变量的全部变异能通过回归关系被自变量解释的比例，该值越接近于 1，说明模型的拟合程度越好，计算公式为

$$R^2 = \frac{\sum\left(\widehat{y_i} - \overline{y_i}\right)^2}{\sum\left(y_i - \overline{y_i}\right)^2}$$

R 方系数越接近 1，表明回归平方和占总平方和的比例越大，回归线与各观测点越接近，用 x 的变化来解释 y 值变差的部分就越多，回归的拟合程度就越好。例如，R 平方值为 0.8，表示在所有因变量（也就是 y）的变化中，其中 80% 的现象可以由该回归模型解释。

（5）泛化误差

泛化误差的意义主要是验证训练后的模型是否能够适应新的样本数据，AI 工程师通常可以通过模型预测值的偏差与方差评估模型的泛化误差。

在给模型一些新的样本后，模型会对样本进行估值，估值和真实值的差距就是偏差。在不同的训练集上使用同一模型会得到不同的参数，不同训练集上得到的假设函

数对新样本做出的估值是不同的,期望的估值与不同训练集训练结果得到的估值的离散程度即方差,方差一定程度也反馈了模型的稳定程度。我们往往希望最终的估值与实际值相差不大,而且所得到的模型也要相对稳定,在这种情况下我们就可以说此模型通用性比较强,也就是泛化误差较小。泛化误差是衡量一个模型推广能力的标准,而交叉验证正是利用这一性质,将数据集分为训练集合验证集,对不同的模型计算泛化误差,从而帮助选取指定问题下的最佳模型。

不同的模型,其具体的应用场景不同,也会有不同的评估指标,分类和回归问题是人工智能模型中常见的两个问题,因此了解了这两大类型问题的评估指标可以解决工作中的常见问题,在遇到具体的问题时,我们可以根据实际的产品应用场景,提出更加个性化的评价指标要求。

3.5 智能硬件基本知识

人工智能落地的产品中还有一个显著的特征,那就是产品不再局限于移动端的应用。许多人工智能产品会结合新的载体形成智能硬件,从而直接改变人们的使用场景,常见的设备如手表、电视和其他电器,也可能是没有电子化的设备,如门锁、茶杯、甚至房子等。因此一些岗位的 AI 产品经理还需要具备基本的硬件知识,以便应对工作中新的要求。

3.5.1 智能硬件设计流程

智能硬件从智能穿戴设备开始,在智能硬件领域已经扩展出了诸如智能电视、智能家居、智能汽车、医疗健康、智能玩具、机器人等人工智能应用。如今比较典型的智能设备包括 Google Glass、三星 Gear、Fitbit、麦开水杯、咕咚手环、Tesla、无屏电视等。智能硬件涉及领域广泛,与此相关的行业也非常多。

一个完整的智能硬件产品通常拥有一个包含双流程的产品设计流程,如图 3-22 所示。

1. 需求分析

确认整体的业务场景、了解应用的技术、明确需要满足人什么需求,甚至对整体市场的情况进行评估,这个阶段是 AI 产品经理调研需求定义产品的阶段,是一个智能硬件产品生命周期的开始。

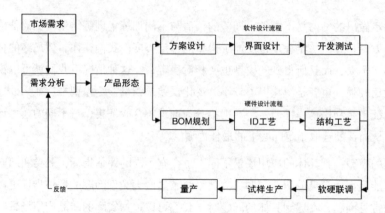

图 3-22　智能硬件产品设计流程

2. 产品形态定义

AI 产品经理在这个阶段需要完成产品的整体方案，包括硬件和软件的相关功能，将产品形态，以文字、图片、模型等方式展示出来，完成对产品形态的定义。

3. 双流程设计

需求采集并完成产品方案设计后，会按照硬件设计和软件设计流程同步进行。在硬件的设计流程中，会涉及一些更加专业的流程，如 BOM 规划、ID 工艺。

（1）BOM 规划

BOM（Bill of Material）指的是硬件产品所需物料明细表，BOM 详细记录了一个项目所用到的所有材料及相关属性，母件与所有子件的从属关系、单位用量及其他属性，在有些系统称为材料表或配方料表。当 AI 明确产品经理的需求后，工业设计团队和研发团队会分工设计产品的结构、外观，包括对核心部件的选择，从而完成 BOM 规划，通过合理的 BOM 规划，可以最大限度地减少资源浪费，通过物料清单，AI 产品经理能够了解基本的成本。

（2）ID 工艺

ID 设计指的是工艺产品设计，主要指的是产品外观设计，该部分会有专业人员进行设计，ID 设计需要考虑产品的美观、易用等性能。

（3）结构工艺

完成 BOM 规划和 ID 设计后，设计团队会进行结构工艺，如注射开模，然后进行小量试产，就会产生试用产品。

智能硬件还包括软件设计流程，该部分流程同大部分互联网产品设计流程一致，配合产品功能，需要进行软件功能设计，包括方案设计，如有相关操作界面，还需要增加界面设计、完成开发测试的流程。

① 方案设计。软件设计部分需要了解数据存储方式和数据交互方式；硬件产品部分数据是存储在本地的，这与常见的互联网产品不同，如智能音箱唤醒词，需要特别注意的是，由于数据存储方式的差异而产生的边界情况。

② 界面设计。智能硬件的屏幕不再是标准的手机界面，如可能是如手表的圆形界面，此外色彩呈现和交互方式也与手机有所不同，AI产品经理需要确认产品的载体及支持的展示方式，太过复杂的效果可能无法呈现。

③ 开发测试。软件部分的开发测试主要侧重于进行数据逻辑的验证，在硬件设计和软件设计阶段完成后，会进行软硬联调的工作。

4．软硬联调

一般硬件开发分为硬件调试、软件调试和软硬联调。软件调试首先会在最小系统板进行调试；硬件调试包括整机、功能、性能、指标、可靠性测试，AI工程师最后进行软硬联调，以确保整体的功能。

5．试样生产

把BOM设计、外观、结构等参数提交给工厂做手板、测试、调整，基本确定原型之后进行小批量试产，同时确定工艺路线等生产参数，产品包装设计也需要在这个环节验证是否满足运输配送条件和客户审美需求。

6．量产

量产是考验供应链能力的正式阶段。生产制造的供量节奏、产能规划、资源投入等都是和前后端环节深度耦合的系统工程，市场营销、销售渠道和生产计划团队要一起协商核对，确定预计供应的产量，并结合可用的生产线、人员做出一个分周期时段的成品交付计划，之后再将成品按照BOM进行分解。

3.5.2 智能硬件的组成

1．常见硬件和作用

在进行智能硬件产品设计的过程中，AI产品经理需要了解一些基础的智能硬件知识，了解常见的硬件及其作用。

（1）传感器

传感器在智能硬件中起到检测作用，指的是能感受到被测量的信息，并能将感受到的信息，按一定规律变换为所需形式的信息输出，以满足信息的传输、处理、存储、显示、记录和控制等要求。通常根据其基本感知功能分为热敏元件、光敏元件、气敏元件、力敏元件、磁敏元件、湿敏元件、声敏元件、放射线敏感元件、色敏元件和味敏元件等十大类。

（2）控制器

控制器是发布命令的"决策机构"，指的是负责根据指令完成硬件相关动作控制的单元，包括启动、调速、制动、反向等流程，一般控制器包含程序计数器、指令寄存器、指令译码器、时序产生器和操作控制器。

（3）芯片

芯片是一种把电路（主要包括半导体设备和被动组件等）小型化的方式，是集成电路块的代称。2015年之后，人工智能对于计算能力的要求不断提高，业界开始研发针对人工智能的专用芯片，使得计算效率、能耗比等性能上相比于传统芯片得到进一步提升。

2. 主流的人工智能芯片

从理论上来说，能用于人工智能模型计算的芯片均可称为人工智能芯片，目前主流的人工智能芯片基本都是以GPU、FPGA、ASIC及类脑芯片为主。

（1）GPU

GPU（Graphics Processing Unit）是通用芯片，图形处理器，又称显示核心、视觉处理器、显示芯片，最初是用在个人电脑、工作站、游戏机和一些移动设备上运行绘图运算工作的微处理器。由于擅长对大数据进行简单重复操作，因此对于人工智能海量数据并行运算的能力的需求不谋而合，最先引入的即是深度学习。目前，全球70%的GPU芯片市场都被NVIDIA占据，包括谷歌、微软、亚马逊等巨头也通过购买NVIDIA的GPU产品扩大自己数据中心的AI计算能力。

（2）FPGA

FPGA（Field-Programmable Gate Array）是一种半定制化芯片，是一种集成大量基本门电路及存储器的芯片，现场可编程门阵列，它是在PAL、GAL、CPLD等可编程器件的基础上进一步发展的产物。目前 FPGA 以硬件描述语言（Verilog 或 VHDL）所完成的电路设计，可以经过简单的综合与布局，快速地烧录至 FPGA 上进行测试，是现代 IC 设计验证的技术主流。FPGA 一般来说比 ASIC（专用集成电路）的速度要慢，实现同样的功能比 ASIC 电路面积要大，但是它也有很多的优点，例如，可以快速成品，可以被修改来改正程序中的错误和拥有更便宜的造价。

（3）ASIC

ASIC（Application Specific Integrated Circuit）属于全定制化芯片，它主要采用供专门应用的集成电路芯片技术，这在集成电路界被认为是一种为专门目的而设计的集成电路。因为 ASIC 是定制化的，所以在性能和功耗上都要优于 GPU 和 FPGA。

谷歌推出的 TPU 就是一款针对深度学习加速的 ASIC 芯片，而且 TPU 会被安装到 AlphaGo 系统中。但谷歌推出的第一代 TPU 仅能用于推断，不可用于训练模型，但随着 TPU2.0 的发布，新一代 TPU 除了可以支持推断以外，还能高效支持训练环节的深度网络加速。

（4）类脑芯片

类脑芯片是一种基于神经形态工程，来模拟人脑感知世界和处理问题的芯片，处理器类似神经元，因此其结构是独特的，突破了传统的冯·诺依曼结构，相比于传统芯片，类脑芯片的确在功耗上具有绝对优势。2014 年，IBM 推出了首款类脑芯片 TrueNorth，此外还有英特尔 Loihi 芯片、高通 Zeroth 芯片等。类脑芯片是一种相对处于概念阶段的集成电路，目前面世的类脑芯片并不多，因此也没有大规模商业化的案例。

3.5.3 智能硬件成本预估

智能硬件产品的成本主要包括原材料成本、生产成本和第三方成本。

1. 原材料成本

原材料成本是产品的直接成本，是组成产品的所有原材料的成本之和，一个硬件产品的原材料成本通常包含如下几种。

① PCB 成本，PCB 物料成本和 PCB 板上元器件成本，包括 IC（主 IC、电源管理 IC、RF IC、其他类 IC）、存储（FLASH、RAM）、屏幕、电池、电阻电容电感的物料成本等。

② 结构物料成本，包括产品上盖、下盖、中框和按键等。

③ 配件物料成本，包括电源适配器、数据线、耳机等，适配器基本为标配。

④ 包装物料成本，包括外包装、内纸托等。

⑤ 文档类物料成本，包括使用说明书、法规类说明文档等。

2. 生产成本

生产成本指的是将产品原材料组装生产、研发、成品过程中所产生的费用，主要包括以下几项费用。

① 生产组装费用，烧录、SMT、插件、包装费用。

② 生产检测类费用，产品性能类测试费用、产品法规类检测费用、产品品质类检测费用等。

③ 批量生产费用，工厂的一切日常活动都反映到机器产能和人工产能上，批量和产能越高，费用越低。

④ 研发成本，主要为人力成本。

⑤ ID 设计成本，产品外观设计费用；外观手模制作费用。

⑥ 模具开模成本，产品 ID 开模、结构物料开模（屏蔽罩等）费用。

⑦ 物料打样成本，样机制作成本。

3. 第三方成本

由产品生产方支付给第三方公司的费用，主要包括：第三方专利费用、第三方软件授权费用、服务器费用、流量费用、云费用等。

3.6　人工智能水平的发展阶段

当人工智能的产品和服务广泛存在于我们生活的各个领域时，人工智能似乎已不再是一个"遥不可及"的科幻概念，通过前面 5 节的学习，我们可以发现无论人工智能水平发展到什么高度，其底层的算法、硬件都还在解决特别小的问题，然而正是不断解决这些小的问题，我们才能看到人工智能的完整功能。

作为 AI 产品经理需要清楚知道人工智能当前的发展阶段。即使到现在，人工智能仍然被视作是一个面向未来的研究领域和实践领域，是因为人们对于人工智能的期待远超如今实现的成果。在科技发展的每一个阶段，人工智能对应的那些具体技术和应用也是在不断发生变化的，例如，在机器会下棋之前，人类把下棋视为自己的"大智慧"，而当机器人真的会下棋后，人们对人工智能的要求则是"机器不仅会下棋，并且比人类下得更好"，如今我们都知道人工智能已经在棋类博弈中战胜人类了，而这部分成果只是被视作"计算智能"，人类还要追求更高的机器自我意识。所以在不同时间阶段，人们对于人工智能的要求是不同的。如果说人生可以分成儿童、青年和老年3个阶段，与此相似，科研学者也将人工智能的发展阶段区分成弱人工智能、强人工智能和超人工智能3个阶段，目前我们接触到的人工智能基本属于弱人工智能的范畴，但是我们通常可以在电影中看到强人工智能和超人工智能的身影。

1．弱人工智能

弱人工智能是指仅依靠计算速度和数据来完成某个单方面任务的人工智能。我们在生活中能够广泛接触到的产品，如计算机下棋、天气查询、语音识别、图像识别、翻译等均属于弱人工智能的范畴，这些产品擅长解决单个方面的问题，即处理其中"一件小事"。例如，电子邮箱自动过滤垃圾邮件的功能就是其中"一件小事"，机器人在过滤垃圾邮件的过程中，不断完善规则和数据积累，就会更加准确地识别出哪些是垃圾邮件，之后就会代替人类过滤垃圾邮件，提高工作效率。

目前大多数产品都还处在弱人工智能领域的研究，并且出现超越人类单方面能力的水平，在图像识别、语音识别方面，某些应用机器已经达到甚至超过了普通人能力的水平；在机器翻译方面，便携的实时翻译器已成为现实；在棋类游戏方面，机器已经打败了顶尖的人类棋手。当然上述成功案例中都有一个共同的特点：机器人都只能实现某种特定类型的智能行为，而不是完全智能行为。

弱人工智能是用于解决特定的具体类的任务问题而存在的，有的依赖于统计数据，并以此从中归纳出模型。由于弱人工智能只能处理较为单一的问题，且发展程度并没有达到模拟人脑思维的程度，所以许多人仍然将弱人工智能划为"工具"的范畴，认为其与传统的"产品"在本质上并无区别。

2．强人工智能

在人工智能研究比较活跃的子领域，基本上是与制造"智能工具"直接相关的，也就是上文所述的弱人工智能，而强人工智能的研究重点在自主心智、独立意识、机器情感等方面，当然这并不是人类胡乱的幻想。2018年6月，一份论文透露了这样一项实验：Facebook的研究人员希望通过训练一对聊天机器人，让它带着"目的"和人类对话。最后研究人员发现，人工智能甚至能对不想要的东西伪装出感兴趣。美国未来学家雷蒙德·库兹韦尔曾提出奇点理论，该理论预言：在2045年电脑智能与人脑智能可以实现完美兼容，纯人类文明也将终止，届时强人工智能终会出现，并具有幼儿智力水平。

是否能够具有自我意识可以作为划定弱人工智能和强人工智能的标准之一，强人工智能本意指的是真正能推理和解决问题的智能机器，并且这样的机器被认为是有知觉和有自我意识的。强人工智能属于人类级别的人工智能，在某些方面甚至能和人类比肩，它甚至能够从事需要人类发挥脑力的工作，它能够进行思考、计划、解决问题、抽象思维、理解复杂理念、快速学习和从经验中学习等操作。

新技术的出现一次次产生人类能力的外延，但是历史上从未有某一项技术直接和人类大脑进行竞争。学习、语言、认知、推理、创造和计划，这是科学家为"强人工智能"系统设定的目标，即让人工智能在非监督学习的情况下处理前所未见的细节问题，并同时与人类开展交互式学习。简单来说，在强人工智能阶段，机器甚至具备了"人格"，机器可以像人类一样独立思考和决策。AI 工程师创造强人工智能十分艰难，目前我们只能在一些科幻影片中窥见"强人工智能"的身影。

3. 超人工智能

在弱人工智能和强人工智能的两个概念之外，科学家还提出一个更新的概念——超人工智能。智能是智力和能力的总称，而"学习""理解""行动"是智能最基本的三大要素，在超人工智能阶段，机器人"在几乎所有领域都比最聪明的人类大脑都聪明很多，包括科学创新、通识和社交技能"。在超人工智能时期，可以说人工智能完完全全超过了人类，并且具备储存容量大、有独立思想、计算能力强大、还不会生老病死等特点，日本动画片《阿童木》正是体现人类对超人工智能想象的一个代表作品。

当社会发展达到超人工智能阶段时，人工智能就已经跨过了"奇点"，人工智能本身在计算方面就已超越了人类，而这个阶段机器的思维能力也已经远超人脑。或许到那个阶段，人工智能将打破人脑受到的维度限制，人脑已经无法理解其所观察和思考的内容，人工智能将形成一个新的社会。当然，超人工智能是人们对人工智能的一个假想，至少在"强人工智能"尚未出现的当下，现在谈及超人工智能的种种都为时尚早。

本章小结

我们从"AI 产品经理是否需要了解人工智能知识"这个问题开始，探讨了 AI 产品经理掌握人工智能基础知识的必要性。我们一直在反复强调一个概念，人工智能是一个综合性的学科，涉及的面非常广，同时 AI 产品经理这个岗位所在的位置，就要求应具备综合的能力，这样可以防止因为基本的概念的缺失，造成巨大的沟通成本，阻碍产品研发的进行。

（1）模型的搭建

人工智能能够落地到产品应用中，背后离不开搭建有效的模型，模型搭建离不开 AI 产品经理的前期调研和准备工作，对数据样本初步评估、特征的描述，都会对后续模型的训练有所影响，在模型训练中分为有监督学习、无监督学习等，AI 工程师主要是根据训练数据选择模型的训练方式。模型训练中的特征提取是很重要的工作，会影响模型的构建质量；模型解决的各类问题，都可以归纳到经典的学习任务中，如分类、回归等。

（2）算法的理解

AI 产品经理理解算法，目的不是去研究算法的原理，而是在于了解了一个算法计算的背后所需要依赖的数据。在基本了解算法实现的必要条件后，便于 AI 产品经理在项目前，完成项目的初步评估；在项目中，了解工作流程；在项目后，能够跟进产品上线。我们需要理解人工神经网络不等于人工智能，深度学习的网络结构是多层神经网络结构，AI 产品经理可了解一些经典的算法，以便理解算法是如何解决问题的。AI 产品经理会时时刻刻接触新的算法，但新的算法一定能在原算法中找到其基本思想，了解常见的基本算法原理，能看到更多模型的本质。

（3）评价的指标

AI 产品经理需要了解合理构造训练样本和测试样本的流程，同时正确描述对于模型的期望指标。通常说的验收标准其实和评价指标也有密切的关系，AI 产品经理需要根据自身业务特点，合理提出模型的评价指标，什么时候应该关注精确率、什么时候关注召回率，都应该综合考虑，这是 AI 产品经理应该具备的基本能力。

（4）软硬结合

人工智能产品的突破在于产品不局限于软件，还会依赖硬件产品进行搭建。在智能硬件产品设计中，硬件和软件设计流程是并行的，因此需要掌握硬件的设计流程，同时理解硬件的基础知识，传感器、控制器和芯片可被认为是 3 个基础元件；硬件在实际生产中会涉及成本评估环节，AI 产品经理需要综合这些以选择最佳的方案。

（5）强/弱人工智能

我们应该知道人工智能发展阶段，清楚弱人工智能、强人工智能和超人工智能的定义，虽然现阶段，我们不会过多去谈论强人工智能或者超人工智能，但作为 AI 产品经理的未来世界观，了解一二也并无害处，这也是 AI 产品经理去看待一个行业发展时应具备的素质。

现如今，人工智能技术的发展速度很快，也促使新时代的加速到来。时代的浪潮总是此消彼长，潮水退去，大浪淘沙，只有真正有价值的产品才会最终留下来，AI 产品经理也只有保持一颗不断学习的心，才不至于被时代所淘汰。

第 4 章
产品模式：常见产品的应用分析

人工智能的产品有 3 个层次，分别是计算智能、感知智能和认知智能。人工智能落地到具体业务中时，具体的产品表现就是让机器能够像人类一样完成智能任务。以目前的技术发展水平来看，现在的技术已经能够让产品具备人工智能的第二个层次——感知智能，距离实现认知智能，还有很大的差距。

感知智能具体可以指自然语言处理、语音识别、语音合成、计算机视觉四大应用类型，分别代表人类读、听、说、看的能力，借助这四大功能，人工智能的产品能够落地到教育、医疗、无人驾驶、电商零售、金融、个人助理等多个垂直领域内的多个场景中。运用到具体的业务场景中，人工智能的每一个能力又彼此交叉影响，形成综合应用产品，例如，在当前比较前沿的机器人研究领域，不仅要求它们帮助人们完成工作，研究人员更要研究如何模仿人类的动作、拥有人类的情感，同样取得了令人瞩目的成果。

人工智能的每一种产品的应用，都会伴随有更深入的产品设计细节要了解，本章将对各类型的人工智能产品应用进行介绍，说明基本的处理原理及常见的问题，从而帮助 AI 产品经理更深入了解各类产品在行业中的具体应用方式。

4.1　语音识别的产品应用

我们会在科幻电影中看到人类对未来社会的想象，在电影中经常会发现机器人能够与人类进行流畅地交流，或者按照人类的指令完成相应的任务，这其中就应用到了语音识别技术，也被称为自动语音识别（Automatic Speech Recognition，ASR）。语音识别的核心功能是将物理世界的信息转化成可供计算机处理的信息，其中的信息转化指的是将人类的语音信号，通过识别和理解后转换成词汇内容，继而转化为计算机可读、可输入的内容的过程，计算机可读的信息如二进制编码、字符序列等。

语音识别虽然还是人工智能中的感知智能，但是却为后续人工智能的认知智能的发展奠定了基础。当前阶段，语音识别的主要任务还是将人类的声音信号进行转化。

4.1.1　认识语音识别技术

语音识别技术就是为了让机器人听明白人类在说什么，有人形象地比喻它是"机器的听觉系统"。早在电子计算机出现之前，人们就梦想着让机器能够识别语音。在1920年生产的"RADIO REX"玩具狗，就模拟了机器听懂人的命令的过程，如图4-1所示。当有人对着它喊"REX"的时候，这只狗就能够从底座上弹出来，看似能听懂有人在叫它。但实际上"RADIO REX"所用到的技术并不是语音识别，而是利用了弹簧的共振原理，因为当人们喊出"REX"时，其中元音的第一个共振峰恰好是500Hz，这个弹簧接收到500Hz的声音时便会自动释放。

图 4-1　RADIO REX 玩具狗

人类能发出语音是发音器官在大脑的控制下做生理运动产生的，为了让机器听懂由人发出的语音，实际上人类的研究也经历了多年的发展。在语音识别研究的初期，研究成果近乎为零，直到1970年后，德里克·贾里尼克推动了统计语言学的应用，从而改变了语音识别的技术系统，使语音识别技术重获新生。之后，IBM采用统计的方法将当时的语音识别率提升到90%，使得语音识别的规模从几百个单词上升到几万个单词，这一显著的成果使得语音识别初步具备了应用落地的可能；到20世纪80年代，语音识别研究的重点逐渐转向大词汇量、非特定人的连续语音识别；进入21世纪，伴随大数据与深度神经网络时代的到来，语音识别的系统框架也进一步取得了重大突破。

对于 AI 产品经理来说，了解语音识别领域，除了需要了解基本的算法原理，更需要具备一些物理和声学的基本知识，如发音机理，了解人类发声器官和这些器官在发声过程中的各自作用；听觉机理，了解人类听觉器官、听觉神经及其辨别处理声音的方式；语言机理，了解人类语言的分布和组织方式；在硬件方面需要了解常用声学器件、计算芯片等知识。这些知识不仅对于语音识别的理论突破和模型生成具有重要意义，也是 AI 产品经理设计产品交互时重要的考量依据。

1. 声音的数字化

人是如何听到声音的？事实上，人听到声音也是经历了一系列传播过程的。当发声体震动产生声波后，声波通过介质传入耳道，使耳膜震动，然后通过神经使耳蜗内的淋巴液产生震动，最后通过听神经，上传神经通路，到达听皮层中枢，从而产生听觉，这是人类产生听觉的完整过程。需要注意的是，人类只能听见频率在 20～20000Hz 之间的声音。

声音是一种模拟信号，为了让计算机能听到声音，就必须将声音的模拟信号转化为数字信号，从而实现计算机对声音的储存，等用户需要播放的时候，再将数字信号转化为模拟信号，这也是计算机进行语音识别的第一步，即将声音数字化。声音的数字化需要经历 3 个阶段，分别是采样，量化和编码。

（1）采样

采样是把时间上连续的模拟信号在时间轴上离散化的过程。采样涉及采样频率和采样周期两个概念，采样频率又称采样率，采样周期指的是相邻两个采样点的时间间隔，在数学表达上采样率是采样周期的倒数。理论上来说采样频率越高，声音的还原度就越高，声音就越真实。

（2）量化

量化的主要工作就是将声波波形的幅度上连续取值的每一个样本，转换为离散值进行表示，从而完成模拟信号到二进制的转换。因为声音量化过后的样本是用二进制表示的，因此每个样本占的二进制位数可以表示其精度。精度越大，声音的质量就越好，通常的精度有 8bit、16bit、32bit 等，当然质量越好，需要的储存空间也就越大。

（3）编码

编码是整个声音数字化的最后一步，声音模拟信号经过采样，量化之后已经变为数字形式，再通过编码能够方便计算机的存储处理，以减少数据量。

2. 声音的物理特征

科学地形容一种声音，需要分析 3 个要素：响度、音调和音色。

（1）响度

表示声音的强弱，是最直观的声音要素。响度的大小主要依赖于声强，也与声音的频率有关。其中的声强，指的是在物理学中，单位时间内通过垂直于声波传播方向的单位面积的平均声能，声强用 I 表示，单位为瓦/平方米（W/m^2）。一般来说，声音频率一定时，声强越强，响度也越大。响度还与频率有关，相同的声强，频率不同时，响度也会有所不同。

响度若用对数值表示，即为响度级，响度级的单位定义为方，符号为 phon。人们把对于声音强弱的主观感觉称为响度，其计量单位为分贝（dB），它是根据 1000Hz 的声音在不同强度下的声压比值，取其常用对数值的 1/10 而定的。人耳听觉的动态范围为 0~130 dB。常见场合的不同声音响度介绍：0 dB，约 3m 外一只蚊子在飞；40~60 dB，正常谈话的声音；50~53 dB，洗衣机的工作声音；60~80 dB，10m 外经过的汽车发出的声音；85 dB，长期作用下会引起听力损伤；104~107 dB，开始引起疼痛的声音（在 2750Hz 的频率下）；127 dB，开始引起耳鸣的声音；192.8~194.7 dB，地球大气压理论上能传播的最大强度声音。

（2）音调

声音是由振动产生的，音调表示的是声音的频率。频率的单位是赫兹（Hz），大自然中存在的声音从 1Hz 到几十万赫兹，范围跨度极大，但人耳能听到的却是有限的，从 20~20000Hz，是在人耳能听到的范围内。频率的高低有时也被称为音调的高低，频率高的声音音调就高，女高音的频率可达到 1200Hz。在 20~20000Hz 这个范围内，200Hz 以下的为低频音，200~6000Hz 的为中频音，6000Hz 以上的为高频音。其中，中频音是自然音中最重要的频段，也是人耳听觉最灵敏的频段。

（3）音色

表示声音的特色，是一种更加复杂的特征。声音之所以在相同频率和响度下会有所差别，就是由于音色不同造成的，就好比不同乐器或人发出的声音听觉效果不同一样。造成音色的差异是声音中的泛音，因为不同的乐器或不同的人及所有能发声的物体发出的声音，除了一个基音，还有许多不同频率的泛音伴随，正是这些泛音决定了其不同的音色，使人能辨别出各种不同的声音。

除使用响度、音调和音色来描述声音的特征外，还有其他方式用于描述声音。

① 基音周期：语音信号最重要的参数之一，描述了语音激励源的一个重要特征。

基音周期信息在语音识别、说话人识别、语音分析与语音合成，以及低码率语音编码、发音系统疾病诊断、听觉残障者的语言指导等多个领域有着广泛的应用。

② 信噪比：在噪声和语音完全混杂的情况下信噪比很难计算，在预知噪声的情况下，可以用实际信号（纯语音+噪声）减去噪声，得到近似的纯语音信号。

③ 谐噪比 HNR（Harmonics-to-Noise ratio）：语音中谐波成分和噪声成分的比率。谐噪比是检测病态嗓音和评价嗓音素质的一个客观指标，能有效地反映声门闭合情况。需要注意的是，这里的噪声不是环境噪声，而是发声时由于声门非完全关闭而引起的声门噪声。

④ 频率微扰（Jitter）：频率微扰是描述相邻周期之间声波基本频率变化的物理量。主要反映粗糙声程度，其次反映嘶哑声程度。语音信号中的频率微扰与声门区的功能状态是一致的。正常嗓音周期间的频率相同者较多，不同者甚少，因此频率微扰值很小，当发生声带出现病变时，微扰值就会增大，声音会变得粗糙。

⑤ 振幅微扰（Shimmer）：振幅微扰描述的是相邻周期之间声波幅度的变化情况，主要反映的是嘶哑声程度。频率微扰和振幅微扰共同反映声带振动的稳定性，其值越小说明在发声过程中声学信号出现的微小变化越少。

⑥ 规范化噪声能量（NNE）：主要计算发声时由于声门非完全关闭引起的声门噪声的能量，主要反映气息声程度，其次是嘶哑声程度，在一定程度上反映声门的关闭程度，对由于声带器质性病变或功能性病变而产生的病理嗓音的分析很有价值。

⑦ 梅尔倒谱系数（Mel-scale Frequency CepstralCoefficients, MFCC）梅尔倒谱系数是在 Mel 标度频率域提取出来的倒谱参数，Mel 标度描述了人耳频率的非线性特性。在语音识别中最常用到的语音特征就是梅尔倒谱系数。

3．常见语音的概念

① 音素：语音中最小的基本单位，音素是人类能区别一个单词和另一个单词的基础。音素构成音节，音节又构成不同的词和短语。音素又分为元音和辅音。

② 元音：元音，又称母音，是音素的一种，与辅音相对。元音是在发音过程中由气流通过口腔而不受阻碍发出的音。不同的元音是由口腔不同的形状造成的。

③ 辅音：气流在口腔或咽头受到阻碍而形成的音叫作辅音，又叫子音。不同的辅音是由发音部位和发音方法的不同造成的。

④ 清音：当气流通过声门时，如果声道中某处面积很小，气流高速冲过此处时会产生湍流，当气流速度与横截面积之比大于某个临界速度便会产生摩擦音，即清音。

人类在发清音时声带不振动，因此清音没有周期性。清音由空气摩擦产生，在分析研究时等效为噪声，一般进行特征的提取时都需要区分清音和浊音。

⑤ 浊音：将发音时声带振动的产生音称为浊音。辅音有清有浊，而多数语言中的元音均为浊音。浊音具有周期性，发清音时声带完全舒展，发浊音时声带紧绷，在气流作用下做周期性动作。

4.1.2 语音识别系统的构成

了解人类语音的基本概念以及发声机理后，落地到机器进行语音识别时，我们可以把语音识别系统理解为一种语音识别模式。目前，大多数语音识别技术是基于统计模式的，语音识别的过程本质上也是一种模式识别与匹配的过程，当系统接收到输入的未知语音时，就需要将其与已知语音的参考模式逐一进行比较，通过最佳匹配的方式找到参考模式，最后输出被识别的结果。

语音识别方法采用的模式匹配法也可分为训练和识别两个阶段。简单来说，语音识别系统在训练阶段采集基础语音，并且将其特征矢量作为模板存入模板库；在识别阶段，将输入语音的特征矢量依次与模板库中的每个模板进行相似度比较，将相似度最高者作为识别结果输出。但是声音特征的复杂性决定语音系统的构成不会如此简单，一般语音识别系统模型的基本结构如图 4-2 所示，声音经过声学器件完成收集并进行数字化处理，经过语音信号预处理和语音信号特征处理后，由语音解码和搜索模块完成识别，最终输出识别结果。

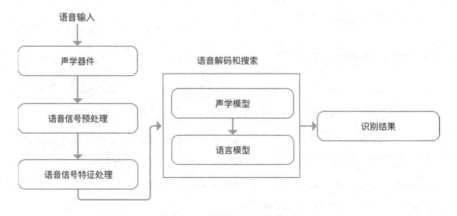

图 4-2　语音识别系统模型

1. 语音输入

语音输入是语音识别系统的第一步，主要是将用户与机器对话的声音信息收集起来，一般语音输入会分为近场和远场两种情况，近场和远场也是用户在使用产品过程中重要的场景，是 AI 产品经理需要特别关注的用户环境。近场采集一般用手机就可以完成，而远场采集一般需要麦克风阵列，根据产品的应用场景，需要提供不同的设备进行采集。语音采集同时还要关注其他影响因素，例如，人群的年龄分布、性别分布和地域分布等，针对不同数据用途或人群，语音采集的要求也很不一样。

2. 声学器件

（1）传声器

传声器通常被称为麦克风，是一种将声音转换成电子信号的换能器件，即把声信号转成电信号，其核心参数是灵敏度、指向性、频率响应、阻抗、动态范围、信噪比、最大声压级、一致性等。传声器是语音识别的核心器件，决定了语音数据的基本质量。

（2）扬声器

扬声器通常称被为喇叭，是一种把电信号转变为声信号的换能器件，扬声器的性能对音质的影响很大。语音识别中由于涉及回声抵消，对扬声器的总谐波失真要求也会稍高一点。

（3）激光拾声

激光拾声是主动拾声的一种方式，它可以通过激光反射等方法拾取远处的振动信息，从而还原成为声音，这种方法以前主要应用在窃听领域。

（4）微波拾声

微波是指波长介于红外线和无线电波之间的电磁波。微波拾声同激光拾声的原理类似，不过微波对于玻璃、塑料和瓷器几乎是穿透而不被吸收的。

（5）高速摄像头拾声

高速摄像头拾声是指利用高速摄像机拾取振动来还原声音，这种方式需要可视范围和高速摄像机，并且只在一些特定场景中应用。

在收集语音信号时，技术人员会了解基本的声学结构，一般包括阵列设计和声学设计。

① 阵列设计，主要是指麦克风阵列的结构设计，麦克风阵列一般来说有线形、环形和球形之分，或者是一字、十字、平面、螺旋、球形及无规则阵列等。麦克风阵列

的阵元数量指的是麦克风数量，可以从两个到上千个不等。阵列设计主要解决场景中的麦克风阵列、阵型和阵元数量的问题，既保证了效果，又控制了成本。

②声学设计，主要是指扬声器的腔体设计，如在完整的语音对话系统中，不仅需要收声还需要发声，这涉及语音合成质量，因为音质的设计也将影响语音识别的效果，因此声学设计在智能语音交互系统中也是关键因素。

3. 语音信号预处理

语音信号预处理的工作包括语音增强、噪声抑制、混响消除、自噪声抵消、声源测向、波束形成、激活检测等。

（1）语音增强

语音增强狭义的定义指自动增益或者阵列增益，主要是解决拾音距离的问题，自动增益一般会增加所有信号能量，而语音增强只增加有效语音信号的能量。

（2）噪声抑制

语音识别不需要完全去除噪声，相对来说通话系统中则必须完全去除噪声。这里说的噪声一般是指环境噪声，例如空调噪声，这类噪声通常不具有空间指向性，能量也不是特别大，不会掩盖正常的语音，只是影响了语音的清晰度和可懂性。噪声抑制不适用于强噪声环境下，但是足以应付日常场景的语音交互情境。

（3）混响消除

混响消除的效果很大程度上影响了语音识别的效果。一般来说，当声源停止发声后，声波在房间内要经过多次反射和吸收，似乎若干个声波混合并持续一段时间，这种现象叫作混响。混响会严重影响语音信号处理的效果，并且降低测向精度。

（4）自噪声抵消

自噪声抵消指的是语音交互设备自己发出的声音的抵消，一般来说，超过100ms时延的混响，人类能够明显区分出来，似乎一个声音同时出现了两次，自噪声抵消就是要去掉其中的杂音信息而只保留用户的人声。

（5）声源测向

声源测向的主要作用就是侦测与之对话的声音以便后续的波束形成，一般在语音唤醒阶段实现。声源测向可以基于能量方法，也可以基于谱估计，是未来功耗降低的关键方法。

（6）波束形成

波束形成是通用的信号处理方法，指将一定几何结构排列的麦克风阵列的各麦克风输出信号经过处理（加权、时延、求和等），形成空间指向性的方法。例如，几个人围绕 Echo 谈话的时候，Echo 只会识别其中一个人的声音。

（7）激活检测

激活检测的主要作用是区分一段声音是有效的语音信号还是非语音信号。VAD 是语音识别中检测句子之间停顿的主要方法，同时也是低功耗所需要考虑的重要因素。

4. 语音信号特征提取

声学模型通常不能直接处理声音的原始数据，这就需要系统把声音原始信号通过某类方法提取出固定的特征序列，然后将这些序列输入声学模型。特征提取会去除语音信号中对于语音识别无用的信息，保留能够反映语音本质特征的信息，并用一定的形式表示出来。特征提取通常是提取出反映语音信号特征的关键特征参数，形成特征矢量序列，以便用于后续处理。目前较常用的提取特征的方法还是比较多的，不过这些提取方法都是由频谱衍生出来的。深度学习训练的模型就是把语音信号的幅度、相位、频率以及各个维度的相关性进行更多的特征提取。

对一段语音进行模式匹配，需要对声学模型和语言模型进行处理。

（1）声学模型

声学模型是将声学和计算机学的知识进行整合，以特征提取部分生成的特征作为输入，并为可变长的特征序列生成声学模型分数。现在很多模型都是在混用，这样可以利用各个模型的优势，以求更加适配场景。当今语音识别技术的主流算法是深度学习算法，其他主要有基于动态时间的规整（DTW）算法、基于非参数模型的矢量量化（VQ）方法、基于参数模型的隐马尔可夫模型（HMM）的方法、基于人工神经网络（ANN）和支持向量机等语音识别方法，以下是常见声学模型的算法介绍。

GMM（Gaussian Mixture Model）即高斯混合模型，是基于傅立叶频谱语音特征的统计模型，我们可以通过不断迭代优化以求取 GMM 中的加权系数及各个高斯函数的均值与方差。GMM 训练速度较快，声学模型参数量小，适合离线终端应用。深度学习应用到语音识别之前，GMM-HMM 混合模型一直都是优秀的语音识别模型，但是 GMM 不能有效对非线性或近似非线性的数据进行建模，很难利用语境的信息，因此我们想要扩展模型比较困难。

HMM（Hidden Markov Model）即隐马尔可夫模型，可用来描述一个含有隐含未知参数的马尔可夫过程，从可观察的参数中确定该过程的隐含参数，然后利用这些参数进行进一步的分析。HMM 是一种可以估计语音声学序列数据的统计学分布模型，尤其是时间特征，但是这些时间特征依赖于 HMM 的时间独立性假设，这样使语速、口音等因素与声学特征就很难关联起来。HMM 还有很多扩展的模型，但是大部分还只适用于小词汇量的语音识别，要实现大规模语音识别仍然非常困难。

DNN（Deep Neural Network）即深度神经网络，是较早用于声学模型的神经网络，DNN 可以提高基于高斯混合模型的数据所表示的效率，特别是 DNN-HMM 混合模型大幅度地提升了语音识别率。由于 DNN-HMM 只需要有限的训练成本便可得到较高的语音识别率，所以目前仍然是常用的声学模型。

RNN（Recurrent Neural Networks）即循环神经网络，CNN（Convolutional NeuralNetworks）即卷积神经网络，这两种神经网络在语音识别领域的应用，主要是解决如何利用可变长度语境信息的问题。RNN 模型主要包括 LSTM（长短时记忆网络）、highway LSTM、Residual LSTM、双向 LSTM 等。CNN 模型包括了时延神经网络（TDNN）、CNN-DNN、CNN-LSTM-DNN（CLDNN）、CNN-DNN-LSTM、Deep CNN 等。

（2）语言模型

语言模型是用来计算一个句子出现概率的概率模型，它主要用于决定哪个词序列的可能性更大，或者在出现了几个词的情况下预测下一个即将出现的词语的内容。语言建模能够有效结合汉语语法和语义的知识，描述词之间的内在关系，从而提高识别率，减小搜索范围。语言模型分为三个层次：字典知识、语法知识、句法知识。系统对训练文本数据库进行语法、语义分析，经过基于统计模型训练得到语言模型。语言建模方法主要有基于规则模型和基于统计模型两种方法。

5. 语音解码和搜索

解码器是指语音技术中的识别过程。它是针对输入的语音信号，根据已经训练好的声学模型、语言模型及字典建立的一个识别网络，根据搜索算法在该网络中寻找最佳的一条路径，这个路径就是能够以最大概率输出该语音信号的词串，这样就确定这个语音样本所包含的文字了。所使用的搜索算法是指在解码端通过搜索技术寻找最优词串的方法。连续语音识别中的搜索，就是寻找一个词模型序列以描述输入语音信号，从而得到词解码序列。搜索所依据的是对公式中的声学模型打分和语言模型打分。在实际使用中，往往要依据经验给语言模型加上一个高权重，并设置一个长词惩罚分数。

4.1.3 语音识别的产品案例

1. 语音识别产品形态

语音识别能力在应用层面，主要影响的是"人机交互"的形式，互联网产品通常的人机交互都是通过文本输入，而语音识别则增强了人使用语言进行操作的能力，对于人来说，通过语音的范式实现拟人对话、对设备的操控或者对问题答案的搜索，是一种更自然的与机器或虚拟助理进行交互的方式。语音识别在产品的应用方面，我们可以根据识别内容的范围分为"封闭域识别"和"开放域识别"。

（1）封闭域识别

封闭域识别指的是机器只能够识别预先指定的字词集合，无法识别预定范围之外的语音。封闭域识别产品一般会将引擎封装到嵌入式芯片或者本地化的 SDK 中，从而使识别过程完全脱离云端，摆脱对网络的依赖，并且不会影响识别率。

一般不涉及多轮交互和多种语义说法的场景适合使用封闭域识别产品，封闭域识别的任务主要是命令词的识别，如在家庭环境中的智能家居，一般采用简单的指令进行交互，使用语音控制指令一般只有"打开空调""打开电灯""打开窗帘""打开电视"等，如果超出封闭域识别领域，识别系统将拒识这段语音，也不会返回相应的结果。如果出现拒绝识别的情况，就需要 AI 产品经理在进行产品边界设计时考虑清楚。例如，天猫精灵智能音箱对于识别不出的语音信息，会说出"听不懂，需要再说一遍"类似的话。

（2）开放域识别

与封闭域识别相反的是开放域识别，指的是对输入的语音都能进行识别。由于无须预先指定识别词集合，因此声学模型和语音模型的计算量一般都比较大，引擎运算量也较大，这一类产品基本上都以云端形式呈现。开放域识别的产品根据实时要求性不同，会有不同的产品应用。

① 同步识别——实时要求高。同步识别如语音输入法、智能音箱等，用户使用语音进行输入时，主要节省的是用户输入文本的时间，因此一般要求系统的输入法能够实时识别用户的语音，从而代替文本输入。智能音箱则需要根据用户指令快速响应，如对智能音箱说"我要订外卖"，需要系统快速理解用户的指令并给出相应的操作指南。

② 异步识别——准确率要求高。异步识别对于一些可进行先录音再进行文字转化的场景，对实时性要求不高，但对准确性有一定的要求。在时间允许的使用场景下，"非实时已录制音频转写"无疑是最推荐的产品形态，这一类识别可应用在对实时性要求不高的客服语音质检、UGC 语音内容审查等场景。

2. 语音识别常见的功能应用

（1）语音控制

语音控制指的是用户通过语音方式命令设备完成操作，是当前语音识别最主要的应用，包括了闹钟、音乐、地图、购物、智能家电控制等功能，语音控制的难度相对较大，因为语音控制要求语音识别更加精准、快速。

（2）语音转录

语音转录指的是将录制语音转文本，在会议系统、智能法院、智能医疗等领域具有特殊应用，整个流程是实时地将用户说话的声音转录成文字，以便形成会议纪要、审判记录和电子病历等。

（3）语言翻译

语言翻译指的是将语音识别的文字再次进行翻译，涉及自然语言处理技术，表现形式主要是在不同语言之间进行切换，后来在语音转录的基础上增加了实时翻译，对于语音识别的要求更高。

除了常见的语音识别应用，基于语音识别原理还有衍生应用。

（1）声纹识别

声纹识别属于生物识别，其理论基础是每一个声音都有独有的特征，通过该特征能将不同人的声音进行有效的区分。声纹的特征主要由两个因素决定，第一个是声腔的尺寸，具体包括咽喉、鼻腔和口腔等，这些器官的形状、尺寸和位置决定了声带张力的大小和声音的频率。第二个决定声纹特征的因素是发声器官被操纵的方式，发声器官包括唇、齿、舌、软腭及腭肌肉等，它们之间相互作用就会产生清晰的语音。声纹识别常用的方法包括模板匹配法、最近邻方法、神经元网络方法、VQ 聚类法等。

（2）情感识别

情感识别需要通过语音识别用户的情感，主要是从采集到的语音信号中提取表达情感的声学特征，并找出这些声学特征与人类情感的映射关系。情感识别当前也主要采用深度学习的方法，这就需要建立对情感空间的描述并且形成足够多的情感语料库。情感识别是人机交互中体现智能的应用，但是到目前为止，技术水平还没有达到产品应用的程度。

（3）哼唱识别

哼唱识别是语音识别的变化，是针对歌曲的识别。此产品主要是先识别用户哼唱歌曲的曲调，然后将其中的旋律同音乐库中的数据进行详细分析和比对，最后将符合这个旋律的歌曲信息提供给用户。目前这项技术在音乐搜索中已经使用，不同算法的识别率不同，但基本可以达到80%左右。

3．语音识别的经典产品案例

语音识别在移动终端上的应用是十分火热的，语音对话机器人、语音助手、互动工具等层出不穷，许多互联网公司纷纷投入人力、物力和财力展开此方面的研究和应用，目的是利用语音交互的新颖和便利迅速抢占客户群。在语音识别领域，一些经典产品应用如下。

（1）个人智能助理类产品

现在的智能手机，大部分会安装人工智能个人助理软件，智能助理的服务范围大都是在信息检索方面，帮助用户获得资讯，其显著的特点是使用人机交互的方式，由图形化交互变为对话交互方式。手机个人助理类产品包括 Siri（苹果智能语音助手）、Now（谷歌的语音助手服务）、Cortana（微软的人工智能助理）和小爱（小米手机智能语音助手），如图 4-3 所示。

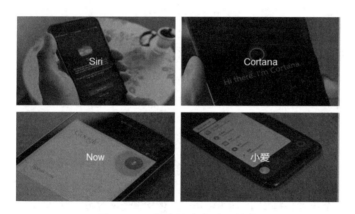

图 4-3　手机中的个人助理软件

Siri 是 2011 年苹果将语音识别技术融入 iPhone 4S 中并发布的语音助理产品，此后每年关于 Siri 的大部分更新都会引人注目，Siri 让许多人第一次认识和了解了语音识别技术。目前 Siri 可以令苹果设备变身为一台智能化机器人，Siri 用户可以通过手机实现读短信、介绍餐厅、询问天气、语音设置闹钟等功能。Siri 从最开始识别简单的短语，到现在已经能够理解上下文，甚至具备脸部表情分析与情绪辨别技术，未来将逐步具备更多智能功能。

Cortana 是微软推出的一款个人助理软件，可对用户的习惯和喜好进行学习，帮助用户进行一些信息的搜索和日程安排等。信息获取来源于用户的使用习惯、用户的行为、数据分析等，数据来源包括图片、电子邮件、文本、视频等。Cortana 是微软在机器学习和人工智能领域的尝试，利用云计算、搜索引擎和"非结构化数据"分析，来理解用户的语义和语境，从而实现人机交互。

Now 是谷歌推出的智能助手应用。这个个人助手能对用户进行全面的理解，例如各种搜索习惯，以及正在进行的动作。根据这些信息，进而对用户的需求进行反馈。目前，谷歌个人助理已经能够帮助用户通过电话的方式预订饭店、进行日程安排等。Google Now 优于苹果 Siri 的地方在于其与谷歌搜索功能的结合，用户搜索的关键词会被记录下来。

"小爱同学"这个名称最早出现在智能音箱中，是小米公司于 2017 年发布的首款人工智能音箱的唤醒词。作为唤醒词，"小爱同学"已经成为小米 AI 音箱的代名词。随着 MIUI 9.5 的推送，"小爱同学"正式进驻小米各机型的手机中，它可以帮助用户设定闹钟、翻译、进行汇率换算等，成为小米手机的个人助手应用。

（2）口语评测系统

在英语的学习中，口语学习是我们不可忽视的一个重要环节，自己的口语究竟如何，自己的发音和标准发音比较有何区别？语音识别在教育上的产品展现就是口语测评，产品功能主要体现在两方面：其一是对语音的流畅度和自然度进行打分，测评用户的发音和母语发音的接近程度；其二是识别出语言后，对语言组织进行后续的检测。随着语音技术核心算法和计算机芯片技术的进步，尤其是深度学习算法和卷积神经网络的普及，使得语音识别准确率从 70%提升到 90%，语音识别和语义识别在教育场景得到了广泛的应用，实现了口语测评的规模化和个性化反馈。

科大讯飞正是基于外语的口语教育场景，提供了语音评测技术的解决方案，这款产品可以应用于英语四六级考试、中高考口语考试、汉语普通话考试等场景中，涵盖中文和英文两个语种，提供字、词、句的标准及流畅度评分，并能通过智能语音技术自动对发音水平进行评价，可对发音错误进行定位而且可进行问题分析。该系统涉及的核心技术主要可分为两部分：中文普通话发音水平自动评测技术、英文发音水平自动评测技术。

（3）听歌识曲

我们经常会听到一些好听的歌曲但是却不知道歌曲的名字，这在歌曲搜索中是常见的现象。通过语音识别能力的发展，目前一些 App 已经具备听歌识曲的功能，甚至是哼唱的识别，为广大音乐爱好者检索喜欢的音乐提供了一种便利直接的搜索方式，这实际上是语音识别另一种形式的应用，如图 4-4 所示。

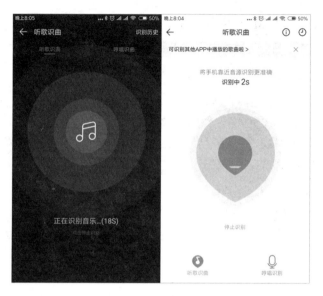

图 4-4　听歌识曲应用

（4）翻译机

我们出门旅行总会遇到语言差异的问题，基于语音识别的技术，就能够解决口语交流困难的问题。随着技术的成熟，市场出现了不同类型的翻译机，如科大讯飞和百度均推出翻译机，这些翻译机是解决出境游中的跨语言交流与网络通信需求而研发的便携式智能硬件。翻译机的基本原理是将语音识别获得的句子转化成每个单词，然后将单词根据语法要求替换成翻译后的目标语言单词，从而组成一句话，在产品设计过程中会考虑用户携带的场景，一般翻译机尺寸都不会太大，如图 4-5 所示。百度的翻译机还提供 Wi-Fi 功能，提供 80 多个国家的移动数据流量，具有中英、中日等互译模式，可实现一键语音实时翻译。

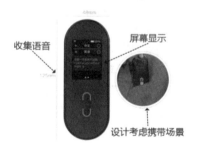

图 4-5　翻译机产品

4.1.4 语音识别的产品设计及评价

1. 产品设计难点

语音识别的产品已经比较成熟,但在具体应用场景中,因为环境、用户以及硬件等因素都会影响语音识别的效果,对于语音识别类的 AI 产品经理来说,需要重点进行关注。通常语音识别技术在应用过程中会遇到以下难点,产品经理需要结合自身产品的特点,设计相应的功能。

(1)口音问题

语音识别中最明显的一个挑战就是对口音的处理。通常情况下模型能够接触到的大部分训练数据都是高信噪比、标准语音,然而现实中有许多语言中又包含着大量的方言和口音,我们不可能针对所有的情况收集到足够的加注数据,目前口音问题还需要依赖训练数据的补充来解决。

(2)噪声问题

语音识别系统对环境非常敏感,大部分的语音训练系统只能应用于与之对应的环境,但现实生活中采集的声音存在背景噪声,因此语音识别系统主要会面对两种情况:①在远场采集声音的环境中存在较多噪声;②人在高噪声环境下会产生发音变化,环境噪声和干扰对语音识别有严重影响,致使识别率低。针对以上情况,研发者必须采取新的信号处理方法来解决这类问题。

(3)说话模式影响

语音的差别不仅会出现在不同的说话人之中,同一说话人也可能出现差异,例如,一个说话人在随意说话和认真说话时的语音信息是会出现较大差异的;一个人的说话方式随着时间也会有细微变化;说话者在讲话时,不同的词可能听起来是相似的,这些场景识别困难也是语音识别系统需要克服的。

(4)单通道和多人会话

由于每个通话者都由单独的麦克风进行记录,因此单通道的通话任务也变得更加简单,在同一个音频流里没有多个通话者的重叠。而现实场景是,我们会有同时发言的多个会话者。一个好的会话语音识别器需要能够根据谁在说话对音频进行划分,还应该能弄清重叠的会话(声源分离)。它不能只局限于在每个会话者嘴边都有麦克风的情况下可行,只有进一步发展才能更好地应对发生在任何地方的会话情境。

(5)上下文理解

单个字母或字、词的语音特性受上下文的影响,以致改变了重音、音调、音量和发音速度等。如果你在跟一个朋友交流时，他每 20 个单词就误解其中一个，那么沟通就会变得很困难，一个原因在于这样的评估是与上下文无关的，而实际生活中我们会使用许多其他的线索来辅助理解别人在说什么，上下文的理解对于语音识别的结果的正确性也有重要影响。

（6）延迟

用户说完到系统转录完成之间的时间是有延迟的。低延迟是语音识别中一个普遍的产品要求，它明显影响到用户的体验。对于语音识别系统来说，10ms 的延迟要求并不少见。例如，在语音搜索中，实际的网络搜索只能在语音识别之后才能进行，因为语音识别系统必须要等到用户说完才能开始进行计算，因此延迟话语时长也是有关系的。在语音识别中，如何有效结合未来信息仍然是一个开放的问题。

（7）其他因素

硬件造成的伪影、音频的编解码器和压缩伪影、采样率、会话者的年龄，都会对语音识别系统带来干扰，这些因素都需要 AI 产品经理提前考虑，并设计边界情况。

2．产品细节设计

不同设备运用语音识别功能时，尤其是智能设备的语音识别，还需要根据语音的交互场景，考虑以下设计环节。

（1）语音激活检测

语音激活检测的目的是检测当前语音信号中是否包含话音信号，即对输入信号进行判断，将话音信号与各种背景噪声信号区分开来。接受使用语音进行输入的设备通常会有语音激活检测，如用户可以按住手机上 Siri 的语音按钮直接说话，结束之后松开。由于近场情况下信噪比比较高、信号清晰，通常可以用能量、音高、过零率等方式进行判断，因此通常近场的语音激活检测都有效且可靠。但是在远场的语音激活检测就有一定难度了，因为在远场场景中，通常会收集到很多环境噪声，因此远场语音识别仍然是一个重要的研究课题。

（2）语音唤醒

语音唤醒是设备与人进行交互的第一步，现代智能设备，如手机、玩具、家电等，要求在休眠或锁屏状态下也能检测到用户的声音，通常设定的语音指令被称为唤醒词，设备接收到唤醒词后，能够让处于休眠状态下的设备直接进入等待指令的状态。常见的产品应用场景为喊出名字，如阿里巴巴的"天猫精灵"、苹果的"hey Siri"、谷歌的"OK Google"，以及亚马逊 Echo 系列产品的"Alexa"等。语音唤醒通常是在语音激活检测到人声之后进行的，它要判断人说的话是不是激活词，如果是激活词，那么后续的语音就会进行识别，否则后续的语音便不进行处理。不论是远场还是近场，语音识别基本都是在云端的，这样可以使用服务器的高速计算等优势获得好的识别结果。而语音唤醒基本是在本地设备上，因此它的要求更高，语音唤醒的相关指标包括唤醒率、误唤醒率、唤醒响应时间等。

（3）语音自适应回声消除（AEC）

自适应回声消除指的是消除设备自身发出的声音，包括语音、音乐等，这类声音是另一种噪音。回声分为线路回声和声学回声，线路回声主要存在于固话中，例如在打电话的时候，可以在听筒里听到自己的声音；声学回声是由于空间声学反射产生的回声。回声消除是语音前处理的重要环节，这是因为远端扬声器的信号可以传播到远端受话器里，而远场环境下想要通过语音控制，就必须得实现回声消除。

（4）低信噪比（SNR）和混响

在远场环境中，对拾音麦克风的灵敏度要求较高，这样才能在较远的距离下获得有效的音频振幅，同时近场环境下又不能爆音（振幅超过最大量化精度）。在这样的环境下，噪声必然会很大，从而使得语音质量变差，即SNR降低。在家居环境中，房内的墙壁反射形成的混响，对语音质量也有不可忽视的影响。为了对语音信号进行增强，提高语音的SNR，远场语音识别通常都会采用麦克风阵列，如亚马逊的Echo采用了"6+1"的设计（环形对称分布6颗，圆心中间有1颗），Google home目前采用的是2mic的设计。在算法方面，基于麦克风阵列的波束形成技术，已经有很多年的发展，最新的一些论文里有提到使用DNN来替代波束形成，实现语音效果的增强。但效果仍然还有很大的提升空间，尤其是在背景噪声很大的环境里，如家里开电视、开空调、开电扇，或者是在汽车里面等。

3．产品评价指标

评价语音识别系统的性能指标主要有4项。词汇表范围：这是指系统能识别的单词或词组的范围，如不做任何限制，则可认为词汇表范围是无限的。说话人限制：考验系统是仅能识别指定发话者的语音，还是对任何发话人的语音都能识别。训练要求：机器使用前要不要训练，即是否让机器先"听"一下指定的语音，若需要训练，则训练次数是多少。正确识别率：平均正确识别的百分比，它与前面三个指标有关。在针对单独的语音识别产品应用时，还有具体统计正确率相关的指标，主要包括以下几项内容。

（1）词错误率（WER）

语音识别系统的识别率和在不同信噪比下的识别率，一般的直接指标是词错误率（Word Error Rate，WER），一般语音识别系统有在线识别和离线识别之分，以及根据不同应用场景模拟车速、车窗、空调状态来考查词错误率等。

在实际工作中，为了使识别出的词序列和标准的词序列之间保持一致，需要进行替换、删除或者插入某些词，这些替换、删除或插入的词的总个数，除以标准的词序列中词的总个数的百分比，即为 WER。公式为

$$\text{WER} = \frac{S+D+I}{N} \times 100\%$$

式中　S——替换词个数；

　　　D——删除词个数；

　　　I——插入词个数；

　　　N——单词总个数。

（2）语义错误率

除了词错误率，语义错误率也是语音识别的重要指标，通常语音识别系统的实际目标是语义错误率，即被误解的那部分话语。假设语音识别系统有 5% 的误字率，相当于每识别 20 个单词就会漏掉 1 个。如果每个语句有 20 个词汇，那么语句错误率可能就高达 100%。如果错误的单词不会改变句子的语义，即便只有 5% 的误字率也可能会导致每个句子都被误读。研发者将模型与人工进行比较时的重点是查找错误的本质，而不仅仅是将误字率作为一个评价的标准。

4.2　自然语言处理的产品应用

语言，是人类重要的交际和沟通工具，许多人类的文明成果都是通过人们的语言得以保存和传递的。同时，语言还是民族的重要特征之一，世界上的主要语言包括汉语、英语、法语、俄语、西班牙语、阿拉伯语等，具有极强的民族特征。因为编程语言等为计算机而设的语言是人造语言，为了有所区分，在人工智能领域，会将所有人类使用的语言视为"自然"语言。

自然语言处理（Natural Language Processing，NLP）技术可以让机器更加懂得人类的自然语言，理解人类通过语言所表达的含义。自然语言处理经过了多年的发展，在技术发展的早期，NLP 尝试机器翻译，但是始终没有取得突破，直到 20 世纪 80 年代，

大部分自然语言处理系统还是基于人工规则的方式，使用规则引擎或者规则系统来完成问答、翻译等功能。随着人工智能技术的发展，现如今我们已经能够通过语言让机器理解人类所表达的语意，甚至理解语言所表达的情绪，这就是自然语言处理技术的魅力，以自然语言处理为基础也诞生了很多的产品应用。

NLP 的发展历史悠久，它已逐步实现让自然语言成为人与机器交流的工具，本节内容我们将说明 NLP 的处理流程及评价指标，并介绍基于 NLP 的产品应用。

4.2.1 认识自然语言处理

1. 自然语言处理的概念

自然语言处理可以理解为让机器实现"读"的能力，与语音识别不同的是，自然语言处理更注重对语言的研究。通常在产品设计中，语音识别的输出将作为自然语言处理的输入。对于做自然语言处理的产品经理来说，了解一定的语言学知识，会对工作有很大的帮助。自然语言处理是实现人和机器进行交流的基础，常见的自然语言处理方法有 2 种。

① 基于规则来理解自然语言，即通过制定一系列的规则来设计一个程序，然后通过这个程序来解决自然语言交流的问题。

② 基于统计机器学习来理解自然语言，即用大量的数据通过机器学习算法来训练一个模型，然后通过这个模型来解决自然语言处理面临的问题。

自然语言处理系统离不语料库和知识库的支持。语料库就是存放语言材料的数据库，而知识库比语料库包含了更广泛的内容，可以分为两种不同的类型：一类是词典、规则库、语义概念库等，分别与解析过程中的词法分析、句法分析和语义分析相对应；另一类语言知识存在于语料库之中，每个语言单位的出现，其范畴、意义、用法都是确定的。

2. 自然语言处理的流程

一般来说，语言是由词汇按一定的语法所构成的复杂的符号系统，它包括语音系统、词汇系统和语法系统。尽管语言有自己的特征，但实际上不同的语言对应的词汇、语法都有所不同。如图 4-6 所示，当一段文字输入系统后，一般的建模流程包括语料获取、语料预处理、特征构建、特征选择、模型训练，需要特别说明的是，不同民族语言的语法、词汇不同，在处理方法上也会有所差异，这也是对自然语言处理技术的巨大挑战。下面我们来具体说明。

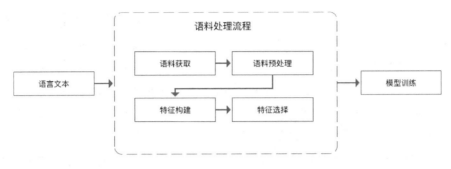

图 4-6 自然语言语料处理流程

（1）第一步：语料获取

语料即语言材料，我们把一个文本的集合称为语料库。语料库中存放的是在语言的实际使用中真实出现过的语言材料；语料库是以电子计算机为载体，承载着语言知识的基础资源。语料是语言学研究的内容，也是构成语料库的基本单元。语料获取是自然语言处理模型搭建的第一步，搭建语料库能够把文本中的上下文关系转化为现实世界的语言沟通关系。

（2）第二步：语料预处理

语料预处理的本质就是数据清洗，样本的质量将决定模型的质量，这部分处理工作大约会占工程师 50%～70%的工作量，语料预处理的内容包括语料清洗、分词、词性标注、去停用词 4 个方面。

① 语料清洗。在收集的大量语料中，我们需要将与主题目标无关的内容作为噪声清洗进行删除，包括对原始文本提取标题、摘要、正文等信息；对于网页内容，则需要去除广告、标签、HTML、JS 等代码和注释。

常见的语料清洗方式包括人工去重、对齐、删除和标注等，或者依据规则提取内容、正则与表达式匹配，工程师会根据词性和命名实体提取、编写脚本或者代码进行处理等。

② 分词。与英文不同的是，中文语料数据为一批短文本或者长文本，如句子、文章摘要、段落或者整篇文章组成的一个集合。一般句子或者段落之间的字和词语是连续的，有一定含义，在进行文本挖掘分析时，文本处理的最小单位是词，因此中文涉及文本的分词工作，而在英文当中一个词会更独立，如中文"有趣"是两个词英文则只需要使用"interesting"一个单词表示即可。

中文分词需要解决以下两个问题。什么样的词才是有意义的词？什么词能够被提取？例如，"网球拍卖完了"，这个可以切分成"网球拍 卖完了"，也可切分成"网球 拍

卖 完了"，二者的意思完全不同，这个时候读者就需要依赖上下文的其他句子，才能理解句意，根据人们的经验，显然（"网球拍"卖完了）这句话出现的概率比（"网球"拍卖 完了）更大，因为"网球—拍卖"这件事发生的概率很小。

当前中文分词算法的主要难点有歧义识别和新词识别，常见的分词算法包括基于字符串匹配的分词方法、基于理解的分词方法、基于统计的分词方法和基于规则的分词方法，而每种方法下面又对应许多具体的算法。

③ 词性标注。词性标注，是指以词的特点作为划分词类的依据。现代汉语的词可以分为两类共 14 种词性。词性标注就是给每个词或者词语打上词类标签，如形容词、动词、名词等，这样做可以让文本在后面的处理中融入更多有用的语言信息。常见的文本分类就不用关心词性问题，但是涉及情感分析、知识推理时就需要了。

常见的词性标注方法可以分为基于规则和基于统计的两种方法。其中基于统计的方法，如基于最大熵的词性标注、基于统计最大概率输出词性标注和基于 HMM 的词性标注。

④ 去停用词。标点符号、语气、人称等一些词，是对文本特征没有任何贡献作用的字词，称为停用词，如"啊""哦""呀""的"等无意义词汇。在一般性的文本处理中，停用词的用法是根据具体场景来决定的，不能一概而论，例如，在文本情感分析中，语气词、感叹号是需要保留的，因为这些词对表示语气程度、感情色彩有一定的贡献和意义，通过这些词能够了解用户的情感表达。

（3）第三步：特征构建

计算机是无法处理词语的，只有将字符串转化成数学中的向量，计算机才能够很好地处理。如何把分词之后的字和词语表示成计算机能够计算的形式呢？在自然语言处理中，有两种常用的表示模型，分别是词袋模型和词向量。

词袋模型，即不考虑词语原本在句子中的顺序，直接将每一个词语或者符号统一放置在一个集合中（如 list），然后按照计数的方式对出现的次数进行统计。统计词频只是最基本的方式，TF-IDF 是词袋模型的一个经典用法。

词向量是将字、词转换成向量矩阵的计算模型。目前为止最常用的词表示方法是 One-hot，这种方法把每个词表示为一个很长的向量，这个向量的维度是词表大小，其中绝大多数元素为 0，只有一个维度的值为 1，这个维度就代表了当前的词。

谷歌团队的 Word2Vec，其主要包含了两个模型——跳字模型（Skip-Gram）和连续词袋模型（Continuous Bag of Words，CBOW），以及两种高效的训练方法——负采样（Negative Sampling）和层序 Softmax（Hierarchical Softmax）。除此之外，还有一些词向量的表示方式，如 Doc2Vec、WordRank 和 FastText 等。

(4)第四步:特征选择

模型通常需要选择合适的、表达能力强的特征,从而构造好的特征向量。文本特征一般都是词语,具有语义信息,使用特征选择能够找出一个特征子集,仍然可以保留语义信息,但通过特征提取找到的特征子空间,将会丢失部分语义信息,因此特征选择是一个很有挑战的过程,更多依赖于经验和专业知识,在必要的情况下,这部分工作是需要产品人员和业务人员提供一定指导意见的。

当然,目前也有很多现成的算法来进行特征的选择,自然语言常见的特征选择方法主要有 DF、MI、IG、CHI、WLLR、WFO 共 6 种。

(5)第五步:模型训练

根据选择好的特征,开始对模型进行训练,对于不同的应用需求,我们会使用不同的模型。21 世纪以后,基于大规模语料库的统计方法成为自然语言处理的主流。这些模型在后续的分类、聚类、神经序列、情感分析等示例中都有所应用。

以上就是自然语言处理模型的搭建过程,那么在具体应用时,机器是如何理解文本含义的呢?如图 4-7 所示,事实上在模型分析完成文本的词汇、句法后,还要进行词汇分析、句法分析、语义分析和语用分析,才能完成一个完整的自然语言处理流程。

图 4-7 自然语言处理流程

① 词汇分析:将输入语句中的单词映射到单词的语义表征上。每一个单词都有丰富的语义,一个单词的语义包含了它的相关概念及使用方法。一个语言的常用词汇量一般在 5 万~10 万的范围内。

② 句法分析:一种语言的语法是一个非常复杂的规则体系,模型需要根据句法规则判断输入语句中的单词之间的语法关系,进而得到语句的语法表征。句法既有一定的规律,也会有大量的特殊情况。

③ 语义分析:模型基于单词的语义表征、语句的语法表征,根据系统中的世界知

识的表征，构建语句的（可能是多个）语义表征。

④ 语用分析：系统会基于语句的语义表征，根据系统中的上下文，来确定语句具体的语义表征。语义分析进行的只是在字面上对语言的理解，其可能还有多个意思，对应着多个语义表征。语用分析进行的是对上下文中语言的理解。例如，同样一句话，"这个房间真热"语义上是说房间的问题是很热，但是在语用上说话者的真实意图可能是"请把窗户或空调打开"，这句话的语意只有在上下文中才能进行具体判断。

4.2.2 语言处理产品案例

1. 常见的任务

自然语言处理常见的任务主要包括问答、机器翻译、摘要、语言推理、情感分析、语义角色标注、关系抽取、任务驱动多轮对话、指代消解、语义分析、命名实体提取等任务。

（1）问答

问答指的是模型接收一个问题以及它所包含的必要信息的上下文后，模型输出理想的答案。这一能力通常会被运用到私人助理、智能客服等产品中。

（2）机器翻译

机器翻译指的是模型以源语言文本的形式输入，然后输出翻译好的目标语言，将不同的语法进行转化，例如常见的谷歌翻译就是典型的机器翻译。需要特别注意的是，不同语言的语法、词性可能完全不同，这也是机器翻译过程中要面临的巨大挑战。

（3）摘要

摘要指的是让机器人通过阅读一篇文章，能够提取关键词并形成摘要，模仿人类的阅读提取能力。这一项能力通常会运用到知识图谱、舆情监控中。

（4）语言推理

自然语言推理模型接受两个输入句子：一个前提和一个假设。模型必须将前提和假设之间的推理关系归类为支持、中立或矛盾。这一能力是赋予机器推理的能力，从而使机器能够理解语义并完成任务。

（5）情感分析

情感分析模型被训练用来对输入文本表达的情感进行分类，一般情绪可分为积极的、中立的、消极的，系统对评论数据进行挖掘，就可以了解到消费者的情绪状况。

（6）语义角色标注

语义角色标注（SRL）模型给出一个句子和谓语（通常是一个动词），并且必须明确关于"谁对谁做了什么""什么时候""在哪里"等内容。

（7）关系抽取

关系抽取系统包含文本文档和要从该文本中提取的关系类型。在这种情况下，模型需要先识别实体间的语义关系，再判断是不是属于目标种类。

（8）任务驱动多轮对话

人的对话过程通常是多轮的，对话状态跟踪是任务驱动多轮对话系统的关键组成部分。根据用户的话语和系统动作，对话状态跟踪器会跟踪用户事先设定的目标，以及用户在交互过程中发出的请求。

（9）指代消解

指代是一种常见的语言现象，广泛存在于自然语言的各种表达中，指代消解对于计算机理解上下文有重要意义，如"【小明】怕妈妈一人待在家里寂寞，【他】便将自己家里的电视搬了过来。"其中，例句中的【他】指的就是【小明】。

（10）语义分析

在词的层次上，语义分析的基本任务是进行词义消歧（WSD），在句子层面上便是语义角色标注（SRL）。

由于词是能够独立运用的最小语言单位，句子中的每个词的含义及其在特定语境下的相互作用构成了整个句子的含义，因此，词义消歧是句子和篇章语义理解的基础，词义消歧有时也称为词义标注，其任务就是确定一个多义词在给定上下文语境中的具体含义。

（11）命名实体提取

命名实体的提出源自信息抽取问题，即从报刊广告等非结构化文本中，抽取相关活动的结构化信息，如人名、地名、组织机构名、时间和数字等关键内容，所以需要从文本中去识别这些实体指称及其类别，即命名实体识别和分类。

2. 产品应用形态

自然语言处理的目的是让机器人能够理解人的意思，处理人类语言的输入的过程就是自然语言处理的过程，因此这类产品在人机密切交互过程中起到了重要作用，自然语言处理技术在搜索、智能音箱、智能穿戴、私人助理、智能客服、智能音箱、聊天机器人等智能产品都有所应用，其本质上就是自然语言的对话系统。

(1)人机对话类产品

人机对话可以分为 3 个层次,由浅入深分别是聊天、问答和对话。聊天一般没有太多实质性的内容,主要是拉近人与人之间的关系;问答,则需要理解用户的问题,目的是提供信息,需要搜索的能力,同时还需要对常见问题进行收集、整理和搜索,从知识图表和文档中找出相应信息,并且回答问题;对话指的是面向某一特定任务的对话,可以分为任务导向型和非任务导向型两种类型。

任务导向性系统以任务型对话和问答式为代表,以满足用户特定的目标需求,目前大多数产品的目标主要还是任务导向型对话系统,较多地依赖人工构造特征。非任务导向性型系统的特点:对准确率要求不高,面向开放领域,通常期待的是语义相关性和渐近性,这非常适合电商导购的场景,因为在许多实际的购物场景中,用户的许多表达都是非正式信息,较好处理这部分问句显然能够提升用户的体验。图 4-8 所示就是一个典型的非任务导向型的对话机器人与人对话的场景,通过人提出问题来使对话机器人做出一定的反应。

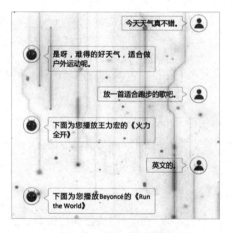

图 4-8　人机对话场景

对话机器人就是模拟人跟计算机的对话,在聊天的时候机器要理解人的意图,产生比较符合人的想法,以及符合当前上下文语境的回复,然后再根据人与机器各自的回复将话题进行下去。基于当前输入的信息,再加上对话的情感,以及用户的画像,经过一个类似于神经网络机器翻译的解码模型生成回复,可以形成上下文相关、领域相关、话题相关,而且是针对用户特点的个性化的回复。

（2）机器翻译

机器翻译将文本或语音从一种语言自动翻译成另一种语言，是 NLP 最重要的应用之一。机器翻译就是模拟人脑的翻译过程，人在翻译的时候，首先是理解这句话，然后在脑海里形成对这句话的语义表示，最后再把这个语义表示转化为另一种语言。机器翻译有两个模块，一个是编码模块，把输入的源语言变成一个中间的语义表示，用一系列的机器的内部状态来代表；另一个模块是解码模块，根据语义分析的结果，逐词生成目标语言。

围绕机器翻译，研究者已做了很多的工作，因此机器翻译在这几年发展非常迅速，目前有统计数据表明，目前机器翻译的结果同标准答案非常接近，达到了很高的水平。当然，机器翻译同样面临大量的挑战，例如，如何提升训练的效率，如何提升编码和解码的能力以及数据问题。机器翻译需要依赖大规模的双语对照数据集进行训练，这涉及很多语音段和很多的垂直领域，但实际情况是目前没有那么多的数据，只有小量的双语数据和大量的单语数据。

在产品应用方面，目前已经有多个翻译类产品，如图 4-9 所示。以百度翻译为例，百度翻译是百度发布的在线翻译服务软件，依托互联网数据资源和自然语言处理技术优势，支持全球 28 种热门语言互译，在中文领域还会区分方言、文言文、中文繁体等，覆盖了 756 个翻译方向，但是机器翻译效果始终有限，因此仍然有人工翻译的入口。

图 4-9 文本翻译产品

（3）阅读理解

阅读理解可以理解为让计算机阅读文章，之后针对这些文章问一些问题，看电脑能不能回答出来。一个阅读理解的框架首要得到每个词的语义表示，再得到每个句子的语义表示，然后用特定路径来找出潜在的答案，系统基于这个答案再筛选出最优的答案，最后确定这个答案的边界。机器在做阅读理解的时候，先是用到了外部的知识，通过外部知识训练 NLP 模型，以此来大幅度地提高阅读理解的能力。

斯坦福大学曾做过一个比较有名的实验，就是使用维基百科的文章提出 5 个问题，由人把答案做出来，然后把数据分成训练集和测试集。训练集是公开的，用来训练阅读理解系统,而测试集不公开,个人把训练结果上传给斯坦福大学,斯坦福大学在其云端运行,再把结果报在网站上。近年来,在阅读理解领域出现的一个备受关注的问题,就是"机器如何才能做到超越人的标注水平",现在微软、阿里巴巴、科大讯飞和哈工大的系统,都表示在部分领域系统超越了人工的标注水平,这标志着阅读理解技术进入了一个新的阶段。

(4)机器创作

自然语言处理让机器可以做很多理性的东西,但它是否能像人类一样做一些创造性的工作呢?目前已经有将自然语言处理技术运用于创作绝句、律诗、唐诗宋词、对联等,甚至进行写歌谱曲,将自然语言的技术应用到音乐创作上去。以微软小冰为例,在对联里,用户输入上联,系统就可以对出下联,也可以给出横批;在字谜游戏里,用户给出谜面,系统就可以猜出谜底。中央电视台的节目就曾播过小冰与选手进行词曲创作比拼的环节,如图 4-10 所示,通过给小冰一张图片,它就能马上谱写一首属于这张图片的歌曲,并且还能马上唱出来。

图 4-10　机器的文学创作

除了在产品应用方面,还有很多公司通过包装成 API 或 SDK 的方式提供自然语言处理服务。例如,国外的公司包括微软的 LUIS 服务,国内的包括百度提供的 UNIT 服务、思必驰提供的 DUI 服务。随着未来大数据、云计算和深度学习的发展,模型还会进一步地优化,再加上合适的场景,技术就可以落地,服务于大众了。

4.2.3　语言处理产品评价标准

自然语言处理模型的评价标准也遵循了一般对于模型的考查方式,包括准确率和召回率,或考查二者的 F1 值。在 NLP 应用的产品中,会有更加针对性的产品评价标准,如对于聊天对话的产品,主要评价标准包括以下几项。

1. 任务达成率

任务达成率可以表征 NLP 产品功能是否有用及功能覆盖度,如在智能客服系统中,如果某一个咨询的案例,最终不是以接入人工的方式结束的,那基本就说明智能客服回答的问题是有效的,反之以人工回答结束,则说明智能客服的答案没有满足用户的需求。

2. 对话交互效率

我们可以针对用户与机器人对话的时间进行考核，考核机器人完成一个任务的耗时、回复语对信息传递的效率、用户进行语音输入的效率等，从而考查知识库的完备性和准确性。

3. 平均单次对话轮数

平均单次对话轮数（Conversation Per Session，CPS）主要是我们针对闲聊型模型进行考查的指标，考查机器人和客户的对话质量，不同的产品对 CPS 的要求是不一样的，闲聊型模型追求的是 CPS 要更高，这样表明用户愿意与机器对话。

4. 相关性和新颖性

相关性和新颖性考查机器的回复质量，要求与原话题要有一定的相关性，但又不能是非常相似的话语，要有一定的新颖性。

5. 留存率

留存率是传统的指标，是能够发现用户是否形成使用习惯的指标。关于留存的分析甚至可以精确到每个对话，然后我们进一步根据对话进行归类，看用户对哪类任务的接受程度较高，而且我们还可以从用户的问句之中分析发出指令的习惯，从而有针对性地解析对话过程。系统积累的特征多了，评价机制自然就能建立起来，这样我们便可以对模型进行进一步的优化。

6. 重复问同样问题的比例

对于任务导向型的产品，如果一个问题重复被提问，可能说明此产品的回答不能真正给用户带来帮助。

7. 无答案比例

考查系统无答案比例通常会运用到客服系统中，表现为机器无法返回答案。这种情况可能是由两个原因导致的，一方面可能是机器人无法识别用户的意图，另一方面也可能与知识库覆盖不广有关系。

8. 语料自然度和人性化的程度

关于语料自然度和人性化程度的评估，一般是使用人工评估的方式进行的。这里的语料，通常不是单个句子，而是分为单轮的问答对或多轮的会谈。一般来讲，评分范围是1~5分。

① 1分或2分：完全答非所问，以及含有不友好内容或不适合语音播报的特殊内容。

② 3分：基本可用，问答逻辑正确。

③ 4分：能解决用户问题且足够精炼。

④ 5分：在4分基础上，能让人感受到情感及人设。

不同场景的产品，需要我们根据不同的效果设定评价指标，为了消除主观偏差，采用多人标注、去掉极端值的方式，也是提高评价系统人性化程度的普遍做法。

9. 情绪检测

系统通过情绪信息和语义的情绪分类来评估用户使用的满意度。对于系统是否解决问题，还可通过对生气情绪的检测结果来进行判断，过程中的对话样本是可以挑选出来进行分析的。例如，有的系统会统计语音中有多少是负面的，以此大概了解用户的情绪。例如说"怎么无法完成支付"和说"怎么老是无法完成支付"，返回结果是不一样的，后者系统检测到了负面情绪，会提示系统转接人工。

10. 常规指标

此外，常规互联网产品都会有整体的用户指标，AI产品一般也会有这个角度的考量。

① 日活跃用户数，简称"日活"。

② 使用意图。被使用的意图丰富度（使用率大于$X\%$的意图个数）。

③ 转人工比例。机器无法完成任务，需要人工进行处理的占比比例。

4.2.4 语言处理的挑战

人类的语言实际上融合了语音和文字，也是听觉和视觉的融合。人类的语言多种多样，每种语言的表达方式也千差万别，这也是自然语言处理面临的巨大挑战。NLP

在产品中的应用依然存在很多挑战，包括场景的挑战，语言的多样性、多变性、歧义性；学习的挑战，艰难的数学模型如 HMM、ELM、深度学习等；语料的挑战，包括什么样的语料、语料的作用及如何获取语料。

这些挑战可以具体体现在以下 5 个方面。

1. 语言的歧义

人类在生活中产生的自然语言并不是完全规范的，虽然可以找到一些基本规则，但是自然语言使用起来还是比较灵活的。同一种语意可以用多种方式来表达，或者同一句话可以表达多种含义，这就容易产生歧义。不管我们是基于规则来理解自然语言，还是通过机器来学习其内在的特征，都显得比较困难。

2. 语言的鲁棒

在处理文本时，我们会发现文本中包含有大量的错别字，错别字会影响我们对于文本的理解，怎样让计算机理解这些错别字想表达的真正含义，也是 NLP 的一大难点，需要模型通过强化学习的方式来提升系统的性能。

3. 知识依赖

在互联网高速发展的时代，网上每天都会产生大量的新词，如何快速地发现这些新词，如何有效地把知识包括语言学知识、领域知识综合起来，并让计算机理解也是 NLP 的难点。

4. 上下文

人的对话都是基于某一个特定场景的，一个多轮对话的前文对于后文的理解是很重要的，因此如何结合上下文关系给出合理的答案，是 NLP 模型面临的巨大挑战。

5. 情绪识别

模型是通过词向量来让计算机理解词意的，但是词向量所表示的空间是离散的，而不是连续的。例如，表示一些正面的词，如好、很好、棒、厉害等，在"好"到"很好"的词向量空间中，你无法找到一些词来表达，所以它是离散的、不连续的，不连续最大的问题就是不可导，这会导致计算机的计算量快速增长。当然现在也有一些算法是对计算词向量做了连续近似化，但这必然伴随着信息的损失。

自然语言处理现在的技术困难还是处理语义的复杂性，包含有因果关系和逻辑推理的上下文等。现在解决这些问题的思路主要还是深度学习。深度学习带给了研究人员一种全新的思路，基于大数据、并行计算的深度学习将会给自然语言处理带来长足的发展，但是若想达到人类的理解层次还是比较困难的。

自然语言处理技术也有广大的发展前景，如在智能客服中，客服可以使用机器阅读文本文档（用户手册、商品描述等）来自动或辅助客服回答用户的问题；在搜索引擎中，机器阅读理解技术可以为用户的搜索（尤其是问题型的查询）提供更为智能的答案；在办公领域，可以使用机器阅读理解技术处理个人的邮件或者文档，提供自然语言查询功能以获取相关的信息；在教育领域可用来辅助教师出题；在法律领域可用来帮助当事人理解法律条款，辅助法官判案；在医疗领域可帮助病人理解医疗信息，提供咨询等。

对于 NLP 产品经理来说，其主要的工作包括对 NLP 技术接口的效果评估和功能设计，为用户画像等关联模块提供标准服务，更重要的是根据对话场景和用户需求，设计合适的功能。

4.3　语音合成技术的产品应用

在我们接触的很多人工智能产品应用中，产品能够理解用户所说的话只是其中一方面，另一方面产品被期望能通过语音的方式像人一样沟通反馈，仿佛是一个智能的生命体。其中让机器能够通过语音的方式与人沟通的技术，就是语音合成技术（TSS）。

语音合成技术的本质是将文字转化为声音并朗读出来，实现语音合成，该技术可以通过机械或是电子的方法产生人造语音，它类比于人类的发声器官，模仿人类"说"的能力。现在市场中大家通过各种语音助手中听到的声音，都是由 TTS 系统来完成的。因为语音合成将更好地展现产品的应用场景和用户体验，随着各种场景的语音交互形式的出现，使人们对语音交互产品的个性化需求增多，因此产品对声音的合成效果要求也越来越高。

4.3.1　认识语音合成技术

说话，是人类重要的特征，而随之产生的声音，我们称为语音。语音和语言是相互伴随产生的，语音可以说是语言的外部形式，它们在人类的发展过程中起到了巨大的作用。人们常说语音是最直接地记录人的思维活动的符号体系,也是人类赖以生存发展和从事各种社会活动最基本、最重要的交流方式之一。因此在人工智能领域,语音合成技术就是研究如何让机器人能够像人一样能够"开口说话"。

与播放音频文件不同的是,语音合成的重点是让计算机自己产生的、或外部输入的文字信息转变为可以听得懂的、流利的口语输出的技术,这也是人们期望实现强人工智能的目标之一。语音合成技术也有较长的发展历史,20 世纪 70 年代,受益于计算机技术和信号处理技术的发展,产生了第一个真正意义上的合成系统,它就是第一代基于参数的语音合成系统——共振峰合成系统,这个系统利用不同发音的共振峰信息,可以实现可懂的语音合成声音,但从整体音质方面来看,还难以满足商用的要求;进入 20 世纪 90 年代,由于计算机存储技术的发展,则诞生了基于拼接合成的语音合成系统,该系统一般利用 PSOLA 算法,将存储的原始发音片段进行调整后拼接起来,从而实现了相较于共振峰参数合成效果更好的音质。之后合成语音的质量大幅提升,在众多场景中得到了应用。

目前语音合成技术基本形成了参数法和拼接法两大类主流方法。

① 参数法:通过录音将提取波形的参数存储起来,然后根据参数转化为波形,如图 4-11 所示。

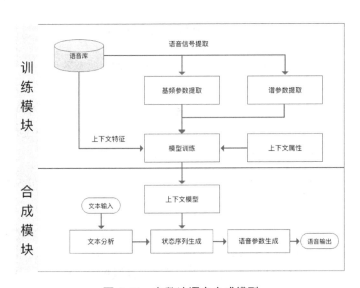

图 4-11　参数法语音合成模型

② 拼接法:把录音的句子分解成基本单元存储起来,再根据需要拼接起来,如图 4-12 所示。

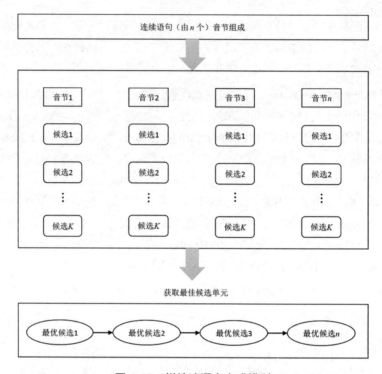

图 4-12　拼接法语音合成模型

参数法的优点是存储量小,但是缺点就是不够自然,听觉效果会让人感受到属于机器发音,不够舒适;拼接法的优点是听感更自然,但是缺点是需要大量的录音和存储空间。当然,随着人工智能技术在语音合成领域的应用,出现了更加智能的语音合成方法,如谷歌发布的 WaveNet,是基于语音网络使用生成算法制作而成的,相对于以前的拼接法、参数法,在声音表现力上更具优势。

语音合成技术的目标是期望使声音合成的效果更加自然,目前在语音合成技术领域有以下发展趋势。

① 追求自然舒适的合成效果。为了使合成的声音更加自然或者更像人类发出的声音,基于参数法外语音合成系统还会使用以 WaveNet 为代表的神经网络声码器等来提升语音的音质;基于拼接法的语音合成系统则主要通过扩大音库规模,或者对上下文进行覆盖,从而达到自然的效果。此外,随着自然语言处理技术的成熟,系统使机器能够更好地理解文本表达的含义,从而能准确预测句子的情绪、语气、语调等,这些都能够让机器更好地朗读文本。

② 以数据驱动模型提升语音描述。语音系统中包含语音合成音库,发音样本会大

大增加，使得基于统计模型的技术得以在语音合成系统中广泛应用。从最初的树模型、隐马尔可夫模型、高斯混合模型，到近几年的神经网络模型，解决了语音合成系统大量依赖专家知识，或对上下文覆盖效果不佳等问题。

在语音合成技术中，除了参数法和拼接法，也有使用声道模拟的方法进行语音合成的，该方法通过建立物理模型，利用物理模型产生波形，但实现难度大，实用性不强。

4.3.2 语音合成系统

1．语音合成系统构成

声音是由人的发声器官发出的，并且具有一定的语法和意义，声音实际上是一种波。大脑对发音器官发出运动神经指令，控制发音器官各种肌肉运动从而振动空气形成语音。语音信号的模型由三部分组成：激励模型、声道模型、辐射模型，分别模仿了人的声带、声道和嘴唇，如图4-13所示。

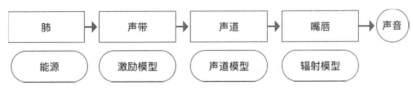

图4-13 发声模型

语音合成模仿的就是人类的发声系统，基本的语音合成模型结构，如图4-14所示，一般由文本处理、韵律模型、声学模型、基于参数法的语音合成系统的声码器，基于拼接的语音合成系统的语音库等组成，从而完成语音合成输出。文本处理系统一般由独立的自然语言模块独立完成，而语音合成系统则更注重在韵律模型、声学模型、语音库以及声码器几方面的研究。

我们以一段简单的句子说明语音合成的基本流程，例如，输入一段文本"我是产品经理"。

① 系统会先通过规则把一段文字分词。例如，我|是|产品|经理。

② 之后需要把这段文字进行韵律的处理，标出每个字的发音。

③ 利用拼接法根据语音库的发音，进行单元的拼接；参数法则生成声学参数。

④最后将这句话进行语音播放，完成语音合成。

在语音合成技术应用落地到商业产品的过程中，不仅仅要搭建语音合成系统，还包括其他系统的支撑。以人机对话系统为例，一个典型的人机对话系统涉及 6 个技术模块：语音识别器、语言解析器、问题求解模块、语言生成器、对话管理模块、语音合成器。在 To B 端，典型的代表包括阿里小蜜、网易七鱼、微软的 AI Solution 等系统；在 To C 端，典型的产品包括智能音箱，如天猫精灵、小米智能音箱等。

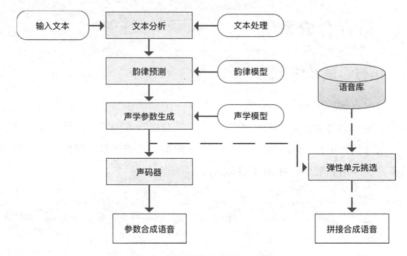

图 4-14　语音合成模型结构

2．语音合成技术的应用场景

目前随着语音合成技术的进一步成熟，TTS 相关的系统也在逐步演化，以符合更多的场景应用，满足不同个性化的需求。

（1）通用语音合成系统

通用语音合成系统的主要要求是，能够在用户常见的场景中得到应用，因此对于语音合成的效果要求并不高。这类产品包括语音助手、滴滴、高德、智能音箱、机器人等。图 4-15 所示为科大讯飞提供的在线语音合成系统，用户输入文本后即可合成声音。

（2）定制语音合成系统

将文本特征转化为个性化的声学特征，被称作个性化定制语音合成技术，如图 4-16 所示，根据用户需要生成个性化角色的声音，这些极具个性化特色和辨识度的声音，依赖于定制化语音合成系统的作用。

图 4-15　语音合成系统界面

图 4-16　定制化语音合成系统

（3）情感语音合成系统

情感语音合成系统在合成声音时增加了情感合成，使得语音效果更有节奏，让听众能感受到一定的情绪。情感语音合成系统需要依赖"情感意图识别""情感特征挖掘""情感数据""情感声学技术"等，并且也需要情感演绎的语音数据的储备，是对当前语音合成系统更加深度的挖掘。

4.3.3　语音合成产品案例

在使用地图 App 进行导航时，你一定使用过车载语音导航功能，这使得用户在驾车场景中，不需要通过查看地图，就能够了解当前的行驶路线，除此之外，基于地图的语音导航，还能给司机提供是否超速等信息，成为其理想的驾车助手。语音合成技术不仅成功应用到了地图的语音导航中，在客服领域、信息播报等诸多领域都有较多的应用。例如，央视播出的纪录片《创新中国》，就是利用语音合成技术模拟人声进行配音的。

目前语音合成的声音，从合成效果上已经可以满足大多数用户的需求了，目前相关服务类的企业会在音色选择丰富度及发音方式上进行重点突破。目标是要摆脱机器原本机械化的发言，使其像真人一样拥有极具情感表现力、抑扬顿挫的声音。这既是语音合成技术的发展方向，又是发展难点之一，语音合成的具体案例包括语音交互类、新闻播报类和教育类等产品。

1. 语音交互类产品

近年来，语音交互成为一个热点，智能助手、智能客服等应用层出不穷，为语音合成发展奠定了基础。车载语音导航是最常见的语音交互应用产品，图 4-17 所示为高德地图基于语音导航产生的功能演化，语音导航除了播报行驶路线，还能实现监控摄像播报、路况播报等辅助信息播报功能，也能根据用户需要，设置播报音量的大小等；在语音选择方面，也能个性化选择播报声音，用户可选择其不同特色的声音进行播报。

图 4-17　播报设置和语音选择

2. 新闻播报

我们每天都会通过互联网获取大量信息，既有碎片化的信息，也有系统的信息。海量的信息如果通过人工的方式进行播报，显然会耗费巨大的人力，而 2018 年 11 月 8

日，新华社和搜狗公司在乌镇峰会现场发布了"AI 主播"，这是国家级主流媒体首次运用虚拟主播技术的产品，具有非常重要的象征意义。如图 4-18 所示，AI 合成主播是以中国新闻主播为原型设计的，这位 AI 合成主播从外形、表情、动作到唇形和语气都十分逼真，看上去像是真人主播。AI 合成主播不仅是语音合成技术的重要应用，还是实时音视频和人工智能现实图像合成技术的应用。

图 4-18　AI 合成主播

虽然 AI 合成主播还不能百分之百替代真人主播，同时还被局限在了所谓的"恐怖谷"（恐怖谷：类人形象的拟真度已达到 90%左右，但尚未能达到 100%以假乱真的情况）当中。但就未来发展来看，AI 合成主播具有较大优势，因为 AI 合成主播可以不知疲倦地工作。

有声读物的出现让人们可以在开车、走路等不方便阅读的时也能享受学习的快乐，但人工合成有声读物，耗时费力，且准确率难以保证。语音合成让有声读物的生成变得更简单，情感合成技术让声音更自然动听，自定义发音支持个性化音色，因此可满足多种业务场景的合成需求。

3. 教育类产品

教育领域对于语音合成技术有天然的诉求，尤其是语言教育方面，模仿与交互是必不可少的锻炼方式。传统教育方式中，想学到标准的发音，是需要大量的成本的，例如，去各种课外班学习，甚至进行"一对一"教育。语音合成技术，在教育领域有很多的应用场景，如图 4-19 所示，在字典、双语阅读、口语训练等方面，都可以提供类似个人家庭教师的服务。

图 4-19　语音合成应用场景

随着语音合成技术的不断进步,可以达到以假乱真的合成效果,这一方面可以大大增加有声教育素材,另一方面甚至可以取代真人进行工作。配合智慧教育系统,语音合成可以实现中英文音素、单词、词组、课文的标准朗读及带读,除公共基础教育课堂应用外,还可以在课外教育培训机构及教辅软件中得到广泛应用。除对普通话外,还可以针对少数民族语言,如维吾尔语、藏语等进行有针对性的合成,这样便可以保留民族特色,促进民族文化传承。

4. 配音产品

随着语音合成技术的快速发展,所生成的语音会越来越自然生动,也会越来越有情感表现力,这为语音合成技术在配音领域的应用奠定了基础。科大讯飞在2017年11月推出了名为"讯飞留声"的测试版本,如图4-20所示。据悉,讯飞留声只需要通过10句的声音采集,即可完成个人声音的复刻,采集量只有行业平均的百分之一(远低于微软的500句与行业的1000句)。例如,前文提及了2018年1月的纪录片《创新中国》,就是在准备好播音员的旁白语音后,再由机器模仿播音员的声音完成的纪录片的配音,在这个过程中模型首先采集了播音员的声音特征并进行分析,然后模型再进行学习。在配音领域,利用语音合成技术,可以大大降低配音的成本和周期。

图 4-20 讯飞留声界面

在语音交互中,语音识别、语义理解和语音合成是主要的三个关键技术,而语音合成在其中的作用显而易见。受限于语义理解技术的发展水平,目前的语音合成应用主要还是聚焦于不同的垂直领域,用于解决某些特定领域的问题,因此它还存在一定的局限性。

4.3.4 语音合成产品的评价方式

和语音识别不同,对语音合成质量的评价标准相对主观。对于一段合成语音,一些人耳中的"发音错误"对其他人来说可能只是"发音不准";同时,什么样的声音像人声,像到什么程度,都很难通过几个类似"准确率"这样的简单指标来进行评定。因此,语音合成产品的评价更多的是主观评价。下面我们从声音的质量评价和成熟度评价来具体说明。

1. 声音的质量评价

前文我们已经描述过声音的组成,在语音合成中同样会考查这些声音的自然度。

① 音高,语音合成的声高,声音的声调,如汉语的四种声调。

② 响度,声音的大小,跟声波的振幅有关。

③ 音色,由基音和不同泛音的能量比例关系决定。

④ 泛音,声音中基频之外存在第二泛音、第三泛音,需要考查合成的音色。

⑤ 共振峰,声源内部的共振,特别是对乐器而言,指的是共鸣箱内的共振。

2. 声音的成熟度评价

如何评价语音合成系统的成熟度呢?机器看到的是一个个字符,它要把这些字符理解成我们所理解的停顿,然后将文本的特征变成一个个声学特征,进一步生成能让人听起来很舒服、自然的声音。目前,语音合成产品评价主要体现在4个方面。

① 自然度。音律规则,间隔停顿。

② 表现力。不同年龄、性别特征以及语调、语速的表现,个性化。

③ 音质。声音的清晰度,无杂音。

④ 复杂度。减少音库的体积,降低运算量及系统开销。

3. 合成音测试

目前语音合成的最大难点在于声音的自然度,什么是声音的自然度呢?合成音的自然度直接影响人的听觉感受,目前大多数人对语音合成的印象,还停留在公交报站、银行叫号的电子音的阶段,而让声音更自然、富有情感和表现力,则需要涉及自然语言处理和声学建模技术。在语音合成技术领域,主要的评测方式是主观测试。

（1）自然度主观测试

主观测试的主要方法：MOS、专家级评测（主观），评分标准为 1～5 分，5 分为最好；ABX、普通用户评测（主观）。

主观评测实验是语音合成系统重要的效果评价方式，参与评测实验的参试人员将会对语音合成系统的合成样本进行打分评价。

（2）声音的客观测试

对声学参数进行评估，一般是计算欧式距离等（RMSE，LSD），对工程上的测试包括以下两个方面。

① 实时率（合成耗时/语音时长），流式分首包、尾包，非流式不考查首包。

② 首包响应时间（用户发出请求到用户感知到的第一包到达时间）、内存占用、CPU 占用、3×24 小时 crash 率等。

（3）声音的图灵测试

科学家对于语音合成系统进行图灵测试，采用的是对比评测方法，一组样本来自合成系统，另一组样本来自真人发音，如果语音合成系统的语音能够以假乱真，则可以认为语音合成系统通过了图灵测试。

4．语音合成的不同场景评估

语音合成技术未来的发展方向主要集中在让声音达到真人说话的水准，并逐渐加入音色、情感方面的合成，使之更具特色，更加个性化。AI 产品经理在基于语音合成技术进行产品设计时，需要了解当前阶段此技术能够实现的效果，需要注意以下 3 点。

① 用户预期把控。语音合成技术会运用到哪一个使用场景，不同的场景对于语音合成效果的影响如何，例如，导航类应用，声音的自然度要求不高，但是如果是播报类产品，考虑用户的使用体验，则对自然度的要求会比较高。在进行产品体验设计时，AI 产品经理需要管理好用户的预期。

② 了解技术选型。语音合成技术选择"参数法"还是"拼接法"，和公司的技术储备、成本以及产品目标相关。在垂直领域，现有的 TTS 技术（用参数法或拼接法）都可以针对产品做得很好。产品经理进行产品设计时需要考虑工程化实现的问题。

③ 体验细节设计。语音合成领域中需要考虑文案设计、背景音乐的设计，从而体现该技术细节设计的优势，对于远场场景、戴耳机场景、驾车场景需要进行更加细致深入的研究，以便设计良好的体验流程。

4.4 计算机视觉的产品应用

计算机视觉（Computer Vision，CV）本质是让机器具备"看"的能力，英国机器视觉协会（BMVA）对机器视觉的定义：对单张图像或一系列图像的有用信息进行自动提取、分析和理解的能力。机器视觉通常涉及对图像或视频的评估，将摄影机和计算机代替人眼实现对目标的识别，让机器具备"看"的能力。视觉在各个领域都有广阔的应用，如工业应用制造业、医疗智能诊断、安防和军事等领域。

4.4.1 认识计算机视觉

1. 发展历史

自然视觉能力，是指生物视觉系统体现的视觉能力，是人类重要的能力之一。计算机视觉是以图像（视频）为输入，以对环境的表达和理解为目标，研究图像信息组织、物体和场景识别，进而对事件给予解释的学科。与计算机视觉密切相关的概念有视觉感知、视觉认知、图像和视频理解等。从广义上说，计算机视觉就是赋予机器自然视觉能力的学科。人工智能的完整闭环包括感知、认知、推理再反馈到感知的过程，其中视觉在我们的感知系统中占据大部分的感知过程，所以研究视觉是研究人工智能感知的重要一步。

计算机视觉是一种典型的交叉学科研究领域，包含了生物、心理、物理、工程、数学、计算机科学等领域，存在与其他许多学科或研究方向之间相互渗透、相互支撑的关系，其研究始于 20 世纪 50 年代的统计模式识别，当时的工作主要集中在二维图像分析和识别上，如光学字符识别、工件表面、显微图片和航空图片的分析和解释等；20 世纪 60 年代，Roberts 通过计算机程序从数字图像中提取出诸如立方体、楔形体、棱柱体等多面体的三维结构，并对物体形状及物体的空间关系进行了描述；20 世纪 70 年代中期，麻省理工学院（MIT）人工智能（AI）实验室正式开设"计算机视觉"课程，由著名学者 B.K.P.Horn 主讲。同时，该实验室吸引了国际上许多知名学者参与计算机视觉的理论、算法、系统设计的研究，到了 20 世纪 80 年代中期，计算机视觉获得了迅速发展，提出了视觉理论框架、感知特征群的物体识别理论等新概念；计算机视觉领域不断涌现新方法和新理论，形成了独立的研究体系，以 1982 年马尔（David Marr）的《视觉》一书的问世为标志，计算机视觉成为一门独立的学科；20 世纪 90 年代，计算机视觉开始在工业环境中得到广泛的应用，同时基于多视图几何的视觉理论也得到了迅速发展。进入 21 世纪后，随着深度学习技术的发展，推动了算法的快速工程化与迭代升级,而且芯片技术带来的计算能力呈指数级提升,再加上互联网技术发展提供了海量的数据,这些促进了计算机视觉实现更大规模的商业化落地。其中以视频应用为基础的视频安防、工业视觉、医疗和智能驾驶领域的技术就是典型的代表。

2.基本流程

计算机视觉处理过程是一个信息处理任务的过程,可以从 3 个层次来研究和理解,即计算理论、算法、实现算法的机制或硬件。计算理论,在这个层次研究的是对什么信息进行计算和为什么要进行这些计算;算法,在这个层次研究的是如何进行所要求的计算,即设计特定的算法;实现算法的机制或硬件,在这个层次上研究的是完成某一种特定算法的计算机构。

计算机视觉是使用计算机以及相关设备对生物视觉的一种模拟,它主要任务是通过对采集的图片或视频进行处理以获得相应场景的三维信息。计算机视觉处理主要分为 4 个步骤:图像获取、图像校准、立体匹配和三维重建,如图 4-21 所示。

图 4-21 计算机视觉处理步骤

(1)图像获取

人类是通过双眼来获得图像信息的,双眼为平行排列,在观察同一场景时,左眼和右眼分别获得场景信息,在同一场景下由于左视网膜上的图像和右视网膜上的图像位置存在差异,从而能够让人类感知物体全面的信息。计算机视觉获取图像的原理与人眼相似,是通过不同位置上的相机来获得不同的图像,左摄像机拍摄的图像称为左图像,右摄像机拍摄的图像称为右图像,通过不同位置的摄像信息,来获得物体的立体信息。

(2)图像校准

在图像获取过程中,会有多个因素导致图像失真,造成失真的原因主要有 3 种。

① 由于成像系统中存在的像差、畸变、带宽有限等因素造成的图像失真。

② 由于成像器件拍摄姿态和扫描非线性引起的图像失真。

③ 由于运动模糊、辐射失真、引入噪声等造成的图像失真。

由于图像失真是由多种因素造成的,所以需要使用图像校准技术来进行复原。

(3)立体匹配

在两幅或多幅不同位置下拍摄的且对应同一个场景的图像中,建立匹配基元之间关系的过程称为立体匹配。例如，在双目立体匹配中，匹配基元选择像素，然后获得对应同一个场景的两个图像中两个匹配像素的位置差别，即视差。将视差按比例转换到 0~255 之间，以灰度图的形式显示出来，即为视差图。

（4）三维重建

根据立体匹配得到的像素的视差，如果已知照相机的内外参数，则根据摄像机几何关系得到场景中物体的深度信息，就可以得到场景中物体的三维坐标。

3. 图像质量评估

AI 产品经理需要考察图片的质量，以评估某一个领域是否可以运用计算机视觉技术。在大多数实际产品运用过程中，经常出现实际数据和实验室数据相差过大的现象，如实际数据的质量远远差于实验室数据，甚至出现实验数室数据训练出来的模型根本无法应用到实际场景中的现象，浪费了大量的人力和物力。因此，AI 产品经理需要在最开始训练模型前做好图像质量的评估。一般来说影响图像质量的因素大概有以下几类。

（1）光照影响

过暗或过亮等非正常光照环境，会对模型的效果产生很大的影响。

（2）运动影响

包括由于人体移动、车辆移动导致的图像运动模糊现象。

（3）设备影响

由于摄像头距离、小图放大等因素，凹槽图像中低频存在、高频缺失，造成的对焦模糊，也有部分图像是由于多种模糊类型共同存在，而造成的混合模糊。

针对由于光照原因或运动原因导致的图像模糊，产品方面能通过系统与用户交互来进行引导。如产品可通过语音或界面提示用户目前环境不理想，建议用户更换环境，在不可控环境下，可通过调试硬件设施来弥补这个问题，如开启手机的照明功能，而其他类型的模糊则需要依靠算法进行处理。此外，影响图像质量的因素除光照、设备外还有很多，如噪声、分辨率等，这些问题大多也是从算法和硬件上去优化，如图片的明暗处理，但每一次算法的过滤时间是非常重要的。在一些实时性要求较高的场景（如人脸识别、车辆识别）中，产品设计需要考虑时间和成本的权衡问题，关注的精确率和召回率在某种特定情况下可以降低要求。

4.4.2 计算机视觉的主要任务

计算机视觉的主要任务就是通过对采集的图片或视频进行处理以获得相应场景的信息，目前计算机视觉任务的主要类型包括对象检测、图像分类、目标跟踪、图像分割和图像描述。

1．对象检测

对象检测是指计算机视觉利用图像处理与模式识别等领域的理论和方法，检测出图像中存在的目标对象，然后确定这些目标对象的语义类别，并标定出目标对象在图像中的位置。图 4-22 所示为系统检测到图中的猫和汽车。对象检测是对象识别的前提，因为只有系统检测到对象才能对其进行识别。

图 4-22　对象检测

图像中的对象检测涉及识别各种子图像，并在每个识别的子图像周围绘制边界框，对象检测侧重于物体的搜索，就是用框标出物体的位置，并给出物体的类别。一般来说，这类检测要求物体检测的目标必须要有固定的形状和轮廓。

2．图像分类

图像分类指的是系统根据图像目标各自在图像中所反映的不同特征，把不同类别的目标区分开来的图像处理方法，是计算机视觉要解决的核心问题之一，其实质就是给输入的图像分配标签。图像分类利用计算机对图像进行定量分析，把图像或图像中的每个区域划归为若干个类别中的某一种，以代替人的视觉判读，如图 4-23 所示。

一张图像中是否包含某种物体，对图像进行特征描述是物体分类的主要研究方向。

一般说来，物体分类算法通过手工特征或者特征学习方法对整个图像进行全局描述，然后使用分类器判断是否存在某类物体。常见的图像分类技术包括基于纹理的图像分类技术、基于形状的图像分类技术和基于空间关系的图像分类技术。

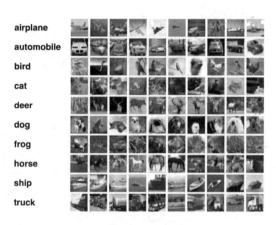

图 4-23　图像分类

图像分类和对象检测不一样，图像分类基于色彩特征的索引技术可以是任意的目标，这个目标可能是物体，也可能是一些属性或者场景。对象检测侧重于物体的搜索，目标要求有固定的形状和轮廓。

3．目标跟踪

目标跟踪，是指在特定场景跟踪某一个或多个特定感兴趣对象的过程。传统的应用就是视频和真实世界的交互，在检测到初始对象之后进行跟踪观察。视觉目标跟踪是计算机视觉中的一个重要研究方向，有着广泛的应用，如视频监控、人机交互、无人驾驶等。现在，目标跟踪在无人驾驶领域也有应用，如百度、特斯拉等公司研发的无人驾驶技术。

视觉运动目标跟踪是一个极具挑战性的任务，如图 4-24 所示，因为对于运动目标而言，其运动的场景非常复杂并且经常发生变化，或是目标本身也会不断变化，那么如何在复杂场景中识别并跟踪不断变化的目标就成为一个具有挑战性的任务。

4．图像分割

图像分割就是把图像分成若干个特定的、具有独特性质的区域并提出感兴趣目标的技术和过程。它是由图像处理到图像分析的关键步骤，目的是简化或改变图像的表示形式，使得图像更容易被理解和分析。我们通过对图像进行分割来提取有价值的用于后继处理的部分，如筛选特征点，或者分割一幅或多幅图片中含有特定目标的部分。

图像分割包含语义分割和实例分割，语义分割指的是在语义上理解图像中每个像素的角色，如图4-25所示。系统对图像进行语义分割时，图中汽车和人就会用不同的颜色进行标识，除了简单识别人、道路、汽车、树木等，我们还必须确定每个物体（或人）的边界。

图 4-24　人流目标跟踪

图 4-25　道路图像的语义分割

实例分割指的是将每一种不同类型的实例进行分类，如图4-26所示，用4种不同的颜色来标记4辆汽车就属于实例分割的应用。

图 4-26　实例分割

5. 图像描述

图像描述是模拟人类的感知与观察的一个过程，是一项解决语言和视觉的综合任务，这项任务涉及拍摄图像、分析其视觉内容及生成文字描述（通常是一个句子），其中用语言表达图像是最显著的方面。图像描述过程不只有计算机视觉，还包含了一系列的自然语言处理过程，如图 4-27 所示。图像描述对人类而言非常简单，但对机器来说却非常困难，因为机器不仅要理解图像的内容，还要将理解到的内容翻译成自然语言。随着深度学习技术的发展，使机器将图像自动生成准确的文本描述成为可能。

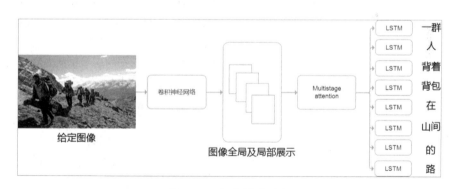

图 4-27　图像描述过程

4.4.3　计算机视觉的产品案例

计算机视觉是一门研究如何使机器"看"的科学，更进一步说，就是指人们用摄影机和计算机代替人眼对目标进行识别、跟踪和测量，并进一步做图像处理，用计算机处理成更适合人眼观察或传送给仪器检测的图像。作为一门科学学科，计算机视觉研究相关的理论和技术，试图建立能够从图像或者多维数据中获取信息的人工智能系统。计算机视觉领域是人工智能近年来热门的产品应用领域，目前计算机视觉主要应用于包括生物识别、文字识别和图像识别三大方向上，生物识别包括热门的人脸识别、指纹识别、虹膜识别等；基于文字识别的产品应用包括通用文字识别、网络图片文字识别、卡证文字转化等；基于图像识别的产品应用包括图片审核、图像识别、图像搜索等。

1. 生物识别

生物识别技术指的是通过计算机与光学、声学和生物统计学原理等高科技手段密切结合，然后利用人体固有的生理特性和行为特征来进行个人身份鉴定的技术，人体固有的生物特性包括脸像、指纹、虹膜，以及人体行为特征包括笔迹、声音、步态等。生物识别的商业应用非常早，在 20 世纪就有投入商用的范例，随着移动互联网的发展，生物识别也被广泛应用到智能手机上，目前市场上应用于手机的主流生物识别技术有人脸识别、指纹识别和虹膜识别三种。通讯产业报市场调研数据显示，在 2018 年上半年，包括苹果在内的 10 大主流智能手机，如三星 S9、华为 P20 Pro、荣耀 10、iPhone 8、魅族 15 Plus、OPPO Find X，均采用了生物识别技术。

（1）人脸识别

早在 20 世纪 50 年代，认知科学家就已着手对人脸识别技术展开研究；20 世纪 60 年代，人脸识别工程化应用研究正式开启，当时的方法主要是利用了人脸的几何结构，通过分析人脸器官特征及其之间的拓扑关系来进行辨识；进入 21 世纪后，随着大数据和深度学习的应用，让人脸识别成为计算机视觉产品应用中最热门的应用之一，人脸识别也是目前运用最为广泛的生物识别技术。目前基于人脸识别的应用包括人脸检测、人脸对比、人脸查找、活体检测等。

人脸识别的主要过程可以分为人脸采集、人脸检测、特征提取、匹配识别四大基本步骤，如图 4-28 所示。

第一步：人脸采集，通过手机或摄像头的传感器，收集物体的光学信息并转成数字信号。

图 4-28 人脸识别过程

第二步：人脸检测，处理器通过多项技术来理解眼前物体，识别出图像中哪些是人脸、哪些是背景。

第三步：特征提取，给人脸进行处理，分辨出人脸上的各个器官，并在关键器官上打上特殊标记。

第四步：匹配识别，将制作好的素材和这些特殊标记相结合，并通过图像方式呈现出来。

目前，人脸识别已经广泛应用于金融、司法、军队、公安、边检、政府、航天、电力、工厂、教育、医疗等行业，另外在考勤、门禁、身份认证、人脸属性检测、活体检测、人脸对比搜索、人脸关键点定位等多个场景中也有所应用。在人脸识别的细分应用中，还包括人脸表情识别、人脸性别识别和人脸年龄识别等。

在安防领域，"依图"的人工智能人像大数据系统，以智能摄像头硬件为基础，涵盖了包括人脸识别门禁动态、人脸识别监控、人证合一等多个方向的应用，如图 4-29 所示，该系统的核心技术就是人脸识别，可用于反恐、边检、公安等领域多个监管部门。

图 4-29 "依图"的人工智能人像大数据系统

在金融领域，同样有应用人脸识别技术的工具出现，如在支付工具中提供人脸识别功能，2018 年 12 月，在支付宝开放日的上海站，支付宝推出了一款全新的刷脸支付产品"蜻蜓"，如图 4-30 所示。这款新的刷脸支付产品的外形如同一个台灯，配有刷脸显示屏，用户将它接入人工收银机，并放置在收银台上，顾客只要对准摄像头就能快速完成支付。这款产品可用于线下场景的支付，直接将刷脸支付的接入成本降低了 80%。

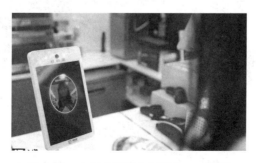

图 4-30 支付宝刷脸支付设备——蜻蜓

在公共出行领域，如图 4-31 所示，为保证乘客安全，滴滴公司要求司机通过人脸识别后才可进行接单，这样可实现对司机身份进行核验。

图 4-31　滴滴公司要求司机进行人脸识别

在手机应用领域，我们可以建立智能相册的人脸聚类功能，如图 4-32 所示的 vivo 智能手机相册，可将相册中的人脸进行聚类，以便找到相同任务的照片。此外，智能手机采用面部识别技术解锁，具有更加方便快捷的优势。

图 4-32　vivo 智能手机相册的人脸聚类功能

在教育领域，人脸识别技术可以应用在考生身份验证管理系统中，例如，考生身份验证、身份信息管理、身份证信息提取等，可给考生创造一个高效、公平的应试环境。在更多通用领域，人脸识别还可以应用于商业分析，可对消费人群的人脸特征进行识别和归纳分析，并将客户的年龄、性别等形成系统的用户画像，以便为客户推送相关感兴趣的内容。

当然，人脸识别虽然具有较高的便利性，但是其准确性有时会相对差一些，主要是因为影响人脸识别的因素较多，例如，环境的光线、识别距离，此外如果用户通过化妆、整容等对面部进行一些改变时，也会影响人脸识别的准确性，在对于需要戴口罩的一些环境中，人脸识别的运用也会受到限制。值得注意的是，随着行业的深入，我们会发现实际应用场景的需求不会单纯的仅依赖人脸识别技术，例如，在安防行业或者金融领域，人脸识别需要同活体技术（如何验证目前的人是真人而不是照片或视频）和防欺诈技术相结合，才能真正满足业务场景的需要。

（2）指纹识别

与其他生物识别技术相比，指纹识别早已在消费电子、安防等行业中得到广泛应用，通过时间和实践的检验，技术方面也在不断革新。之所以指纹识别技术能够通过指纹对人进行识别，是因为每个指纹都有几个独一无二、可测量的特征点，指纹识别技术通过分析指纹可测量的特征点，从中抽取特征值，然后进行认证。

指纹识别具有速度快、准确率高、成本低等优势。当前，我国第二代身份证便实现了指纹采集，各大智能手机也都纷纷研发了指纹解锁功能。智能手机实现指纹解锁一般是通过底部传感器来进行识别，用户通过指纹采样后便可通过指纹进行开锁，如图 4-33 所示。魅族手机是国内最早采用指纹识别功能的国产手机，以魅族 16 为例，其采用的屏下指纹设计在亮屏的情况下解锁速度达到了 0.2s，相较于传统的 6 位密码 1.2s 解锁、九宫格图案 0.7s 解锁、面部识别 0.4s 解锁和虹膜识别 2s 解锁，速度优势明显，在准确率方面也达到了 99% 以上。

图 4-33　智能手机的指纹识别

目前中国也已形成了完整的指纹识别产业链，并涌现出了多家业界领先的企业。

例如，从事指纹芯片设计的上市企业汇顶科技，生产指纹识别芯片的厂商思立微、费恩格尔、迈瑞微等。当然指纹识别并不是毫无缺陷，虽然每个人的指纹都是独一无二的，但在一些特殊场景中也会失效。

① 特殊人群限制。长期从事徒手作业的人，手指通常有破损，指纹识别对于这类人群来说效果不佳。

② 环境温度影响。在严寒区域或者严寒气候下，或在人们需要长时间戴手套的环境中，使用指纹识别会变得十分不便利。

③ 安全隐患。使用指纹识别解锁时需要指纹收集传感器与人体发生直接接触，以在手机上留下指纹信息，指纹信息容易被窃取。

（3）虹膜识别

虹膜识别是生物认证技术的"宠儿"，由于虹膜识别具有唯一性、安全性、准确性、活体检测等特点，综合安全性能上占据绝对优势。安全等级是目前生物识别中最高的。

唯一性：虹膜识别的设计原理是依据眼睛结构的独特性。人的眼睛由巩膜、虹膜、瞳孔晶状体、视网膜等部分组成。虹膜是位于黑色瞳孔和白色巩膜之间的圆环状部分，其包含有很多相互交错的斑点、细丝、冠状、条纹、隐窝等的细节特征，如图4-34所示，虹膜在胎儿发育阶段形成后，在整个生命历程中将是保持不变的。这些特征决定了虹膜的唯一性，同时也决定了身份识别的唯一性。

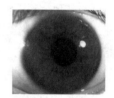

图 4-34　人眼的虹膜

安全性：虹膜只有在红外线照射的情况下才会显现，生物体死亡，虹膜也会发生变化，故虹膜这个生物特征被盗取的概率微乎其微，这就保证了较高的安全性。

准确性：虹膜测定技术可以读取 266 个特征点，而其他生物测定技术只能读取13～60个特征点。根据富士通公司的数据显示，虹膜识别的错误识别可能为 1/1500000，而苹果 TouchID 的错误识别可能为 1/50000，虹膜识别的准确率是当前指纹方案的 30 倍。而虹膜识别又属于非接触式的识别，识别非常方便、高效，几乎能够实现100%的识别率。

基于生物特征的唯一性、安全性及准确性，因此，可以将眼睛的虹膜特征作为识别每个人身份的标准。

需要使用虹膜识别的场景对于安全性的要求会比较高，如在特殊行业的考勤与门禁、工业控制等领域更常见，随着技术革新，在金融、医疗、安检、安防领域也有所涉足。另外，在产业链方面，国内也已经形成了成熟的产业链体系。国内在虹膜识别领域代表公司有中科虹霸、聚虹光电、武汉虹识、释码大华等。

相比其他生物识别技术来说，虹膜识别有很多的优势。不过其问题在于，虹膜识别的应用成本也与其技术难度成正比，这也在一定程度上阻碍了其进入普通消费类市场。例如，目前采用虹膜识别最具代表性的就是三星手机，如图4-35所示，验证时虹膜识别传感器无须与人体发生接触，但在全面屏设计的情况下采用虹膜识别，就需要研发人员能在手机前面板上安装一款能识别虹膜的高素质红外相机。

图 4-35　三星手机虹膜识别功能

2．文字识别分析

计算机文字识别，俗称光学字符识别（Optical Character Recognition，OCR），文字识别是指利用光学技术和计算机技术把印在或写在纸上的文字读取出来，并转换成一种计算机能够接受、人又可以理解的格式，这是实现文字高速录入的一项关键技术。

目前，海康威视研究院预研团队基于深度学习技术的 OCR（Optical Character Recognition，图像中文字识别）技术，刷新了 ICDAR Robust Reading 竞赛数据集的全球最好成绩，并在互联网图像文字、对焦自然场景文字和随拍自然场景文字三项挑战的文字识别任务中取得第一。文字识别分析的应用场景也较多，目前文字识别分析会运用到以下场景。

（1）卡片证件识别

卡片证件识别技术结构化识别各类卡片证件，包括身份证、银行卡、驾驶证、行驶证、护照、名片等，如身份证识别，可运用该技术识别身份证正反面的文字信息。图 4-36 展示的是读取身份证信息的界面。

图 4-36　读取身份证信息

（2）手写字体识别

手写字体的样式比较多，细分手写识别样式能使系统对手写汉字和手写数字进行识别，手写识别在输入法软件中也较为常见，如图 4-37 所示，在手机上写下文字，输入法就能够识别用户输入的文字。

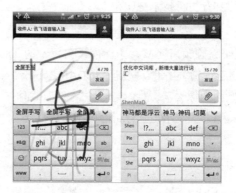

图 4-37　手写字体的识别

该技术除了有图像的手写字体识别功能，还衍生出了很多其他应用，如针对网络图片文字的识别，并针对网络图片进行了专项优化，可以用于识别一些网络上背景复杂、字体特殊的文字；在表格文字识别中，此技术可结构化识别表格内容，解决在表格识别过程中结果没有结构化的现象，如可自动识别表格线及表格内容，结构化输出表头、表尾及每个单元格的文字内容，而且提交图像后便可实时获得返回结果；此技术可用于通用票据识别，支持对医疗票据、保险保单、银行兑票、购物小票、的士发票等各类票据进行识别；可用于数字识别，识别并返回图片中的数字内容，适用于手机号提取、快递单号提取、充值号码提取等场景。

3．图像识别分析

计算机视觉技术运用在图像识别分析中，可以分为动态视频识别分析和静态图片识别分析。动态视频识别分析具体应用在视频监控领域，例如，道路车辆行为分析、人群密度客流分析、行人行为分析跟踪、物体分析定位等，图像识别技术通过结构化的人、车、物等视频内容信息进行快速检索、查询。这项应用使公安系统在繁杂的监控视频中搜寻到罪犯有了可能，另外在大量人群流动的交通枢纽，该技术也被广泛用于人群分析、防控预警等。

（1）案例：静态图片识别

静态图片识别分析体现在以图搜图、场景识别、服装识别、商品识别等应用中，如图4-38所示，百度图片搜索就可提供以图搜图的功能，免去用户要用复杂的语言进行描述的烦恼，是典型的静态图片识别应用。

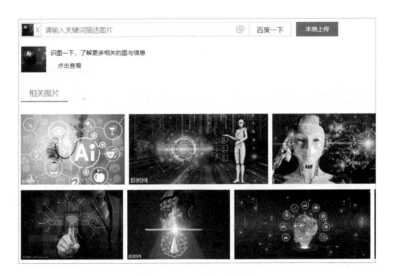

图4-38　相似图片搜索

（2）案例：医疗图像识别

医疗影像诊断数据中有超过 90%的数据来自医疗影像。医疗影像领域拥有孕育"深度学习"的海量数据，医疗影像诊断可以辅助医生，提升医生的诊断效率。

2015 年 4 月，IBM 公司成立了 Watson Health 部门，在 HIMSS17 大会上 Watson Health 部门公布了 IBM 公司的第一个认知影像产品 Watson Clinical Imaging Review，该产品可检查包括图像在内的医疗数据，以提供更好的医疗服务。

腾讯首次将 AI 应用到医学领域的尝试，是推出了产品"腾讯觅影"，基于医学影像分析技术，在辅助医生筛查食管癌、肺结节、宫颈癌等领域均已落地。"腾讯觅影"已应用于国内 100 多家三甲医院，医院通过共建人工智能联合医学实验室的形式，推进 AI 在医疗领域的研究与应用。截至 2018 年 7 月，"腾讯觅影"已累计辅助医生阅读医学影像超 1 亿张，服务 90 余万患者，提示风险病变 13 万例。如图 4-39 所示，"腾讯觅影"提供的糖尿病视网膜病变智能系统，其对数十万张糖网分期数据进行学习分析，力求打造糖网智能筛查功能，用于糖网早期筛查和辅助临床糖网分期诊断。

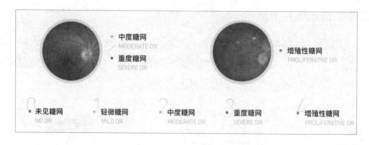

图 4-39　糖尿病视网膜病变智能系统

4．综合应用

计算机视觉除了针对图像进行识别和分析，目前也会结合其他人工智能技术进行综合应用。

（1）案例：运用"深度学习"描述照片

让图像带有文本描述是非常有价值的，然而使用人力标注显然不现实，而随着"深度学习"技术的发展，使用机器为图像自动生成准确的文本描述成为可能。图像描述任务涉及拍摄图像、分析其视觉内容、生成文字描述等几个方面。好的图像描述需要全面的图像理解，因此描述任务对于计算机视觉系统来说是一个很好的测试平台，对图像搜索和帮助视觉障碍者查看世界等应用而言，是非常有意义的。

图 4-40 显示了人工智能进行图像描述的过程。

① 场景分类。使用计算机视觉技术对场景类型进行分类，可检测图像中存在的对象，预测它们之间的属性关系，并识别发生的行为。

② 生成阶段。将检测器输出转换为单词或短语，然后使用自然语言生成技术将这些结合在一起以产生图像的自然语言描述。

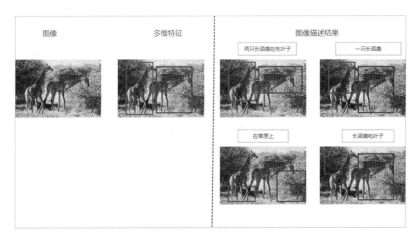

图 4-40　图像描述过程

如图 4-41 所示，图像描述还可以应用到娱乐产品领域，猎豹移动 2017 首届移动黑客马拉松比赛中的冠军项目"把我唱给你听"便是一个图像描述的产品应用，用户上传 1~4 张图片后，计算机视觉技术会根据图片内容，智能匹配出与图片相对应的几首背景音乐方案，并自动生成带有背景音乐的海报照片。

图 4-41　"把我唱给你听"产品截图

（2）案例：提高模糊图片的分辨率

每天都有数以百万计的图片在互联网上被分享、存储，用户借此探索世界，研究感兴趣的话题，或者与朋友家人分享假期照片，但问题是有大量的图片被照相设备的像素所限制，或者在手机、平板或网络的限制下降低了画质。2014 年，Dong 等人首次将深度学习应用到图像超分辨率重建领域，他们使用一个三层的卷积神经网络学习低分辨率图像与高分辨率图像之间的映射关系，图 4-42 演示了图片从低分辨率到高分辨率的过程，自此，在超分辨率重建领域掀起了深度学习的浪潮。

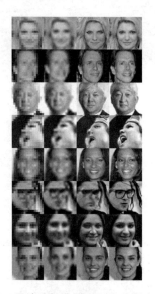

图 4-42　图片从低分辨率到高分辨率的过程

提升图像分辨率的最直接的做法是对采集系统中的光学硬件进行改进，但这种做法受到制造工艺难以大幅改进、制造成本十分高昂等约束。深度学习可以进行分辨率重建，将给定的低分辨率图像通过特定的算法恢复成相应的高分辨率图像，随着人工智能的不断发展，深度学习可再在视频图像压缩传输、医学成像、遥感成像、视频感知与监控等领域得到广泛的应用与研究。

（3）案例：神经网络生成高速摄像头

在大多数球类运动比赛中，由于球速过快，除非使用高速摄像头，否则很难捕捉到球的运动轨迹，如图 4-43 所示，2018 年英伟达团队 CVPR-18 论文 Super SloMo 使用深度学习，能将任意视频变为"高清慢速播放"模式，这项被称为 Super SloMo 的工作，使用深度神经网络，对视频中缺失的帧进行预测并补全，从而生成连续慢速回放的效果。

图 4-43　无法捕捉球的运动轨迹

（4）案例：利用"深度学习"的读唇程序 LipNet

据数据显示，大多数人平均只能读对一句唇语的十分之一。唇读很困难，不仅是因为需要仔细观察对方嘴唇、舌头和牙齿的轻微运动，而且大多数唇语信号十分隐晦，人难以在没有语境的情况下进行分辨。牛津大学人工智能实验室、谷歌 DeepMind 团队和加拿大高等研究院（CIFAR）联合发布了一篇论文，介绍了结合"深度学习"技术的唇读程序 LipNet。在 GRID 的语料库方面，LipNet 实现了 93.4%的准确度，超过了经验丰富的人类唇读者之前的 79.6%的最佳准确度。研究人员还将 LipNet 的表现和听觉受损的会读唇的人的表现进行了比较，平均来看，他们可以达到 52.3%的准确度，LipNet 在相同句子上的表现是这个成绩的 1.78 倍。

（5）案例：机器的艺术创作

2016 年，谷歌举行了一场"人工智能作家"的画展，其中谷歌展出的 Deep Dream 艺术生成器，是一款在线艺术创作软件，它可以把两张完全不相干的图片进行融合，取第一张图片的内容，和第二张图片的风格，融合生成新的图片。有人称这些机器做的画为"机器之梦"，如图 4-44 所示。

图 4-44　Deep Dream 创作的作品

目前市场上也出现了很多运用机器学习算法对图像进行处理的案例，此技术可以实现对图片的自动修复、美化、变换效果等操作，并且越来越受到用户青睐。全球知名的数字媒体编辑软件供应商 Adobe，也加入了人工智能的大潮，发布了旗下首个基于"深度学习"和"机器学习"的底层技术开发平台——Adobe Sensei。

在计算机视觉领域，还有许多场景的应用，如智能驾驶。随着汽车的普及，汽车领域已经成为人工智能技术非常大的应用投放方向，但就目前来说，我们想要完全实现自动驾驶或无人驾驶，距离技术成熟还有一段路要走。不过利用人工智能技术，汽车的驾驶辅助的功能及应用已越来越多，这些应用多半是通过计算机视觉和图像处理技术来实现的。驾驶辅助应用场景包括车辆及物体检测碰撞预警、车道检测偏移预警、交通标识识别、行人检测等。在三维图像视觉方面，主要是对于三维物体的识别，应用于三维视觉建模、三维测绘等领域，如三维机器视觉、三维重建、三维扫描、工业仿真等；在工业视觉检测方面，机器视觉可以快速获取大量信息，并进行自动处理；在自动化生产过程中，人们将机器视觉系统广泛地用于工况监视、成品检验和质量控制等领域。机器视觉系统的特点是提高生产的"柔性"，运用在一些危险工作环境或人工视觉难以满足要求的场合，此外，在大批量工业生产过程中，机器视觉检测可以大大提高生产效率和生产的自动化程度。

4.4.4　计算机视觉面临的挑战

1. 计算机视觉存在的问题

计算机视觉在落地过程中依然会碰到许多问题，具体存在的问题包括如下几点。

（1）图像采集设备的局限

图像采集硬件的水平不一，在真实场景中硬件的性能可能无法达到预想的效果，摄像头清晰度不够高、硬件计算能力是否能够保障、网络信号和速度的情况都会影响计算机视觉产品的落地。例如，利用视频监控人流信息，如果网络速度影响图像采集，对于人群运动的预估就可能会出现滞后。

（2）场景不可预估

识别算法是否可以应用到所有场景？信噪比、对比度千差万别、图像有遮挡、运动状态图片会模糊、不同天气的光线差异导致图像亮度不同，这些因素对图像识别都有重要影响。

2. 人脸识别应用的图像指标

计算机视觉艺术在不同的应用场景中会面临不同的挑战，如在人脸识别的应用中，还有许多图像指标需要考虑。

（1）图像大小

人脸图像过小会影响识别效果，人脸图像过大会影响识别速度。非专业人脸识别摄像头常见规定的最小识别像素为 60px×60px，通常在规定的图像大小内，算法更容易提升准确率和召回率。图像大小反映在实际应用场景就是人脸离摄像头的距离。

（2）图像分辨率

越低的图像分辨率越难被系统识别。图像大小综合图像分辨率，直接影响摄像头的识别距离。现 4K 摄像头看清人脸的最远距离是 10 米，而 7K 摄像头是 20 米。

（3）光照环境

过曝或过暗的光照环境都会影响人脸识别效果。我们可以从摄像头自带的功能补光或滤光来平衡光照影响，也可以利用算法模型来优化图像光线。

（4）模糊程度

实际场景主要着力解决运动模糊的问题，人像摄影在摄像头的移动过程中经常会产生模糊图像，部分摄像头有抗模糊的功能，而在成本有限的情况下，我们考虑通过算法模型来进行图像优化。

（5）遮挡程度

我们总希望获得五官无遮挡、脸部清晰的图像。而在实际场景中，很多人脸都会被帽子、眼镜、口罩等遮挡物遮挡，这部分数据需要根据算法要求决定是否留用训练。

（6）采集角度

人脸识别以识别正脸为最佳，但在实际场景中往往很难抓拍正脸，因此算法模型需训练包含左右侧人脸、上下侧人脸的数据。工业施工上摄像头安置的角度，需满足人脸与摄像头构成的角度在算法识别要求的范围内。

3. 其他指标

计算机视觉除精确率和召回率值得关注外，还有其他具体的指标需要关注。

① 误报率：是非常重要的指标。例如家用机器人或摄像头，可能会常开人脸检测功能且容易误报（没有异常情况但频繁报警），这样会非常影响用户体验，再如实时监控寻找某个罪犯时，在同一个时间，多个地点都发现了这个"罪犯"的影像，这显然表明此技术是不够"成熟"的，因此误报率会是这类场景的重要指标。

② 速度：除了算法识别需要消耗一定时间外，该局域网下的网速也会影响到识别结果输出的速度。

③数据库架构：通过检索结果关联结构化数据。

④阈值的可配置性：在界面设置阈值功能，从产品层面输入阈值后，改变相对应的结果输出。

⑤输出结果排序：根据相似度排序或结构化数据排序内容进行抉择。

⑥云服务的稳定性。

此外，在计算机视觉的工作中，有一项重要的工作是图像获取，这并不是简单地拍摄图像即可，人工智能模型大多是有监督学习，因此在计算机视觉的工作流程中，还有很大一部分工作是进行图像数据的标注工作。

图像的标注数据缺失一直是各大运用计算机视觉研发产品过程中的巨大困难，数据量越大，系统就会越智能，然而现阶段很难保存这样的数据，市场在很长时间内都需要人工训练集。一家总部位于旧金山的公司正是提供图像数据标注服务，客户包括谷歌、微软、Salesforce和雅虎。图 4-45 所示为对图像的标注示例。

图 4-45　图像被精心标注，包括车辆和道路

SAMASOURE 图像标注数据将帮助系统自动"识别"现实世界中的物体，以自动驾驶为例，这意味着系统可以开始"识别"现实世界中的物体了。为了能够建立训练数据集，需要将信息尤其是图像处理为一种计算机可以识别的格式，人工标记上传图片中几乎所有的内容，包括人、车辆、交通标识、道路标记甚至是天空，如标记其能见度是晴天还是多云，这样数百万个类似的图像将存入人工智能系统中。

4.5　机器人的产品应用

不同于人工智能在感知层面的产品应用，机器人是一个非常特殊的领域，因为与一般的人工智能产品应用技术不同，机器人涵盖的技术领域更广，它不仅包含人工智能具体的感知类技术，更需要结合控制学、动力学、力学等多项学科，现在的机器人领域还有很多技术问题没有得到解决，所以暂时不可能看到科幻电影中的那种通用机器人，但目前在市场中都会看到机器人在商业的落地应用。

4.5.1 室内服务机器人

室内服务机器人指的是主要在室内环境中为人类提供服务的机器人,例如,公共服务机器人、家居环境的扫地机器人等室内服务机器人。

1. 公共服务机器人

公共服务类机器人在 2017 年机器人大会上开始崭露头角。这种类型的机器人可以广泛运用到商场、银行、博物馆、医院、政务大厅等需要开放引导的领域。公共服务机器人进入实际商用应用后,能为企业、政府及其他公共机构提供机器人服务。

机器人"娇娇"是中国首个大规模投入到银行业中的实体机器人,如图 4-46 所示,她是国内首个全面获准进入金融领域的智慧型服务机器人,被网友称为"史上最萌大堂经理"。憨态可掬的样子、优美自然的声音、机智趣味的回答赢得了用户的喜爱。机器人"娇娇"所使用的系统中所搭载的各项交互技术都是最新的人工智能技术,整合了包括语音识别、语音合成和自然语言理解技术。

在 2019 年的 CES(国际消费电子展)NAVER LABS 将展示一种名为 AROUND 的自主导引机器人,如图 4-47 所示。这款产品主要设定的目标环境是在商场、机场和酒店等大型室内空间,并能通过 AR 导航为人类提供行走指引,NAVER 的机器人平台提供高精度的室内地图、视觉和传感器定位服务,有精确的位置感知功能,能够以最佳路线来引导用户到达目的地。

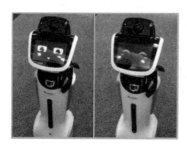

图 4-46 银行大厅机器人

图 4-47 NAVER LABS 的 AROUND 机器人

服务类机器人能够呈现丰富多变的表情和话术,建立起人机交流场景,能够利用人工智能技术分析客户的使用模式,从而不断学习和改善自己的表现,实现人工做不到的多媒体营销活动，也能替代或辅助人工做咨询、分流及导购的工作，甚至完成更复杂的任务。

2．扫地机器人

扫地机器人是智能家用电器的一种，它能凭借一定的人工智能，自动在房间内完成地板清理工作。扫地机器人一般采用刷扫和真空方式，将地面杂物吸纳进入自身的垃圾收纳盒中，从而达到地面清理的效果。

扫地机器人最早在欧美市场进行销售，随着国内生活水平的提高，逐步进入国内家庭。图 4-48 所示的扫地机器人可以将床底、柜子底等家中难打扫的边边角角打扫干净。

图 4-48　扫地机器人

扫地机器人由微电脑控制，可实现自动导航并对地面进行清扫和吸尘。由于扫地机器人的控制与工作环境往往是不确定的或多变的，因此必须兼顾安全可靠性、抗干扰性及清洁性。扫地机器人用传感器探测环境、分析信号，以及通过适当的建模方法来理解环境，具有特别重要的探索意义。目前扫地机器人主要运用的关键技术包括传感技术、智能控制技术、路径规划技术、扫地技术、电源技术等。

室内机器人综合运用人工智能技术，能够在相对稳定的室内环境为人类服务。在 2019 年的 CES 会上，还出现了陪伴机器人、教育型机器人、睡眠机器人等，不同类型的机器人正在走入人类的生活。

4.5.2　室外运作机器人

室外运作机器人主要是指被人们投放在室外环境中，自主完成任务的机器人。不同于室内环境，室外的环境会更加复杂，安防机器人和运输类机器人是典型的需要面对更加复杂环境的机器人。

1. 安防机器人

安防机器人是服务机器人行业的一个细分领域。从使用场景上说，安防机器人应用的场景包括机场、仓库、园区、危化企业、银行、商业中心、社区等需要巡检和安全防护的公共区域。

传统的安防基本是靠人力保障的，如今这种重复性高、简单的工作岗位比较适合安防机器人担任。安防机器人能够实现 24 小时全天候运转，据统计，1 个安保巡逻机器人可以抵上 3 个安保人员执行巡逻任务。不过，目前安防机器人上不能完全取代人力，其要完成的主要任务还是要在人类的完全控制下，协助人类完成安全防护工作。未来协助人类解决安全隐患、巡逻监控以及灾情预警等成为安防行业对机器人提出的基本要求，人们希望在险情发生前或发生时机器人能够很快到达现场，这在危险场景下是极为必要的。

目前在"机器人+安防"领域应用最多的是安保巡逻机器人，从目前重点厂商的产品来看，绝大多数产品都具备自主巡航、自动避障、视频监控、人脸识别系统、实时定位以及红外热像功能，另外根据产品应用不同还具备载人设施、抛投装置等。

其中核心功能自主巡航主要依靠高精度编码器累计机器人自主运动位置，通过高精度的电子罗盘获取机器人航向信息，并通过航位推算计算机器人位置信息，然后实现高精度惯性巡航。另外，机器人携带多路传感器，能够在复杂的环境中自主定位，可通过深度优化的避障算法，感知周围的实时环境变化，绕开规划路径中的障碍，选择最优的线路前进，最后达到目标点。

2018 年新加坡推出安防机器人 O-R3，它是首款侦查范围覆盖地面和空中的户外安全机器人，如图 4-49 所示，这款机器人在自动驾驶时，还配备了一架无人机，当发现入侵者后，它不仅能追踪入侵者，而且还能时刻汇报他们的位置，将图像传输到监控后台，实现 24 小时监控。

安防机器人 O-R3 的视频监控功能主要是依托自身搭载的高清摄像头，在行进过程中，能够实时传送图像到控制室大屏幕上，完成异常报警任务，同时将图片保存、上传至后台管理中心。安防机器人搭载的智能算法模块可以实现人脸识别，同时机器人还可以搭载红外热

图 4-49　安防机器人 O-R3 巡逻过程

成像模块,使摄像机可在夜间或恶劣环境下实现全天候监控。可以说安保巡逻机器人集成了全景视频监控、环境感知及智能分析等功能,既可以实现多机协同工作,完成重大任务,也可以作为安保人员执行巡逻任务的辅助工具。

2. 运输类机器人

运输类机器人的核心任务是将物品准确地送至人的手中,所面对的任务比服务类机器人会更加复杂。如今,快递到家、送餐到家成为当今服务业的发展趋势,由线上调度、线下交付的配送体系正在迅速构建。据公开数据显示,仅外卖配送市场,每天的配送量达到了惊人的数量,并且整个即时配送市场的数量依然处于高速增长的阶段。但是目前线下配送依然是人力密集的环节,随着人力成本的飙升与业务量的增长,人们也在考虑使用无人配送机器参与配送过程。

(1)亚马逊:无人机送货

亚马逊是较早提出使用无人机配送的企业之一,在 2018 年 3 月,美国专利商标局授予亚马逊公司一项关于无人机配送的新专利,再次引发关注。亚马逊的目标之一是开发一款无人驾驶飞行器,在 30 分钟或更短的时间内向客户运送包裹,如图 4-50 所示。据公开资料显示,亚马逊的无人机可以根据一个人的手势——如竖起欢迎的大拇指、喊叫或疯狂的挥动手臂,来调整自己的行为,因此无人机在运货过程中,如果用户给出"欢迎"的手势,无人机将会把手势理解为投递包裹的指令。另外,无人机还可以从空中释放带有额外填充物的箱子,帮助用户寄送其他物品。

图 4-50 亚马逊的无人送货机

无人机送货带来的不光是便利,当前也有报道称无人机送货过程中会产生巨大的噪声，这也是相关科技企业需要去解决的具体问题。

（2）京东：无人快递

早在 2016 年 9 月，京东集团就宣布由其自主研发的中国首辆无人快递配送车已经进入路测阶段，有望进行大规模商用，如图 4-51 所示。京东无人配送车可以实现针对城市环境下办公楼、小区等订单集中场所进行批量送货，将大幅提升京东的配送效率。

无人物流配送车主要在特定区域内按固定路线缓慢行走，其使用环境看似简单，但是在具体运送过程中，由于路边树木建筑较多，常常会造成卫星定位失效，且路上行驶环境复杂，常有自行车、电动车经过，如果不受交通秩序的约束，极容易产生较多突发性事故，因此无人物流配送车的实际交通行为非常复杂。

公开资料显示，京东无人配送车最高时速不超过 10 千米/小时，体积最大的无人车单次充电续航可以达到 50 千米以上。目前这些无人配送车还在试运营的早期，许多技术细节仍有待调整。

除电商领域外，无人配送车也应用于外卖领域，如图 4-52 所示，美团同样推出无人配送车用于外卖配送。

图 4-51　京东无人快递　　　　　图 4-52　美团无人配送车

"无人配送"可以作为提升效率的工具使用。公开资料显示，每个无人配送车每次最多可运送 10 单，运送时间都在半小时之内，20 多辆无人配送车一天的配送量超过了 1000 单。在校园这种相对简单的场景中，无人配送车已经接近骑手的配送效率了。

"无人配送"领域也有很多企业参与进来并生产了很多产品，包括蜗必达、优地、Segway 配送机器人、Roadstar、AutoX 等，这些产品的服务范围覆盖了酒店、餐馆、医院等众多日常生活服务场景。

4.5.3 仿生机器人

"仿生机器人"是指模仿生物、从事生物特点工作的机器人。不同于模仿人类的感知行为,动力仿生机器人是人工智能领域一个比较独特的领域,它不是在模仿人类的感知行为,而是模仿人类乃至生物的运动机能。近年来,仿生科技正在快速发展,尤其是在机器人领域,从蜘蛛到鸟类,各种生物为技术进步提供了源源不断的灵感,仿生科技也成为机器人技术发展最快的领域之一。

1. 模仿人类运动的机器人

美国的波士顿动力公司尤其引人关注,该公司在 2018 年发布了一段机器人运动的视频,在网络引发极大关注。图 4-53 所示为一个名为 Atlas 的人形机器人,在凹凸不平的草地上奔跑,步伐矫健而平稳,当遇到一段横在地上的木头时,它还能一下子跨越过去。

图 4-53 人形机器人在草地上奔跑

让人感到惊奇的是,当人们对机器人的印象还停留在用轮子走路或只能保持站立时。如今,波士顿动力机器人的动作自然协调,并且除了奔跑,还能轻松完成旋转、跳跃、后空翻等一连串高难度动作,它后空翻后的落地动作甚至比专业体操运动员还要稳。在一项实验过程中,当类人机器人被工作人员有意推倒时,机器人自己会缓缓地从地上爬起来,给人留下一种仿佛是真人的印象。

让机器人能够像人类的身体一样自然运动,这家公司实际上也经历了近20年的研究,图 4-54 所示为波士顿动力公司的仿生机器人"大家族"。为了能够让机器人像人类一样运动,研究人员需要研究人体运动机能,人体运动机能包括 5 个主要组成部分:身体结构、肌肉系统、感官系统、能量源和大脑系统,这分别对应了机器人的机械身体、活塞系统、传感器、电源及计算芯片,机器人的设计师必须了解人体运动的所有机能,并将这一信息编入机器人的计算机中,最终实现机器人的运动。

图 4-54　波士顿动力公司的仿生机器人"大家族"

这些机器人在技术上非常先进,运行的方式也非常接近真实的动物和人,但它们仍存在着诸多限制。例如,它们虽然具备一些智能学习能力,可以自主地处理一些任务,但它们仍然无法完全脱离人为的控制和指导,大部分时候它们其实仍处于一个被遥控的状态。这就使这些机器人在应用层面不免要遇到一些问题。它们或许能够穿越野外的一些环境,可以爬楼梯,并进入指定的房间拿起重物,但面对那些具备一定复杂度的真实场景,想要依赖这些机器人在应用层面去解决实际问题时,仍然非常困难。在与众多机器人相关的技术公司里,波士顿动力的核心特点在于,他们始终将"仿生"看作机器人设计的最高宗旨,这既是波士顿动力的特点和优势,也可能会是它发展过程中的瓶颈和障碍。

2. 模仿动物运动的机器人

除了模仿人类的机器人,还有许多公司将眼光看准了其他生物,因为尽管人类已经借助科技的力量改变了世界,但许多技能仍然为人类所不拥有,很多恶劣的环境仍然是人类无法克服的,所以人们将眼光看向了经过大自然的选择的生物,这些生物具有人类所不具备的独特"技能",也能够在人类难以触及的地方生存。

在模仿动物机器人领域,各种生物为技术进步提供了源源不断的灵感,因此便出现了很多模仿动物机能的机器人。

(1) 微型机器鱼

瑞士洛桑联邦理工学院的研究人员发明了一种微型机器鱼,如图 4-55 所示,它可以与斑马鱼鱼群一起游泳。该机器鱼长 7 厘米,其颜色、形状、比例和条纹图案都与斑马鱼十分相似。

图 4-55　外形小巧的微型机器鱼

为了让机器鱼融入鱼群，研究人员还研究了鱼类的行为，包括线速度、加速度、振动、尾部运动节奏，鱼群规模以及个体游泳距离等。通过与斑马鱼群共同游泳，机器鱼就像一名特工一样，可以学习鱼类的交流与运动方式，并改善自身的游泳机制。

（2）软体机器鱼

麻省理工学院计算机科学和人工智能实验室的研究人员开发了一款软体机器鱼 SoFi，如图 4-56 所示。机器鱼的背部和尾部由硅胶和柔性塑料制成，通过一个泵以交替顺序将水送入两个隔膜的方式实现鱼尾的左右摆动，从而使其能以近乎自然的方式在水中游动。SoFi 的头部由 3D 打印机打印而成，并配备了鱼眼镜头，可以捕捉水下其他鱼类的高分辨率照片和影像。

图 4-56　软体机器鱼 SoFi

（3）电子袋鼠

Festo 公司是一家专业从事工业自动化研究的知名企业，在相当长的一段时间内，该公司致力于将袋鼠跳跃技能重现到机械装置上。目前最新推出的这款袋鼠机器人，克服了此前遇到的不稳定及易爆等缺陷，而最终在电子器械拼装上成功地实现了袋鼠这种动物的跳跃技能，如图 4-57 所示。

图 4-57　电子袋鼠

据悉，这款名为"电子袋鼠"的机器人实为气动系统所控制，通过它腿部的电子"肌腱"，结合气体力学弹簧，可以帮助它精确平稳地奔跑、着地。在触地爪部内层的压缩空气的推力作用下，"电子袋鼠"可实现向上、向前的跳跃动作，腿向后蹬，袋鼠机器人就能够前进，而在空中的时候，其又会收回到前方。这款机器人每完成一次跳跃动作，其爪部便会储存空气能量以备继续下一次的跳跃动作。为了支持这系列动作的持续，研发人员在"电子袋鼠"两只触地的支撑脚上安装了固定的弹簧装置，以此来模仿真实袋鼠动物脚上的蹄筋，为一次又一次的跳跃动作起到缓冲作用。

仿生机器人虽然在商业应用中的价值还有待商榷，但却具备未来的研究价值，是人类将人工智能从弱人工智能推向强人工智能过程的有益探索。

本章小结

从 2016 年开始，人工智能始终是产业发展的热点，但是人工智能的发展不可能在短期内一蹴而就，整体来说，人工智能的发展还处在初级阶段。目前来看，人工智能的产品应用还主要集中在感知智能层面，包括语音识别、自然语言处理、语音合成和计算机视觉 4 个方面，人们通过赋予机器感知能力，来提升整体的效率。除了人工智能的感知能力外，人工智能在人运动能力的模仿上也有较好的成果。人工智能的每一个应用，AI 产品经理都应该能够理解技术的基本原理，了解产品的应用方式以及未来的发展前景。

（1）听——语音识别

语音识别是赋予机器具备"听"的能力，同时语音识别是语音交互的第一步，因为机器首先需要能够接收到声音。语音识别能够识别大量词汇，需要研发者有效地利用语言学、心理学及生理学等方面的研究成果，现阶段的科学技术对人类生理学，如听觉系统分析理解功能、大脑神经系统的控制功能等的研究对于语音识别的应用都会有启发和帮助，并且语音识别系统从实验室演示系统向商品的转化过程中还有许多具体细节技术问题需要解决。语音识别让用户可以不局限于手机终端，而是在智能家居、驾车场景、智能音箱等场景中实现交互运用，需要注意的是由于每个场景不同，语音识别的产品仍然要特别关注设计细节，如语音唤醒、回声、噪声等。需要说明的是，现阶段许多语音识别产品提倡"先慢而准，然后提速"模式的运用，因此 AI 产品经理需要平衡技术限制和产品设计之间的关系，把握好语音识别系统的应用场景。

（2）读——自然语言处理

自然语言处理是赋予机器具备"读"的能力，所谓读是要求机器能够理解人所表达的意思，最终目标是缩短人类交流（自然语言）和计算机理解（机器语言）之间的差距。理解自然语言处理，需要了解句法学，知道给定文本的哪部分是语法正确的；语义学，知道给定文本的含义是什么；语用学，知道文本的目的是什么；词态学，明白单词构成方法及相互之间的关系；音韵学，明白语言中发音的系统化组织。自然语言处理的应用已不仅仅在于文本的理解，甚至在机器翻译、关键词提取等方面也发挥着巨大的作用。

（3）说——语音合成

语音合成技术是赋予机器具备"说"的能力，其本质是将人类的语音以人工的方式贯穿于语音交互的整个环节中，如果说语音识别技术是让计算机学会"听"人的话，将输入的语音信号转换成程序可识别的文字，那么语音合成技术就是让计算机程序把我们输入的文字"说"出来，将任意输入的文本转换成语音输出。语音合成技术是机器给人类的反馈，语音合成同样涉及声学、语言学、数字信号处理、计算机科学等多个学科技术，实现方式主要包括参数法和拼接法，在趋势上也不断追求语音合成的自然度。语音合成产品主要还是集中在智能客服、电子阅读、智能助手类产品中。

（4）看——计算机视觉

计算机视觉技术赋予机器具备"看"的能力，让计算机代替人眼对目标进行识别、跟踪和测量，并进一步做出图像处理。计算机视觉的具体技术包括对象监测、图像分类、目标跟踪、图像分割和综合应用，基于此会衍生出非常多的应用。计算机视觉实际上也是是一个跨领域的交叉学科，除了我们理解的计算机以外，同样涉及物理学、生物学、心理学等。计算机视觉应用中最常见的生物识别已经开始走进人们的生活场景，而计算机视觉的应用，也在不断突破人眼识别的极限。

（5）运动——机器人

机器人是人工智能多项技术的综合应用。按照机器人所处工作环境和形态，可以分为室内服务机器人、室外运作机器人和仿生机器人。室内服务机器人能够为人提供咨询服务，帮助人类完成重复性工作；室外运作机器人中的安保机器人代替人完成安保工作，而运输类机器人则会结合计算机视觉与最优策略，在复杂环境中完成更加高难度的运输任务；仿生机器人显然还有很长的路要走，但能够惟妙惟肖模仿人类的动作已经成为现实，同时模仿动物的机器人也为人类提供了更多的想象空间。虽然人们对仿生机器人的商业化发展道路还存在很多质疑，但前沿科学的意义就在于探索未来的可能性。

　　人工智能技术已经具备的能力，需要我们综合应用才能发挥其更大的价值，AI产品经理需要在深入理解人工智能技术的基础上，真正结合业务，懂得什么能做、什么不能做、什么可以换一种方法做。对于 AI 产品经理来说，要充分利用技术发展，脚踏实地设计出更加合理的产品方案。

第 5 章

产品内功：树立 AI 产品的方法论

AI 产品经理在企业或团队中的价值，主要体现在其推进产品真正地落地上。人工智能未来的发展趋势愈发明显，但从长远来看，人工智能行业的变现会比其他行业滞后。由于人工智能需要投入大量的研究成本，这意味着市场中大多数人工智能项目，如果没有清晰的商业模式，在短时间内可能很难回收成本。人工智能的应用，目前的重要价值主要体现在对垂直行业的赋能上，面对变现滞后的巨大挑战，这时 AI 产品经理的每一个决定就显得更加重要了。AI 产品经理只有精准地理解产品所处的阶段，才能更好应对快速变化的技术与市场，这考验的不仅是 AI 产品经理对于技术的理解，更重要的是其对人工智能应用行业和业务的理解力。

AI 产品经理在面对各种各样的需求时，只有具备战略高度的大局观，才不至于失去方向；具备对用户的同理心，才能了解用户真正需要的产品，不至于顾此失彼；具备数据思维，尤其是数据评估的能力，才能够更好为产品功能提供保障；具备理性评估价值的能力，才能在面对多个需求时做好优先级评估，并设计通用灵活的产品架构，这些素质是 AI 产品经理的内在思维，也是 AI 产品经理的方法论。

5.1 大局观：产品的定位和方向

如果团队有机会接触到一个尚处于萌芽阶段的产品，那么团队定义此产品的大方向就是一件非常重要的事了，所谓"万事开头难"，产品的方向至少是某一阶段内团队共同奋斗的目标，如果产品方向不正确，就可能导致产品定位失败。

有人认为确定产品定位是一件比较虚无缥缈的事情，喜欢一上来就投入具体的工作过程当中。其实不然，尤其在人工智能领域，到处是机会，但也隐藏着各种风险，AI产品经理需要思考产品的整体定位和规划，才能清楚哪些事必须做，哪些事不着急做，哪些事不必做。

5.1.1 市场、产品、团队的初步考察

无论接触到的是一个陌生的项目，还是企业内部孵化的项目，我们往往可以从市场、产品和团队三个方面对其进行初步的考察与评估，从而决定接下来所做的事是否具备真正的价值，再去制订产品路线的整体规划。

1. 市场：决定产品的上限

一个产品始终是要接受市场考验的，它决定了产品能够发挥的上限，人工智能的应用往往需要切入已有的市场，这时选择切入市场的好坏，在一定程度上决定了产品成功的上限，对市场进行考量的方法有很多，我们可以从以下维度进行市场分析。

市场规模。企业所选择的产品究竟有多大的市场，有多少企业或者用户需要这个产品，包括目标产品或行业在指定时间内的产量、产值等，AI产品经理具体根据人口数量、人们的需求、年龄分布状况、地区的贫富差距对市场进行调查分析，从而制订更合理的市场方案。

市场的结构。企业选择市场切入时，都会找到自己产品所在的位置，通过比对相同位置的企业状况从而了解市场的竞争激烈程度，再通过市场上下游及与核心企业关系来判定生存空间、依赖关系，从而确认企业在市场竞争中是否能找到自身绝对或相对的优势及劣势。

市场的发展前景。企业选择切入的市场发展阶段也是决定市场规模的重要因素，AI产品经理要了解当前市场的培育情况以及市场发展前景，要知道市场的发展前景和增长程度有着密切的联系。

案例：OCR 技术，切入市场的基础服务

光学字符识别（Optical Character Recognition，OCR）技术指的是将图片、照片上的文字内容，直接转换为可编辑文本的技术，OCR 的概念早在 1929 年就被德国科学家 Tausheck 提出来了，甚至早于人工智能的概念。早在 20 世纪六七十年代，世界各国就开始有关于 OCR 的研究，研究初期识别的文字仅为 0~9 的数字。

OCR 技术应用较广泛，"证件识别"是一个通用性的功能，一般来说企业不愿意投入人力和物力去研发一套自己的"证件识别"功能，那么需要通过"证件识别"帮助业务人员提升业绩或防范风险的企业，则需要专门的企业提供可靠的通用服务。正是看准了其中的市场，因此证件识别服务也是大多数的人工智能企业提供的基础服务之一。例如，百度云、商汤科技、腾讯优图等提供的识别技术应用场景，基本都能提供以卡片证照的识别服务，包括结构化识别各类卡片证照，如身份证、银行卡、驾驶证、行驶证、护照名片，甚至支持更多场景、任意版面的文字信息获取，或结合活体检测技术，用于抢占 OCR 的市场。

OCR 技术之所以成为基础服务技术，首先取决于这项技术的成熟，同时证照信息录入在很多业务场景中存在，烦琐的信息录入过程降低了整个环节的工作效率，如果对于结构化的照面信息实现快速读取，显然能够提升效率，因此在还没有多项企业服务竞争的节点，OCR 技术的市场显然是广阔的。

2. 产品：企业价值的根本

产品是企业向用户提供的服务，在策划产品时，我们可以先回答 3 个问题。

① 现在存在什么问题？

② 你的产品如何解决此类问题？

③ 为什么需要你的产品来解决？

我们强调不去自己创造需求，应该在真正的市场环境中解决问题，这个等待解决的问题一般是隐性的，是建立在 AI 产品经理对业务和人性深刻理解的基础上，才能够合理推断出结论来。

案例：科大讯飞在语音识别领域的深耕

当前人工智能类的产品还是"强技术"，即使使用的算法和原理是开放的，但产品的效果还是千差万别的，"企业服务"类的人工智能产品，除了"价格"因素，产品的质量也决定了价值是否能够可持续输出。

在十余年的发展中,科大讯飞曾经的发力点是 C 端产品。科大讯飞曾经针对 PC 交互推出畅言软件,用户可以通过语音完成指令 PC 上的操作,同时将手写和语音结合在一起。但早期语音交互的商业环境并不成熟,同时 PC 端用户对于语音聊天的需求也没那么迫切,最终导致该项目无法持续开展;在教育领域,推出项目"老师家长一线通",该项目通过智能的电话语音系统,解决老师和家长之间的沟通问题,这是目前很多教育类 App 常见的功能;"声动彩铃"系统,是为运营商提供用语音选彩铃的系统,逐步从安徽推广到全国,成为覆盖全国的业务,此后衍生出了基于音乐和彩铃相关的语音业务平台;围绕音乐产品,科大讯飞推出"爱吼网"——在线 K 歌的平台;2002 年开始重点做的教育类硬件产品"会说话的书",使用语音合成芯片,把书的内容读出来。

科大讯飞早年推出多款产品,积累了在语音交互方面的技术经验。在不断地探索中,科大讯飞推出的 2B 服务其中包括"讯飞开放平台",对外提供语音合成、语音识别、语义理解等功能,可以让应用具备"能听、会说、会思考"的功能,同时借助开放平台,以"云+端"的形式向开发者提供语音合成、语音识别、语音唤醒、语义理解、人脸识别、个性化彩铃、移动应用分析等多项服务;2 C 服务包括讯飞输入法、讯飞语记等;硬件类产品包括阿尔法超人蛋(语音学习早教智能启赋机器人)、叮咚音箱等智能硬件产品。

3. 团队:决定企业能做多久

拥有好的市场和好的点子,是否意味着你就能把某件事做好呢?非也,我们大多数人都会看到显性的市场机会,也会有好的点子去解决问题,但是你的团队是否能够真正承担起这个重任,不断地去解决问题呢?我们通常可以从以下 4 个方面去考察团队。

团队的互补性。当人工智能产品从实验室走向市场时,产品能否成功就不仅依赖于技术了,团队中的市场、销售、产品、设计、商务等各方面互补性如何,才体现了这个团队对于产品的把控能力。

团队的目标。团队成员之间有清晰的目标做保证,才能够"劲儿往一处使",团队的共同目标决定了团队的凝聚力。

团队的氛围。人工智能产品落地需要长时间的坚持,团队成员之间的关系和氛围,对于团队能否坚持做完这件事有重要的影响。

团队的成长。面对瞬息万变的市场，人工智能每天都有新技术、新思维产生，只有团队的不断成长才能让企业长期处于上升的态势。

案例：旷视科技——"产学研"技术团队培养

人工智能领域的独角兽企业——旷视科技公司成立于2011年，2017年的C轮融资达4.6亿美元，在当时是全球人工智能领域单轮融资的最高纪录，而这背后，仅靠一个人的力量是不可能做到的，必须依靠一个强大的团队。

在技术方面，旷视科技依赖学术委员会、旷视研究院不断吸收人才，并结合旷视科技商业化的业务，形成"产学研"闭环。创始人兼CEO印奇，高中还没毕业就被清华大学选中，入选"姚期智"的实验班，在"姚班"印奇结识了他现在的另外两位创业伙伴——唐文斌和杨沐。从大二开始，印奇和唐文斌就在微软亚洲研究院实习，参与微软人脸识别引擎的研发工作，参与研发的引擎后来被应用在X-box和Bing等微软产品中。2016年7月，曾在微软亚洲研究院工作了13年的孙剑加盟旷视科技，担任首席科学家，同时担任旷视研究院院长。2017年11月5日，旷视科技宣布组建学术委员会，聘请了中国科学院院士、量子计算专家、图灵奖获得者姚期智担任旷视科技学术委员会首席顾问。根据网络资料显示，旷视科技内部的大量员工也出自"姚班"，共有约600名员工，其中一半以上都是研发人员。

除了一半的科研人员，根据官网招聘岗位来看，旷视科技在产品、设计、测试、商务以及职能部门也开始全面展开招聘，其中从产品经理一职的要求可以看出，旷视科技对产品经理的技术能力也有一定要求，需要其具备计算机视觉、机器学习相关的学习经验。

一个好的团队应该做到能力的相互补充，产品从研发落地到市场推广，这一个生命周期中都应该有代表性人物，实实在在盯住每一个位置，人工智能是"强技术"类的领域，面对激烈的市场竞争环境以及日新月异的技术变化，小团队要学会小步快跑，大团队则要学会灵活前进。

AI产品经理作为团队中的一个角色，无论是面对产品还是其他方面，都可以从市场、产品和团队三个维度进行评估分析。这三个维度也是很好评估一个项目好坏的简单标准，当前人工智能企业主要还是初创型企业，通过以上三个维度也可以评估一个团队的优势。互联网的本质是信息交互，人工智能产业的本质是数据的挖掘和应用，商业的本质是创造价值。

5.1.2 战略制定与拆解——战略房子

战略就是一定时期内产品经理对产品发展方向、发展速度、发展质量及发展能力的重大选择、规划及策略。战略实施的真正目的就是要解决产品的发展问题，实现企业快速、健康、持续发展。如图 5-1 所示，我们可以使用战略房子，来思考产品的战略规划问题。

图 5-1　战略房子

做战略要先想明白：你目前拥有什么、你想要什么、你能放弃什么，其中产品的使命和愿景，就像是产品的灵魂，而且产品很多后续的工作都是围绕产品的使命和愿景来开展的。

1. 产品的使命与愿景

什么是使命？使命是一个产品存在的价值。什么是愿景？愿景是一个产品被期望实现的状态。

产品的使命与愿景是做事的核心，在宏观的使命和愿景下，产品经理能思考自己所做的事是不是真正的有价值。使命和愿景是让团队长期奋斗的"养料"。以阿里巴巴为例，在阿里巴巴的官方网站中，是这样介绍自己的使命的：阿里巴巴的使命是让天下没有难做的生意；阿里巴巴的愿景是：让客户相会、工作和生活在阿里巴巴，并持续发展最少 102 年。在这样的使命和愿景下，就不难理解阿里巴巴的各种措施了，如阿里巴巴通过赋能企业改变营销、销售和经营的方式，提升企业效率；为商家、品牌及其他企业提供基本的科技基础设施及营销平台，让其可借助新技术的力量与客户进行互动,以更具效率的形式开展运营,这些都是围绕实现阿里巴巴的使命和愿景而展开的。另外,也就不难理解,阿里巴巴为此开展的多项业务,包括电商、云计算、数字媒体等项目,并不断构建完善的生态,为消费者及商家提供支付及金融服务。

2.用户价值

AI产品经理需要思考这几个问题:用户是谁?用户的痛点与需求是什么?为什么需要解决这些问题?

我们在思考产品战略规划的过程中,会因为追求产品的商业价值而忽略其使用价值,殊不知正是因为用户的需要,才造就了好的产品。产品可以解决的问题,不需要很多,只要能解决好一个就足够了。

3.核心能力

核心能力是成功的关键因素,是产品应具备的基础能力。在产品战略规划中,AI产品经理想要找到自己的核心能力,应思考两个问题。为什么是你能做成这件事?你具备什么样的能力或资源来做成这件事?

4.评估方法

评估方法是指要明确可量化的评估指标,明白你的每一步动作的价值。在确认产品的目标后,AI产品经理需要设定可量化的指标,来评估自己的动作是否达到了目标,也可以作为动作修正、目标修正的参考。

5.行业最佳实践

行业最佳实践是指行业中最佳的产品有哪些,该产品是如何做到行业最佳的。每个行业的发展都有自己成形的规律,AI产品经理只有了解行业最佳实践,才能了解产品即将面对或所处的竞争环境,才能了解竞争对手的做法,从而找到突破点。

6.自身现状

与行业最佳产品项目相比,自身产品当前的状态是什么?"知己知彼、百战不殆",企业只有正确认识自己产品当前的阶段,才能制定合理的措施。

7. 战略规划的安排

① 长期目标：基于以上思考，规划产品未来 3 年的目标。

② 短期目标：为了完成 3 年目标，规划未来 1 年的目标。

③ 关键策略：未来 1 年关键策略。为完成 1 年的目标而制定的关键策略。

需要注意的是，目标设定的要求是"团队费点力才能实现"，不要太低或太高；关键策略要落地，不能束之高阁。

案例：商汤的快速崛起之路

2014 年，当计算机人脸识别准确率首次超过人眼识别的准确率时，香港中文大学的汤晓鸥、徐立二人意识到时机到了，于是在 2014 年 10 月 15 日，他们创立了商汤科技（以下简称商汤）。商汤成立后，汤晓鸥实验室的许多博士生加入商汤，成为最早的创始团队成员。

从 2014 年开始，商汤团队连续参加人工智能领域权威竞赛 ImageNet，取得的成绩越来越好：2014 年在大规模物体检测比赛中就以 40.7%的成绩荣获世界亚军，战胜微软、百度等企业，仅次于谷歌；2015 年，在 ImageNet 竞赛新增的视频物体检测任务中，商汤联合香港中文大学多媒体实验室组成的团队，在 30 个类别的物体识别准确率中获得了 28 个胜利，以压倒性优势夺冠；2016 年，商汤在 ImageNet 的五项竞赛里取得了三项冠军。

在有技术保障的基础上，商汤全面布局移动互联网、互联网金融、智慧安防、智慧商业等领域，致力引领人工智能核心深度学习的技术突破，建立人工智能、大数据分析行业解决方案的科技创新公司。

商汤科技联合创始人杨帆曾对媒体阐述过商汤科技探索的商业策略模型："1+1+X"。其中，第一个 1 代表研发，第二个 1 代表技术产业化，而 X 则代表着"赋能百业合作伙伴"。总的来说，商汤基本策略可概括为 3 条。

① 科研技术做保障。保持原创技术的持续创新优势，深化 AI 基础技术研发。

② 垂直创新领域持续探索。在现有业务平台基础上，加大产品投入，扩充产品线，同时探索诸如无人驾驶等新的垂直领域。

③ 连接上下游企业，扩充引用场景。加强与上游合作伙伴的紧密协作，与下游客户开拓更多应用场景，深化"商汤驱动"的人工智能商业生态建设。

5.2 同理心：探究产品的场景和目标

AI 产品经理的同理心是指其站在当事人的角度和位置，客观地理解他人的内心感受，并以此设计出合理的产品功能。在这个过程中 AI 技术应该如何应用呢？无论是 To B 还是 To C 的产品，都是在解决人面对的问题，以人为本、贴合人性，在明确产品大方向的前提下，AI 产品经理接下来就要对具体的需求进行拆解分析，这一部分的工作正是 AI 产品经理的本职工作。关于 AI 产品经理如何用同理心思考人们对产品的需求，可以运用一些经典的分析手段来帮助我们进行分析，同时结合人工智能的实际落地情况进行思考。

5.2.1 厘清用户的场景

1. 马斯洛需求层次理论

人工智能的应用场景无论有多少，从需求本身来说，我们可以通过马斯洛需求层次理论进行分析，如图 5-2 所示。

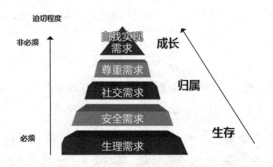

图 5-2　马斯洛需求层次理论

生理需求：也称级别最低、最具优势的需求，如食物、水、空气、健康等。

安全需求：同样属于低级别的需求，其中包括人身安全、生活稳定，以及免遭痛苦、威胁或疾病等。

社交需求：属于较高层次的需求，如对友谊、爱情及隶属关系的需求。

尊重需求：属于较高层次的需求，如成就、名声、地位和晋升机会等。尊重需求既包括对自我价值的个人感觉，也包括他人对自己的认可与尊重。

自我实现需求：最高层次的需求，包括针对"真善美"至高人生境界的追求，只有前面的需求得到满足，更高层次的需求方能相继产生，它是一种层级逐渐递升的需求。

2. 同理心图形

人工智能的应用究竟在解决哪个层次的问题，问题的重要性如何？在进行产品功能设计前，AI 产品经理可以通过构建同理心图形对需求进行分析。

任务——用户努力要完成的任务是什么？他们需要解决什么问题？

感受——用户的感受如何？什么对他们来说是重要的？

影响——什么人、什么事物或场景可能影响他们的行为？

痛点——用户正在遭遇的以及他们希望克服和解决的痛点是什么？

目标——用户最终的目标是什么？

3. 场景分析

根据同理心图形分析了用户的需求之后，AI 产品经理重要的工作就是对场景进行梳理。AI 产品经理相比于互联网产品经理的不同点在于用户使用产品的场景会有所不同：如在语音交互方面，用户是否是远距离操作；再如在语音导航方面，用户是在驾车的封闭环境中，用户已经不能将注意力集中在屏幕前，而且以后使用产品的场景会更加多样。在这个阶段，AI 产品经理需要明确产品场景，分析用户的核心诉求。

① 角色场景：角色场景指的是企业根据用户角色的不同，衍生出不同需求的场景。例如，客服这种高度分工明确的领域，有的企业会按照沟通方式的不同分为在线咨询和电话咨询组；有的企业具备多条产品线，则会按照不同产品线区分客服组；有的按照工作职能分为咨询组或质检组，在每个组之中还有组员、组长等区分，这些都需要 AI 产品经理在产品设计前优先调研清楚，以便完成基本架构的搭建。

② 业务场景：业务场景指的是围绕用户需要完成的具体的某件事或某项工作，产品功能是围绕业务的核心目标进行考量的。例如，每位客服可能同时面对多名客户的咨询，如何做到快速提炼用户多种多样的问题，并让咨询的客户得到满意的答复，这就是具体的业务场景。

③ 物理场景：物理场景指的是我们的用户在使用产品时的情况和环境。例如，客服在使用系统时，都是戴着耳机的，而办公室通常会非常嘈杂；用户在进行客服咨询时，可能在地铁或办公室等环境中。

④ 虚拟场景：用户使用的操作系统，通常是移动端或是 PC 端。在智能客服系统中，人工客服大部分的操作是使用电脑来完成的，有小部分可能需要使用移动端来完成，而用户则基本使用移动端进行咨询。为了让客服了解用户使用的操作系统，电脑中通常会将用户使用的移动终端类型显示出来。

还原场景的过程中，我们需要学会以"用户故事"的方式去还原产品使用的过程，分析需求阶段，最终输出的就是"产品目标"。

5.2.2 厘清需求的目标

面对错综复杂的业务场景，AI 产品经理通常会对业务人员通过语言描述的问题感到疑惑，从而失去对需求本质探究的兴趣，最终就可能设计出一个与业务场景不符或者更加低效无用的产品功能。AI 产品经理探究需求的本质是要厘清需要解决的根本问题，保证产品功能的价值能够持续发挥。

1. 不同行业和业务下的目标

不同行业和业务，对于应用人工智能会有不同的目标，但目标大致可以分为以下两种。

（1）为了解决问题

行业在发展过程中已经积累了大量的数据和经验，但是由于技术原因，一直需要人工介入进行处理，而人工智能所具备的能力，能够解决这个问题，例如医疗影像的诊断。

根据公开资料显示，我国医学影像数据的年增长率约为 30%，能够诊断的医师数量增长远不及影像数量的增长，单以放射科医师为例，年增长率只有 4.1%，而与此同时，中国的放射科医师每天至少需要看 4 万张医疗影像，严重供求失衡，由此导致的结果就是我国医疗影像误诊人数高达 5700 万人/年。因此许多人工智能公司看准这个行业存在的问题，期望运用人工智能手段实现医疗影像的自动化审核。

（2）为了提升效率

在特定的业务场景中，企业需要通过人工智能手段，把工作效率提升至最佳。

例如，智能客服行业存在的问题主要体现在在线用户咨询、语音咨询方面，对于客服来说，存在大量相似重复问题的人工咨询，这时候就需要通过自然语言识别手段，去解决这些问题。语音咨询问题则涉及语音质检问题，如果由人将每一段对话听完显然不合适，这时需要我们借助语音识别的能力，将语音转化为文字，实现快速的质检。

对于 C 端产品，可能还需要在某些特定的用户场景中，使用人工智能手段获得新的体验。例如，在图像识别能力如此出众的今天，就出现了翻译菜单、路牌及批改作业的需求。

2．两个基本问题

为了厘清产品具体的需求目标，我们可以先了解 2 个基本问题。

（1）产品的用户是谁

给用户的描述实际上是越具体越好，例如，年龄段、性别、职业及有什么样的诉求。这样可以为你观察人群的特点打好基础。

（2）产品在解决什么问题

产品究竟是为了解决什么问题而出现的？现在这个问题是如何解决的？

3．四个评估要素

如果这个产品是一个对外竞争的产品，或者是要有盈利的产品，我们需要判断该产品或功能的未来价值，可以从以下四个维度进行考察。

① 市场。市场的整体现状如何？根据现有的市场情况评估产品的发展情况。

② 需求。套用马斯洛层次需求理论进行分析，可以大致分析出用户对此产品的需求程度、用户的付费意愿等。

③ 频次。用户使用这个产品的频次，是按天、月、季度、年计算，还是会在特殊的节点使用？AI 产品经理通过使用频次可以评估用户的依赖程度。

④ 发展。通常来说，产品应满足市场的刚性需求，还有一点需要考察的是产品未来的发展前景，是否具有上升空间。从时间维度上来看，长期可发展的产品可以先进入市场完成行业积累，建立一定的壁垒。

案例：没有解决任何问题的产品——智慧"私人衣橱"

方案背景。随着人们物质生活水平的提高，人们买的衣服越来越多，但是却不知道如何搭配，针对这种情况有人提出希望做一个能够试穿衣服的产品，该产品的主要构想是用户通过给衣服拍照，将衣服识别出来后就能放在自己的"私人衣橱"，之后就不需要实际试穿，而是在手机上完成操作便可查看搭配效果。

产品操作流程。图 5-3 所示为智慧"私人衣橱"的操作流程。用户将真实的衣服和

裤子拍照后,程序会自动识别并完成存储,之后便可在手机应用中完成搭配效果。

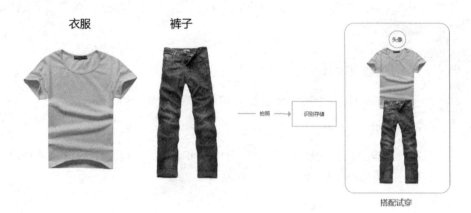

图 5-3 智慧"私人衣橱"的操作流程

技术难度。

① 产品实现难度极高,需要有强大的图片处理能力的研发团队才可完成。

② 涉及图像分割、图像合成等技术,并且结果不一定能达到理想的效果。

用户场景。

① 用户拥有很多衣服而不愿意整理,同时对着装搭配有较高要求的人。

② 如何让用户在标准模式下拍摄衣服,如果用户随意拍摄程序将如何进行搭配?

③ 在什么场景下用户会选择拍摄衣服搭配?而不是照镜子搭配?

商业模式:产品的市场未知,比较具体的用户是"网红",盈利模式有待考察。

这个产品是一个创意型产品,但是没有真实考察用户场景,技术实现难度也很高,在产品、团队和市场都无法满足的情况下,用一些基本的分析方法评估做成这个产品的可能性不大,后续这个产品也就一直停留在想法阶段,在市场中也没有看到类似的产品出现。

案例 2:本末倒置的需求——自动识别承诺书

方案背景:在一些业务推进过程中,需要商家或 BD 下载承诺书并拍照上传,从而保证业务顺利开展,但是承诺书可能会被篡改,因此商家希望借助图像识别能力进行初步审核。自动识别承诺书流程,如图 5-4 所示。

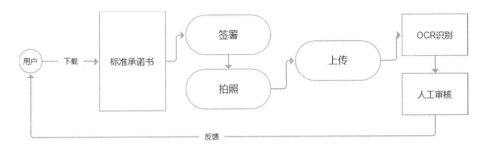

图 5-4 自动识别承诺书流程

用户下载标准承诺书后,经过签署、拍照、上传的操作,然后商家利用计算机视觉技术识别读取信息,然后有问题的信息再由人工进行审核。

问题分析:这个流程看似非常流畅,但是却漏洞百出。首先业务人员提出显性目的是用户签署承诺书,但实际目的是要求用户上传正式证件,那么产品方案应该着重要求用户上传正式证件,而非转向上传承诺书。且不论产品方案同产品目的的偏差,以目前的模型识别技术来看,对承诺书的识别同样存在诸多问题。

① 承诺书无法律效力,并且不是一个标准的格式,用户下载后存在用户篡改的可能,无论如何还是要经过人工审核的,无法有效提高效率。

② 承诺书重要的部分是手写字体,这部分的识别精度是有待提升的。

③ 承诺书中包含公章部分,公章不是标准的,识别困难,且无法识别真伪。

④ 承诺书的内容均为人工填写,没有参照的审核标准,机器也无法审核。

⑤ 承诺书无法保证证件是本人上传。

借助机器学习的图像识别能力完成承诺书识别的方案最终被否决了,经过同业务人员的调研,AI 产品经理在产品策略上引导商家或 BD 上传正式资质,优先考虑通过产品的提示来完成业务目标。

我们介绍以上两个案例,是要提醒大家,在工作过程中我们会遇到很多类似这样看似合理但完全没有必要的需求,AI 产品经理需要学会正确地识别产品需求的本质。当然,在需求分析阶段,AI 产品经理依然需要明确需求的场景和需求的目标,从而明确当前需要解决的问题,并且思考应对问题的解决方案。在工作过程中,AI 产品经理可能会遇到很多需求,这个时候就需要评估哪一种需求更优先。

5.2.3 巧用产品故事板

在移动互联网时代，用户的操作离不开一块小小的屏幕，通过用户的点击、输入来完成与产品的交互，对于一个 App 产品经理来说，描述好用户的完整操作场景可能就足矣。人工智能赋予产品更多的可能性，运用人工智能的产品将不仅局限于屏幕的操作，用户甚至可以通过语音、图片、视频等方式来完成操作，并且根据不同的需求，会有更加细分的场景，例如，在智能辅助驾车系统中，用户的场景就是车内狭小的空间。

人工智能带来产品使用场景的多样化，如果对于用户角色模型和用户场景了解较少，作为 AI 产品经理可以使用产品故事板的方式，完成产品的刻画。故事板源于 20 世纪 90 年代的动画和电影产业，通过故事板，从业者可以描述视觉效果草图，从而表达作者的创意，许多大制作的商业影片，都在拍摄之前用电脑动画模拟的方式创建故事板，让复杂的电影拍摄更加形象、准确和简单。与电影行业的故事板不同，AI 产品经理使用"产品故事板"的目的是让自己能够在特定的产品使用情境下，全面理解用户和产品之间的关系，从而理解用户和产品的使用情境。

1. 故事板的三要素

故事板的作用是安排剧情中的重要镜头。故事板展示了各个镜头之间的关系，以及他们是如何串联起来的。故事板包含 3 个基本要素，分别是角色、场景和情节。

① 角色：确定一个故事的主人公，主人公的最佳形象来自真实的用户建模和用户画像。故事的主人公拥有自己的行为、习惯、偏好、期望，这些是影响用户产品决策的因素。人物的行为越是接近真实的用户画像，就越能帮助你挖掘用户需求和产品中的体验问题。

② 场景：场景信息是故事板背后承载的信息，通常在故事板之前进行交代，这里的场景线上环境（网络、应用程序等）和线下环境（地点、周围的人物），通过场景的包装，角色就不会是孤立存在的。

③ 情节：主线剧情通常会包含起因、经过和结果，即用户目标、触发事件、行为流程、行为结果等。在故事板中的剧情描述要简单、清晰、易懂，并且要重点围绕角色和角色的主要目标展开，AI 产品经理需要注意剔除与主要目标无关的情节。

2. 故事板的形式

（1）文字故事板

文字故事板指的是使用简单的语言或文字描述人物角色、情境及用户使用情景的方式，注意尽量避免给出具体的用户行为和交互动作。文字故事板要素如表5-1所示。

表5-1 文字故事板要素

要素	说明
角色	确定角色，多个角色做多个故事板
目标	确定必须完成的目标
起因	确定故事的出发点或事件
情节	明确角色信息及关注点
结尾	故事的最终结果

（2）图片故事板

图片故事板是通过图片的方式，描述用户一连串的行为，并连接成一个完整的用户场景的软件。图片故事板的特点包括以下几点。

情感添加：在图片故事板中对情节的描述会更加细致，例如，在每个步骤中添加表情符号，帮助别人了解角色情绪与思想的变化。

主线明确：将每个步骤转化成画面，在画面里体现出每一刻发生了什么，以及人物当下的想法。删掉故事板中不必要的情节或元素，避免故事板因为元素太多而导致画面凌乱、重点不明确，要确保故事板中的重要信息都在一个简单、完整、可理解的故事情节里。

现在有一些现成的图像故事板生成软件，能够将视频转化为漫画的形式，如图5-5所示，程序可将一个滑板运动过程快速刻画下来。

图5-5 自动生成图片故事板案例

案例：驾驶场景中的语音导航系统

地图导航是我们驾车过程中的重要工具，而且使用语音导航已经成为常态，我们以驾驶场景中的语音导航系统为例，来设计驾驶场景故事板。

角色：30岁男性白领小明，具有3年的驾龄，开车熟练。

场景：从家里出发一直到达预定的目的地。

情节：周末带着家人出门郊游，早上8点出发。

驾驶员进入驾驶室后，开始启动车载导航系统。

第一步，语音唤起：可以使用方向盘或语音唤起词技术，对语音识别系统进行唤起。

第二步，设置目标地址：导航系统唤起成功后，系统告知用户系统已触发，然后用户发出设置地址指令。此处需要考虑是让用户一次性说出全部地址，还是系统逐步引导用户输入地址。

第三步，确认地址：可能存在识别错误，需要用户确认是否是该地址。

第四步，导航至目的地：成功设置后，系统语音会提示用户是否要导航至该目的地，若设置超时，用户则需要再次唤起系统并发出导航指定。

第五步，确认开启导航：系统会告知用户大体路况信息，并询问用户是否需要开启导航。

第六步，用户下令：开始导航，流程结束。

根据以上分析，可以归纳出车载导航使用流程，如图5-6所示。

根据用户使用的整体流程，我们可以设想理想的车载语音交互导航，可以详细设计小明使用车载导航的完整故事情节。

（1）唤醒

语音唤醒：小明通过语音唤醒车载导航，为了避免失误唤醒，通常会将唤醒词设置为3～4个，这样有助于提高唤醒的准确率。同时可以使用定向语音，即只有固定位置的人说话才会被收录，设置为只开放给驾驶位和副驾驶位。

唤醒反馈：车载导航被唤醒后需要进行反馈。如果是简单的反馈，例如"叮"，一方面比较冷漠，其次用户可能会忽略，因此可以使用"我在""你说"等人性化的回应词或语句。

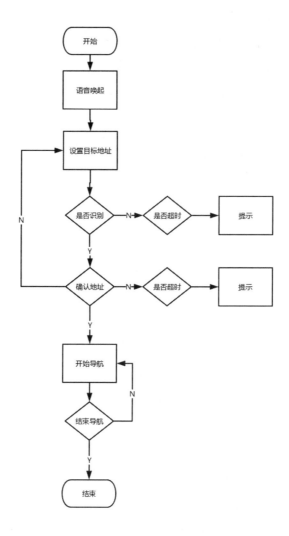

图 5-6　车载导航使用流程

（2）设置目的地

小明期望去的目的地，输入的语音可能有"导航到 A 风景区""A 风景区""去 A 风景区""我想去 A 风景区"等说法，需要系统能够识别地名，与唤醒词不同，目的地的语音通常为一句话，所包含的字词会较为复杂。

系统接收到用户明确的目的地指示后，会有以下处理流程。

第一步：判断语音结束点。系统需要截取小明从发声到结束的声音片段。

第二步：提取有效信息。系统将小明的声音片段识别成一个个发音。

第三步：识别。系统将发音与文字匹配，并将发音识别成特定的文字。

第四步：自然语言处理。系统会根据算法理解语意。

第五步：语音合成。系统会根据语意进行回复，并引导进行下一轮的对话。

（3）确认地址

接收到小明的指令后，系统需要小明确认是否开始导航，此时小明可能会有两种回复，若小明回复"是"或"开始"等确认词语，则证明系统的上一步识别正确，开始导航。若小明回复"否"或"取消"等相关词语，则说明上一步系统识别错误，需要小明重新设置目的地；若小明回复信息无意义，系统需要再次提示小明进行确认，或者按照"取消"指令进行处理。如果重复识别错误3次，系统应引导用户退出导航功能或者使用其他方式开始导航，避免用户产生不良情绪。

（4）行程中

系统提示小明导航已经开始，并且对行车里程、预计时长、路途车况、途经地点等内容进行播报，如"准备出发，路程约为14千米，目前道路通畅，预计需要28分钟"。

小明在行车途中，可能会遇到以下场景。

① 较为嘈杂的环境，如车窗大开、空调声大等。

② 小明期望规避拥堵、更改目的地、寻找加油站、寻找服务站、寻找洗手间、寻找充电站等。

③ 小明在嘈杂的环境中没有听清指令，需要导航系统重复指令。

为了应对环境问题，系统需要进行降噪处理，目前比较常见的技术手段是使用双麦克风阵列降噪和回声消除；针对行车过程的其他操作，可以在行车过程中对小明进行提示，如"前方还有多远到达加油站"。当前方发生较大拥堵时，小明会有规避拥堵的需求，系统可询问小明"前方发生拥堵，预计通过时长为40分钟，是否规避拥堵？"针对小明可能会听不清路况播报内容的情况，系统可以通过识别小明的语音"重复刚才的内容""我没有听清"等，重新播报。

（5）导航结束

小明可能会主动退出导航，系统可以提示"导航已结束"，或者小明已经到达目的地时，则提示"已到达目的地，导航已结束"。

3. 故事板思考

通过小明驾车使用语音导航系统的故事板，AI产品经理可以设想车载语音交互系统应当具备的功能。

基本需求：可以使用语音完成指令操作，如语音输入目的地。

期望需求：能够在驾驶途中语音修改目的地或增加途经地。

兴奋需求：在驾驶途中根据路况可提供最佳行车路线。

小结：为了保证使用故事板的效果，故事板设计完成后，AI产品经理可以向一些对此设计不熟悉的用户询问情况，然后根据反馈添加简短的文本解释，确保故事的每一个步骤对读者来说都是非常明确清晰的。我们通过设计产品的故事板，可以补充原型设计之外的环境设计，因为故事板关注的是屏幕任务和线下任务结合的边缘地带，因此特别适用于人工智能产品的设计。

故事板软件通过讲故事的形式把抽象的体验过程具象成图文结合的形式，真实有效地还原了用户的使用场景、行为流程和操作体验。同时容易将AI产品经理带入场景中感受故事人物的真实感受，以此对用户体验进行更直观、更深刻的挖掘和思考，使其以一个旁观者的状态，观看全局，反思和总结使用场景的问题，可以收到更好的效果。

5.3 数据分析：用数据驱动产品

互联网发展至今，最大的财富就是数据的沉淀，这也是开启人工智能时代的基础之一。根据科技公司Domo预测：到2020年，电子数据存储量将在2009年的基础上增加44倍，达到35万亿GB，地球上每人每天将产生超过140GB的数据。面对海量的数据，AI产品经理避免不了需要与数据"打交道"，那么如何从海量的数据中挖掘有效的信息，如何利用数据驱动产品迭代升级，如何通过数据看到隐藏其中的产品模式，这些都要求AI产品经理具备数据分析的能力。

5.3.1 数据如何影响产品

数据对于AI产品经理而言意义重大，因为数据是人工智能体系搭建的基础，在不同的场景下的数据特征，对于建模的工作量要求是完全不同的，AI产品经理需要具备初步评估数据质量的能力，能够归纳业务知识，并能根据已有的数据初步评估可能的工作内容。我们以深度学习神经网络拯救鲸鱼的两个案例为例，详细介绍这件事的起因和产品落地过程，认识数据对于 AI 产品经理的重要性，以及数据对于人工智能产品的落地产生的巨大影响。

案例 1：用图像识别并保护露脊鲸

露脊鲸是一种珍稀保护动物。为了保护露脊鲸，并识别和跟踪每头露脊鲸，科学家需要完成观察个体种群健康状况的工作，这项工作的主要内容是监视和观察露脊鲸头顶被称为胼胝的硬皮，以此来评估其健康情况。

为了完成监视和观察露脊鲸头顶的工作，科学家要将航拍或船拍的照片与新英格兰水族馆整理的北大西洋露脊鲸目录中的图片进行比对。这项工作完全通过人工方式来完成，工作条件不仅非常艰苦，而且极为耗时，这导致科学家没有更多的精力开展更富有成效的研究和实地考察工作。美国国家海洋和大气管理局同 Kaggle 数据科学平台组织了"露脊鲸识别大赛"即计算机视觉竞赛，期望借助深度学习神经网络帮助科学家完成工作，让识别露脊鲸过程自动化，或者至少实现部分自动化，这对拯救露脊鲸是非常有益的。

在"露脊鲸识别大赛"中，提供给参赛者的是包含 447 头不同的露脊鲸的数据。显然这个数字不仅对于一个物种来说太少了，并且对于识别鲸鱼的深度学习来说数据样本也非常稀缺。图 5-7 所示为鲸鱼的照片，AI 工程师在构建识别鲸鱼模型过程中也面临巨大的挑战：第一，不同鲸鱼的照片数量差别很大，有一些鲸鱼的照片有 40 张左右，但大多数鲸鱼仅有十几张，还有的鲸鱼只有一张照片；第二，计算机需要在众多鲸鱼种类中区分出露脊鲸，但鲸鱼彼此之间比较相似，这与计算机识别区分狗、猫、袋熊和飞机的情况有所不同；第三，区别不同的鲸鱼的特征只占了图像的一小部分，并不是很明显；第四，照片成像不完整，所拍摄照片的角度、距离各不相同，因为鲸鱼不会侧过身来摆好姿势等着拍照；第五，在许多照片里面，水域占的面积比鲸鱼大得多。这些数据存在的问题都为计算机识别露脊鲸带来巨大困难。

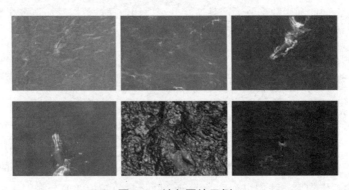

图 5-7　鲸鱼图片示例

为了能做好这项工作，首先要具备相关领域的知识，AI 工程师在进行建模前，通过资料了解到"露脊鲸最大的特征是由于鲸鱼虱寄生而导致的头皮上的白色的皮肤"，这不仅是露脊鲸区别于其他种类鲸鱼的特征，也是区别不同露脊鲸的特征，因此保护露脊鲸的卷积神经网络算法也主要利用了这个特征。这项比赛中大部分参赛者都选择了卷积神经网络进行识别，之后再对数据进行标注，观察露脊鲸的特征，为了获得训练数据，参赛者甚至需要在训练数据中手动注释所有的鲸鱼，并在其头部标上了边界框。

案例分析：在保护露脊鲸这个项目中，我们可以发现数据对于工作量的影响很大。我们可以简单总结一下这个项目的相关内容：第一，任务的目标，是通过深度学习神经网络自动识别露脊鲸个体；第二，任务的价值，这个项目能够大幅度减少人工识别的工作量，对保护露脊鲸种群也有重要意义；第三，相关领域知识，露脊鲸最大的特征是头部的皮肤，这是重要的特征信息；第四，数据的质量，在露脊鲸这个项目中，存在数据样本少，数据不平衡等多种情况，并且需要人工标注数据。同样，AI 产品经理在面对一个项目任务时，同样会遇到以上问题，所以需要产品经理提前进行了解。

案例 2：用语音识别跟踪座头鲸种群

谷歌在 2018 年 10 月就提出利用 AI 技术使用卷积神经网络检测座头鲸声音的理论，以帮助科学家研究有关座头鲸出现的位置、季节、日常呼叫行为和种群结构等重要新信息，这些信息对于研究偏远无人岛屿的情况尤为重要，因为科学家之前并未掌握与此类岛屿有关的信息。自 2005 年以来，美国国家海洋和大气管理局已从太平洋岛屿地区 12 个地点的海底水听器中收集识别了座头鲸的声音，谷歌需要结合采集地点和声音的特征，使用这些数据进行研究分析。

由于座头鲸发出的大部分声能量都在 100～2000Hz 的范围内，因此为了能够完成数据标注，AI 工程师需要将鲸鱼的声音进行缩减，并且该频率下使用较低的采样率也几乎不会造成数据丢失，将鲸鱼声音从 200kHz 缩减到 10kHz 后，数据量大约有 9.2TB 的音频。虽然大量的声音数据，对于识别鲸鱼这一目标物种有重要的帮助，但是若要进行更高层次的种群数量、行为信息分析，即便是借助现有的计算机辅助方法，手动标记座头鲸的叫声也是非常耗时的。此外，在这个研究中，由于数据集跨越了很长的一段时间，因此如果我们了解了座头鲸呼叫的规律，便能够提供有关动物多年来是否改变其分布的信息，特别是能够了解人类海洋活动的有关信息，这对研究都有较大的帮助。

最后基于谷歌 AI 的研究发现座头鲸种群夏季在阿拉斯加湾附近进食，然后迁移到夏威夷群岛附近繁衍后代，而该区域是某些座头鲸种群冬季繁衍后代的目的地，这一显著的季节性变化与已知的模式信息相符，验证了模型的合理性。

案例分析：在识别座头鲸声音的案例中，与露脊鲸的研究不同的是科学家已经储备了大量的可研究数据，这看似解决了数据样本较少的问题，但是数据标注的工作同样无法减少，并且不同于外观可对比观察的图像，声音的差异受主观因素影响较大。AI 工程师在这个研究任务中，需要去收集地点采集信息，这也是能够顺利完成模型的前提。最后模型是否合理，还要通过可验证的规律进行对比。

以上两个案例都是关于借助人工智能技术保护鲸鱼的，通过对比我们可以发现，因为目标和数据的差异，工作的方向完全不同。露脊鲸项目的核心技术是图像识别，数据样本的缺失是巨大的挑战；座头鲸声音跟踪虽然有较完备的数据，但是数据标注工作同样不少，并且还需要结合地理位置等综合信息得出结论，是完全不一样的两个项目。通过这两个相似的项目对比，我们可以知道数据对于 AI 建模工作有多么重要，这同样是 AI 产品经理在进行项目考察时应该重点关注的地方。

5.3.2 数据的基本常识

互联网技术发展至今，大量日常生活、工作等事务都会产生数据并且信息化。那么数据究竟是什么呢？我们所说的数据是指在互联网中，各种字母、数字符号的组合，还包括语音、图形、图像等，数据经过加工后就成为信息。数据和信息是不可分离的，数据是信息的表达，信息是数据的内涵。数据本身没有意义，数据只有对实体行为产生影响时才会成为信息。数据可以是连续的值，如声音、图像，统称为模拟数据；也可以是离散的，如符号、文字，统称为数字数据。

1. 数据库的名词说明

互联网产品的发展离不开数据库的支持，我们通常说的数据库是指可长期存储在计算机内，有组织、可共享的数据集合，数据库通常分为层次式数据库、网络式数据库和关系式数据库 3 种，而且不同的数据库是按不同的数据结构来联系和组织的。

当人类社会的数据呈指数增长时，就出现了一个新的概念——大数据，我们还会经常听到一个名词——Hadoop 分布式文件系统（简称 HDFS），它是一个由 Apache 基金会开发的分布式系统的基础架构。用户可以在不了解分布式底层细节的情况下，开发分布式程序，充分利用集群的能力对数据进行高速运算和存储。围绕 Hadoop 形成的"生态圈"则是指以 Hadoop 为基础研发出来的一系列技术，这些技术都是为了解决在大数据处理过程中不断出现的新问题。最终，Hadoop 被设计成适合运行在通用硬件上的分布式文件系统。

Hive 是基于 Hadoop 的一个数据仓库工具，它可以将结构化的数据文件转变为一张数据库表，并提供简单的 SQL 查询功能，还可以将 SQL 语句转换为 MapReduce 任务进行运行。其优点是学习成本低，可以通过类 SQL 语句快速实现简单的 MapReduce 统计，不必开发专门的 MapReduce 应用，十分适合数据仓库的统计分析。

ETL（Extract-Transform-Load）用来描述将数据从来源端经过抽取、交互转换、加载至目的端的过程。ETL 是构建数据仓库的重要一环，用户从数据源抽取出所需的数据后，经过数据清洗，最终按照预先定义好的数据仓库模型，将数据加载到数据仓库中去。

数据处理流程：产品的数据一般会将数据先同步到 HDFS 中，然后再利用 HIVE 对数据进行分布式计算，这期间涉及 ETL 的工作，经过数据清洗，最终按照预定义好的数据仓库模型将数据加载到数据仓库中。以上都是产品经理在和数据打交道时通常会接触到的名词，AI 产品经理只需要了解相关名词的概念即可。

2．数据埋点说明

一般我们可以将数据分为业务数据和行为数据。业务数据指的企业每个业务系统产生的数据，如交易数据、商品数据、用户数据等，这些都会根据业务需求通过数据抽取工具全部同步到数据仓库中。根据业务的原始数据，可以抽象整合 GMV、订单量、用户数、支付数、支付金额等，从数据源中获取更多关于业务变化的信息。

行为数据指的是用户行为数据，可用于分析用户在某个产品的访问路径和行为。有经验的数据分析者可以通过对数据的聚合、下钻等方式发现问题、找到原因、输出分析结论，从而指导业务决策。

数据埋点分析，是互联网产品进行数据分析的一种常用的数据采集方法，通常用来采集用户的行为数据，主要的埋点事件包括点击事件、曝光事件和页面停留时间事件等。

（1）点击事件

点击事件，用户点击按钮即算点击事件，不管点击后有无结果。如图 5-8 中的边框标注所示，用户点击一次记一次。

图 5-8　移动端点击页面示例

（2）曝光事件

曝光事件指的是用户成功打开页面、刷新页面，一次计数一次。如果产品切换到后台再进入页面，则曝光事件不计数。

（3）页面停留时间事件

页面停留时间表示一个用户在某页面的停留时长。例如，某用户在 10:00 访问了某网站的首页，此时分析工具则开始为该用户这个访问者记录 1 个 Session（会话）。接着在 10:02 该用户又浏览了另外一个页面列表页，然后离开了网页，这个过程可以记作一个 Session，则最终用户在首页的页面停留时间 TP 为

$$TP = 10:02 - 10:00 = 2（分钟）$$

除了事件类型，AI 产品经理还需要了解访问量（Page View，PV）和访问数（Unique Visitor，UV）的基本概念。

PV 指页面访问量，每打开一次页面 PV 计数加 1，刷新页面也是。

UV 指独立访客访问数，一台电脑终端或手机终端为一个访客。

在了解数据埋点的概念之后，AI 产品经理如何规划数据埋点呢？通常 AI 产品经理首先需要明确采集数据的意义和目标，通过数据希望观测用户的哪些行为或是明白用户是在验证什么样的产品功能，而且厘清数据统计目标后，可以用数据埋点说明自己的数据埋点方案。

案例：商品详情页转化统计

（1）数据统计的目的

我们在该页面中统计用户的购买、收藏和评价行为。

（2）产品埋点方案模板（见表 5-2）

表 5-2 产品埋点方案模板

产品版本				
作者				
事件				
页　　面	功　　能	事件类型	事件描述	备　　注
商品详情页	购买按钮	点击次数	统计购买点击次数（PV 和 UV）	
	收藏按钮	点击次数	统计收藏点击次数（PV 和 UV）	
	评价按钮	点击次数	统计评价点击次数（PV 和 UV）	
		曝光次数	详情页曝光次数	
		页面停留时间	详情页停留时间	

① 页面：用于说明当前埋点是在哪个页面，如商品详情页。

② 功能：用于描述页面的功能模块，如购买按钮。

③ 事件类型：用于说明当前埋点是点击事件、曝光事件或是其他。

④ 事件描述：定义在什么情况下即为触发埋点，如在列表页点击一次记录一次。

⑤ 备注：用于描述当前埋点的修订记录或是其他情况。

数据埋点方案会经过专门的数据人员定义事件 ID 等，AI 产品经理需要明确埋点统计的目的，这样才能更好完成产品埋点方案，避免漏埋或错埋。AI 产品经理通过以上数据，可以进行用户的行为分析，对用户进行画像，这些原始数据质量也是后续结合人工智能手段挖掘信息的保障，这是 AI 产品经理需要特别关注的地方。

5.3.3 数据标注的工作

除了互联网积累的数据，实际上许多行业还是缺少模型可用的其他数据，有人形象地比喻：人工智能就像是一个孩子，标注好的图片就像是孩子的食物，孩子需要成长，自然少不了食物，人脸识别、自动驾驶和自然语言处理的训练都需要以数据标注作为支撑。

1. 数据标注的意义

因为无监督学习的效果是不可控的，所以在实际产品应用中，通常使用的是有监督学习。有监督的机器学习就需要有标注的数据来作为先验经验。人工智能其实是部分替代人的认知功能，有人戏称"有多少智能，就有多少人工"。例如，我们学习认识猫，那么就需要有人指着猫告诉你，这是一只猫，之后你遇到了猫，你才知道这个动物叫作"猫"。机器学习是同样的，通过学习了大量的图片中的特征后，才能准确识别"什么是猫"。因为训练样本和测试样本需要达到一定准确率方能满足机器学习的需要，所以数据的质量会直接影响模型的质量，这样数据标注的意义就显得十分重大了。

2. 数据标记的类型

在进行数据标注之前，我们首先要对数据进行清洗，得到符合要求的数据。数据的清洗包括去除无效的数据、整理成规整的格式等。常见的数据标注类型有属性标注、标框标注、区域标注、描点标注、标签标注等，还有其他的一些就要根据不同的需求进行不同的标注。

（1）属性标注

属性标注主要是指在图像中打上常见的标签。一般是从封闭集合的标签中选择数据对应的标签，如图 5-9 所示，一张人像图就可以有很多分类标签，如年龄、性别、人种、发型、穿着、是否使用手机等。对于文字标注类型，可以标注主语、谓语、宾语、名词、动词等。

① 适用范围：文字、图像、语音、视频等格式的文件。

② 应用场景：情绪识别、性别识别、文本摘要等。

（2）标框标注

在计算机视觉中使用标框标注时需要框选要检测的对象。如人脸识别，首先要先把人脸的位置确定下来，如图 5-10 所示，对行人进行人脸标框。

图 5-9 人像标签

图 5-10 人脸标框

标框标注主要适用于图像、视频，应用的场景包括人脸识别、物品识别。

（3）区域标注

相比于标框标注，区域标注要求标注更加精确，边缘可以是柔性的。例如，在自动驾驶中，对道路、道路旁障碍物的识别，就需要选用区域标注，如图 5-11 所示。

（4）描点标注

在一些对于运动特征等要求比较细致的应用中常常需要用描点标注。如运动姿态识别、骨骼识别等，如图 5-12 所示，为商场中的人体描点标注。

图 5-11 区域标注

图 5-12 人体描点标注

（5）其他标注

标注的类型除了上面几种常见的，还有很多个性化的，根据不同的需求则需要不同的标注。如自动摘要，就需要标注文章的主要观点，一般需要我们建立强大的知识库或语料库。

3．数据标注的过程

（1）确定标注标准

数据标注需要有明确的标准，这和模型需要实现的目的有关，确定好标准是保证数据质量的关键一步，这样可保证数据标注有参照和执行的标准。为了能够有统一的数据标注标准，企业一般会设置标注样例、模板，如颜色的标准比色卡，而对于模棱两可的数据，可设置统一的处理方式，如弃用或者统一标注。确定标注标准时，企业有时候还要考虑因行业不同而导致的差异。如"伤痕"这一词语，在医疗行业中属于一个中性词，但在心理学情感评估中则属于负面词。

(2) 确定标注形式

标注数据的形式是可以批量处理，也可以事前约定。因为标注数据需要给算法人员使用，因此标注形式一般由算法人员确定，需要在标注标准中说明，如对证件审核结果的标注，可以约定通过用"0"表示，未通过则用"1"表示。

(3) 选择标注工具

标注工具是标注人员使用的工具，不同公司可能会有不同的标注工具，大型企业甚至会专门研发数据标注的可视化工具，标注工具选择的原则是统一高效，满足需要即可。

4. 企业数据标注的解决方案

随着数据的需求量日益增加，所需用来完成数据标注工作的劳动力也随之增多。很多知名的科技公司会雇佣大量人力来完成这样琐碎的工作，用以支撑机器学习。为了获得数据标注，一般有两种方案。

方案一：公司自建。资金充足的大型企业会自建数据标注团队，需要开发团队针对自身项目开发相应的标注系统和工具，当然如果出现数据需求激增的情况，可能自建团队就无法满足要求了。

方案二：专业数据标注公司。想要快速获取优质的训练数据，也可以寻求专业数据标注公司的帮助，向专业数据标注公司提供简单的标注标准后，企业将会得到一系列数据标注的服务。

亚马逊、苹果、谷歌、微软等拥有自己的劳务众包平台，如亚马逊的劳务众包平台"Amazon Mechanical Turk"，也会使用第三方服务，如 AMT。在国内，除了有百度旗下类似众包模式的数据平台——百度众测外，还存在着这样一套分工流程：上游的科技巨头把任务交给中游的数据标注公司，再由中游众包给下游的小公司、小作坊，有的小作坊还会进一步众包给兼职的自由人士。北京和贵阳，便是数据标注世界里的两座"双子星"城市。北京聚集着大量的人工智能公司，不断地涌出数据需求；而贵阳则着力发展"大数据战略"，以更低廉的劳动力成本满足北京对人工智能数据需求。

在数据标注工作中，企业也正在试图提升这一环节的效率，谷歌在其 AI 博客上曾经介绍了一款基于 AI 和深度学习的图像标注方式——流体标注，谷歌声称它可以将标记数据集的速度提高 3 倍，有望缓解目前机器学习研究中，高质量的训练数据获取的困境。这个工具使用机器学习来注释类标签并勾勒出图片中的每个对象及背景区域。

可作为人工标注者的强力辅助工具，流体标注从预训练的语义分割模型的输出开始，该模型可生成大约 1000 个具有类别标签和置信度分数的图像片段，其中具有最高置信度的片段将被传递给工作者以进行标记。注释器可以通过仪表板修改图像，选择要更正的内容和顺序，并将现有细分的标签与自动生成的短名单进行交换，添加细分以覆盖缺失的对象，移除现有细分或更改重叠细分的深度顺序。

5.3.4 数据分析方法

作为 AI 产品经理，需要对一个即将使用人工智能手段实现产品功能的项目进行事先的数据分析工作，这部分工作可以帮助其提前了解业务的数据质量，并初步评估数据可使用的模型。在开始进行数据分析工作前，AI 产品经理明确数据源及数据口径是非常重要的步骤，要防止提取错误的数据，导致错误的判断。数据口径，即定义某一个数据指标的含义，如针对用户成功支付，是以用户提交成功的时间作为成功下单标志，还是以支付系统返回成功标识为准，不同的口径统计出的结果是有差异的。对于数据口径的明确，AI 产品经理需要明确数据分析任务的业务场景和目标，定义清晰的数据口径对企业后续的数据分析工作具有重要的意义。

对于提取完成的数据，我们通常还要进行数据处理，数据处理阶段主要做的工作是数据清洗、数据补全、数据整合。数据清洗是指若发现数据中的异常值，AI 产品经理通过异常值确认是否是数据采集方法的问题，同时可通过异常值找到数据分析的目标。数据补全是指针对数据缺失的情况，AI 产品经理可根据数据前后的关联关系填充平均值，或者选择去除该条记录或是单独处理；数据整合是指在采集数据时，不同类型数据之间可能存在潜在的关联关系，AI 产品经理可通过数据整合，丰富数据维度，发现更多有价值的信息。

提炼原始数据并进行清洗后，就完成了数据分析的前期准备工作，AI 产品经理便可以从数据库的大量数据中找到一些隐含的、先前未知的并有潜在价值的信息。对于不同的人工智能任务，数据分析和考察的目标是不一致的，常见的人工智能模型从不同的角度对数据进行挖掘，AI 产品经理则需要根据不同的问题来考察数据的完备情况。

1. 分类数据样本的考察

对于以实现分类为目标的模型，原始数据应该具备输入和输出数据，其中输入数据可能与输出数据没有明确的数学关系，输出数据则需要定义好明确的分类标签。在这样的数据集上，人工智能模型才能较好地学习。

在考察分类的数据样本时，需要考虑以下情况。

① 模型目标期望分成几类，是二分类还是多分类问题。

② 原始数据中的分类样本是否均衡，是否会出现不同类别的样本数量差距过大的情况？

③ 如果每个类别的样本数量差距过大，造成这一现象的原因是什么？是否需要关注稀缺样本？

④ 分类的业务含义是什么？输入与输出是否有直接或间接的关系，或者毫无关系？

案例：用户分类模型——精准推荐

在电商领域，可能会遇到这样的问题，预测用户是否会购买产品，这本质上是一个根据用户属性为输入数据，以是否购买为输出数据的模型。业务系统中包含某一类产品购买用户的信息，如年龄、性别、地域等（该类信息可能不全），更多的是用户的行为信息，如过去的购买行为、点击行为、收藏行为等，针对这个数据样本，AI 工程师就可以构建一个用户购买意愿的预测模型。AI 产品经理需要考查系统中留存的关于用户属性的信息，提供给 AI 工程师用以建模。

2．聚类数据样本的考查

聚类分析是把一组数据按照相似性和差异性分为几个类别，其目的是使得属于同一类别的数据间的相似性尽可能大，不同类别的相似性尽可能小。由于聚类的数据主要是通过算法找到其相似性的，因此 AI 产品经理只能通过对业务的了解预估数据聚类的效果，在这个过程中主要考察数据样本的缺失情况，确保不会因为样本缺失而造成模型无法构造。

案例：非人恶意流量识别的数据样本

非人恶意流量网站的攻击方式指的是通过软件或程序来大量刷流量，使流量如洪水般攻击网站。恶意流量会导致带宽耗尽，普通用户的访问请求就可能达不到服务器，让真实用户无法使用服务，对服务器宽带抗压容量和内存处理能力也有一定影响，因为主机内存和 CPU 的处理能力是有限的，超大批量的数据处理可能导致电脑宕机。

2016 年第一季度 Facebook 发文称，其 Atlas DSP 平台半年的流量质量测试结果显示,由机器人模拟和黑 IP 等手段导致的非人恶意流量高达 75%,因此需要通过监测手段排查项目是否存在作弊嫌疑。这个案例的特点在于数据并没有明确标签说明哪些用户存在作弊嫌疑,只能够通过用户画像、跨设备识别等进行聚类,从而识别和标记作弊流量,恶意流量和普通用户的访问行为会有明显的差异。因此 AI 产品经理可以根据对业务恶意流量的理解,说明需要收集的特征,构造可聚类的数据样本。

3. 回归分析与预测

当一个人工智能模型需要考察两种或两种以上变量间相互依赖的定量关系,或者寻找业务数据库中一个将数据项映射到一个实值预测变量的函数,发现变量或属性间的依赖关系,就可以确认模型需要实现的是数据序列的趋势特征、数据序列的预测以及数据间的相关关系等,或者利用历史数据找出变化规律,建立模型,还可以用模型来预测未来趋势。这时 AI 产品经理需要确认输入输出的数据关系,尽量找到对输出有影响的数据样本。

案例:电影票房预测

《小时代》缘何票房一路走高?偶像明星对于电影票房的影响力有多大?继《泰囧》良好的观影效应之后,又迎来了佳作《药神》,这背后是否与主演有较大关系?来自印度的电影《摔跤吧!爸爸》为何会逆袭?体育类影片是否都能够获得好评?

电影票房的预测就是一个典型的复杂回归预测模型,因为影响电影票房的因素有很多且不可量化,而回归预测模型则需要在多个变量关系中模拟与票房的函数关系。虽然影响电影票房的因素较多,但通过数据积累,同样可以在其中找到关系,从而建立电影票房的预测系统,为投资人提供参考。电影票房背后,其实有题材、演员阵容、影片口碑、档期、宣传力度及非市场因素的影响,绝对不会只受电影质量的影响。这些因素就需要 AI 产品经理进行整理并提前积累,建立一定的数据规范,为 AI 工程师提供参考,如表 5-3 所示。

表 5-3 票方预测的影响因素

影响因素	内容
题材	不同类型的电影会有不同的受众群体,如动画片适合家长和儿童观看、文艺片则比较小众、动作片会更容易吸引青年群体,题材不同导致受众范围不同,则直接影响票房高低
演员阵容	演员、导演的阵容,会形成粉丝群效应,有一些比较有号召力的演员参演,有可能带来可观的票房,因此一些以偶像明星主打的电影同样备受关注

续表

影响因素	内容
影片口碑	影片口碑主要体现在评分上，电影上映一段时间后，后期的票房主要就会依赖影片的口碑，若在平台上传播广泛，也会带来票房的增量
档期	电影受节假日影响较大，如暑假档、春节档，时间对电影票房的影响还体现在同期上映电影的竞争上，一部大受欢迎的电影很可能会影响其他电影的票房
宣传力度	宣传力度主要可以从营销成本、广告花费、电影上映票补等方面进行评估
非市场因素	非市场因素通常是指电影上映期间发生的突发事件，如虚假票房数据等因素可能会影响用户决策，演员的负面新闻导致电影下架等，有的可能会对电影票房带来毁灭性打击

不同的公司会使用不同的数据进行电影票房预测，例如早在 2013 年谷歌公司就在一份名为 *Quantifying Movie Magic with Google Search* 的白皮书中公布了其电影票房的预测模型，该模型主要利用搜索、广告点击数据及院线排片来预测票房，谷歌宣布其模型预测票房与真实票房的拟合程度达到了 94%。

国内相关电影类 App 有猫眼，如图 5-13 所示，猫眼同样推出了电影票房预测系统，能够预测未来时段电影的票房。

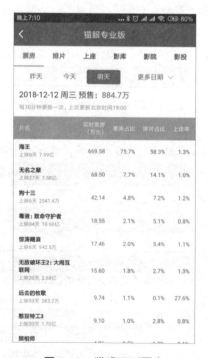

图 5-13　猫眼预测票房

根据公开资料显示，猫眼为了能够预测电影票房，除了在线售票的实时数据，还会收集电影排片占比、场均人次、评分、演员、节假日特征等信息，综合构建票房的预测模型。

二者均是对电影票房的预测，但由于数据不同，所以需要构建不同的模型，AI产品经理就需要根据已有的数据设计合理的产品方案。

4. 关联规则的数据样本

关联规则是描述数据库中数据项之间所存在的关系的规则，即根据一个事务中某些项的出现可导出另一些项在此事务中也出现，即隐藏在数据间的关联或相互关系。

沃尔玛"尿布与啤酒"的案例就是关联关系的最佳实践，商户通过分析不用商品或不同行为之间的关系，将两个毫无关系的物品联系起来，从而了解用户的购买习惯；在客户关系管理中，通过对企业的客户数据库里的大量数据进行挖掘，可以发现有趣的关联关系，从而找出影响市场营销效果的关键因素，为产品定位、定价与定制客户群、企业寻求、细分与保持客户、市场营销与推销、营销风险评估等决策提供参考依据。

对于关联规则的人工智能模型，AI产品经理需要考察系统数据是否完备充分，业务场景是否合理，对关联关系可进行一定的解释，尤其是确认关联关系是否已经在数据库中保留下来。

案例："为你推荐"关联关系

电商产品中的穿衣搭配，是服饰、鞋包导购中非常重要的课题。图5-14所示的"为你推荐"，就是基于搭配专家和达人的搭配经验生成的搭配组合功能，并结合百万级别的商品的文本和图像数据，以及用户的行为数据，为用户提供个性化、优质的、专业的穿衣搭配方案。要实现"为你推荐"功能的基础是数据中已经包含了搭配关系，从而使模型能够进行学习，如对于两个人都喜欢购买某一类产品的用户，销售系统就会记录他们每次购买的产品类型。因此，当一个人购买一件产品时，商家就可以将这个人的喜好推荐给另一个人，这类型的数据应该尽可能保留下来作为参考，从而成为给用户提供预测商品搭配的商品集合。

5. 异常分析

常见的数据分析中，还包括特征、异常值分析，特征分析指的是从数据库中的一组数据中提取关于这些数据的特征式，这些特征式表达了该数据集的总体特征；异常值指的是一批数据中通常会有异常值，通常的处理方式是剔除异常值且不允许丝毫异常值出现,如果异常值出现较频繁,我们要分析其产生的原因,这常常也会成为发现需求进而改进决策的契机。

案例:图片模糊比例异常的发现

现如今很多商家系统在入驻平台时,都要求上传证件照。工作过程中如果审核人员发现图片模糊数量过多,就会进行证件重复审核。通过在日常统计的报表中发现,某一渠道来源的图片模糊比例达到了30%,比正常渠道2%~3%的模糊比例明显提高,这样异常的数据经过排查后,该渠道可自动进行图片压缩处理,并且平均每周能减少至少1000例的重复审核证件。

数据分析是一种决策支持过程,它通过高度自动化地分析企业的数据,做出归纳性的推理,从中挖掘出潜在的模式,帮助决策者调整市场策略、减少风险、做出正确的决策。此外对于数据的应用还有很多形式,例如,用户行为分析、用户画像、漏斗分析、个性化推荐等,AI产品经理不仅要知道数据的重要性,更重要的是具备数据的分析能力,才能培养自身的数据敏感度。

图 5-14 商品推荐页面

5.3.5 数据驱动产品设计

在我们的日常工作中,往往并不缺少数据,而是缺少真正有效的数据,缺少正确运用数据分析的结论。我们通过数据库保存需要的业务数据，通过数据埋点获取数据，有时需要增加数据标注工作，明确数据口径、数据清洗，整合得到有效可靠的数据，然后通过数据分析的手段获得数据背后隐藏的信息，最后就是如何合理运用这些信息，将它落地并驱动产品的设计流程。

数据在产品的全生命周期中都扮演着重要的角色，产品设计与开发过程可划分为市场需求分析（MRD）、商业需求分析（BRD）、产品需求方案设计（PRD）、产品研发、产品测试、产品上线等阶段，硬件类产品还涉及工艺设计、样品试制、生产制造、销售与售后服务等阶段。可以说产品设计的每一个阶段都离不开数据的论证，甚至产品上线后还要复盘新的数据，以便继续更新迭代。

在以数据驱动产品设计的案例中，基本可以分为 3 类。

1. 缺少数据支持，通过数据类产品提供科学化管理

这一类产品在体育管理类的产品中尤其多见，时下热门的健身 App、运动 App 或者是硬件类产品，都通过收集用户的运动数据，为用户提供科学的健身方法。在职业运动赛场上，更有数据分析类产品，来提升教练团队专业水准。图 5-15 所示为由意大利人开发的排球数据分析软件，在每场排球比赛中，现场输入技术数据至少有 1000 多条，包括每名队员的发球集、二传传球位置分析、重点球员在不同战术中扣球和吊球的习惯线路，并且记录我方和对手每一名队员的扣球路线、扣球区域概率、助攻区位、调整攻区位等，我们依靠排球数据分析软件将收集的数据生成分析图、制作技术录像，目前已经推广到全世界。此外，专业的运动分析包括排球轨迹获取和智能分析、排球扣球动作生物力学分析、运动员弹跳力和下肢运动关联分析、跳发球技术和移动步法数据分析、运动员体能衰减数据分析、得失分影响因子分析、运动员之间的关联关系分析、运动员和后备队员功能特征基本指标分析等。

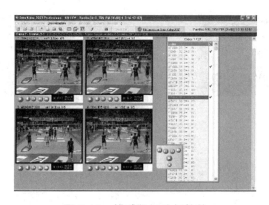

图 5-15　排球数据分析软件

2. 通过数据挖掘衍生新的产品

一些互联网企业相比于传统企业的优势在于，数据储备的工作比较完善，因此能够快速结合自身已有数据挖掘、衍生新的产品。以 LinkedIn（职场社交网络）为例，其积累了大量用户的职业信息，在 LinkedIn 的人才流动画板中，记录整理了世界上有多少人在哪儿家公司担任过什么职务，即我们可以得到世界上所有公司的人才流动情况。2012 年，LinkedIn 基于此人才流动情况进行数据挖掘，推出衍生产品，它可以帮助我们找出硅谷中最有潜力的初创公司，根据人才画板中哪些公司最近阶段采取哪些方法挖掘大公司人才且人员流动少等信息，可以对该公司的潜力值有一定的判断，从而得出最受关注的雇主品牌排名。基于以上数据，研发者在 2016 年大致绘制了中国的互联网人才分布图。

3. 基于数据产生新的解决方案

在一些行业中其实已储备了多年的数据，但始终没有应用好，如医疗领域就是门槛相对比较高的领域，目前各个医院都累积了大量的病理影像数据，这些数据是在人工智能的基础上而产生的，但是一方面数据存储分散，另外一方面需要沉淀专家的意见，因此实现人工智能还有很长的路要走。针对医疗领域有很多与人工智能的结合点，其中医疗影像辅助诊断就有大量的基础数据，我们需要就此形成新的解决方案，从而降低误诊、漏诊率。

图 5-16 所示为腾讯觅影利用深度学习技术分析病人的钼靶图片，帮助医生辅助检查，可实现两大功能：找到疑似病灶（包含肿块灶和钙化灶）的位置；分析病人患有恶性肿瘤的概率。

图 5-16 肿瘤智能分析

有数据并不意味着人工智能就能很好地落地，同样以医疗领域为例，因为个体差异，医疗方面的数据呈现出数量大、类型多、处理方法复杂等特点，这对于 AI 产品经理来说，一方面要梳理复杂的数据，同时还要同专业人士进行交流，将医疗知识转化为产品语言，才能设计出完整的产品方案。

数据是人工智能模型学习和训练的基础，数据分析是挖掘隐藏信息的手段，数据标注是人工智能产品研发过程中衍生出的工作。AI 产品经理与数据打交道，学会使用数据来驱动产品设计，能够让产品不只是停留在个人的主观感觉上。互联网时代让信息越来越公开，信息公开后的市场就是一个充分竞争的市场，AI 产品经理只有善于利用数据，才会发现隐藏在数据背后的机会。

5.4 取舍之道：需求的优先级评估

2016 年以后，很多企业将 AI 行业作为企业未来的发展方向。有时 AI 产品经理会面临"在有限的资源内完成无限的事情"的挑战，尤其在许多业务部门还不甚了解 AI 之时，大部分人会产生"AI 是万能"的这一错误认识。例如，很多人常误以为计算机视觉能够将所有的图片读取出来，却不知道高准确率的背后是有许多前提条件的。一些对 AI 错误的认知在无形中更增加了很多压力，面对企业无休止的需求，AI 产品经理应该如何应对呢？因此，对于 AI 产品经理来说，对需求的优先级评估就应该学会"取舍之道"。

5.4.1 认识优先级评估

AI 产品经理对于需求优先级的评估，重在思维、轻在方法，不必在方法上吹毛求疵，而是要用方法来锻炼自己的思维。在日常大多数工作中，成熟的 AI 产品经理已经形成了一定思维模式，因此会在接受需求后进行初步的评估和判断，而对于刚刚入门的 AI 产品经理来说，则需要多磨炼自己的思考方式，学会优先级评估的方法能够让 AI 产品经理更加全面地思考问题。

相信大多数 AI 产品经理一定会遇到这样一个尴尬的情况：内部资源永远是紧张的，外部竞争却时刻在发生。所谓内部资源，主要是指研发资源。与 AI 相关的研发工程师在大多数企业中都是处于稀缺的状态，如何"好钢用在刀刃上"，那就考验产品经理的决策能力了。当产品经理面对多个需求时该怎样做呢？我们没有办法把所有的需求同时做好，与其接收多个需求同时做，可能每个需求和功能都做不好，不如抓住一个需求做到完整。在实际的工作过程中，企业通常从需求池的建立开始，之后进行需求初步评估，直到形成最终方案。

1. 从需求池开始

需求的来源非常多，通常有以下几类。

① 来自用户的反馈，通过用户的意见反馈、用户访谈发现的需求。

② 来自业务的建议，业务人员围绕产品提供服务过程中发现的问题。

③ 来自领导的想法，领导站在某个角度提出的期望功能。

④ 来自竞争对手的功能，市场竞争对手优先上线的功能，且有较好收益。

⑤ 来自产品的构思，产品日常构思或者迭代的要求。

对于这些需求，为避免日后遗忘，我们需要把关键信息记录下来，形成需求池表格，如表5-4所示。

表5-4 需求池表格

标题	2019 Q3 XXXX 业务线需求池						
作者							
时间							
序号	需求背景	需求描述	预期收益	期望上线时间	提出人	相关附件	当前状态

需求背景：这个需求产生的背景是什么？可以从市场、政策、业务、用户等角度进行描述，总之你需要知道是什么原因引发的这个需求。

需求描述：要明确需求背景提出的问题，需要通过什么样的动作或方法来解决，要注意需求描述和功能的区别，不需要落实到具体的产品功能和逻辑中。

预期收益：完成这个需求，用户、产品、市场的可预期收益是什么，这部分有量化的数据指标会更好。

期望上线时间：期望这个需求和功能在哪个时间点完成。

提出人：记录提出人，若后续有需求的变更或意义不明确，需要再次沟通；若是跨部门的需求，还需要记录提出人的所在部门。

相关附件：需求相关的沟通资料，通常你还会遇到不会进行需求描述的人员，这时候提供相关的资料，对于你去解读和理解需求也有很大的帮助。

当前状态：用于记录产品的状态，包括待分析、分析中、研发中、测试中、已上线、不处理等。

企业建立需求池是为了让 AI 产品经理能够了解在一定时间内该业务的整体需求，从而能够更加全面地评估需求，需求池可以按照周或月的频次进行更新，这样更便于观察。

2. 紧急重要度排列表

每个需求的提出者都会认为自己的需求是最紧急重要的，AI 产品经理则需要通过探究需求提出者背后的目的，来初步评估功能上线的效果，从而确定需求的紧急重要程度。笔者在工作中常使用等级 P0～P4 进行划分形成紧急重要程度排列表，如表 5-5 所示。

表5-5 紧急重要程度排列表

等　级	说　明
P0	非常重要并且非常紧急
P1	重要且紧急
P2	紧急但不重要
P3	重要但不紧急
P4	不重要且不紧急，但需要处理

重要性主要是指产品的核心功能优化、产品方向上有重要意义的功能；紧急程度一般以上线时间要求或影响范围进行初步评估。

P0：非常重要并且非常紧急。因为在日常工作中，总会有很多需求评估达到了 P1，为了能将其中更重要的需求凸显出来，这一类需求一般有明确的上线时间，并且是与公司或部门层面的战略相关的需求。

P1：重要且紧急。这类需求与产品核心功能、核心用户相关，并且也有明确的时间要求。

P2：紧急但不重要。这类需求主要与产品优化有关，非核心功能，但需要在短时间内解决，否则会影响整体效率或使用效果。

P3：重要但不紧急。这类需求与产品的核心功能相关，在业务中，由于前置功能不完善或是有更长的时间验证细节的需求，或者是某个核心功能的前置需求，都可以作为重要但不紧急进行处理。

P4：不重要且不紧急，但需要处理。这类需求可能多以文案优化、跳转优化等需求相关，为了避免忽视需求，防止积少成多，我们一定要进行处理。

需要特别注意的是，我个人会把紧急的事情排在重要事情之前，因为很多紧急的事情不处理,后续会升级成重要的事情,但很少会变成不紧急反而重要的,因此需要快速响应处理。在实际操作过程中,AI 产品经理可以根据实际需要设定自己的排序法则。

3. 多问自己

通常 AI 产品经理都会接收到大量的需求,所以日常工作中,产品经理往往不会因为要做什么而困惑,反而更重要的是不做什么,正如微信的多次版本迭代一样,虽然做的都是加法,但能够看出其产品经理对于功能主次的安排。如果 AI 产品经理对需求的判断还不明确,其实有一个逆向思维可以辅助他去思考,多问问自己"不做会怎么样?"

通过这个问题,你可以发现在"不做这个功能"时,用户是如何解决这个问题的,你也许会对当前解决这个问题的方式有所启发,你也可以发现在"不做这个功能"时,用户的不满意度是否已经到了极限。

5.4.2 优先级评估模型

评估需求的优先级实际上也是思维锻炼的过程,通过优先级评估,可以促使 AI 产品经理思考需求的本质,也可以通过学习一些成熟的优先级评估模型,让 AI 产品经理在评估需求的优先级时能够考虑更加全面,做到有条不紊。

1. Kano 模型

Kano 模型是一个经典的需求优先级评估模型,如图 5-17 所示,它将用户需求分为 5 个维度:基本需求、期望需求、兴奋需求、无差异需求、反向需求。横轴表示功能的满足程度,纵轴表示用户的满意度。

① 基本需求:也是基础性需求,理所当然的需求,也是用户认为"必须要有"的功能。如果"没有",用户就会很不满意,如果"有",用户也不会因此而感到满意的需求。

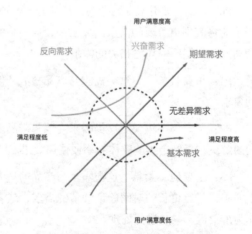

图 5-17 Kano 模型对需求的划分

② 期望需求:期望需求类似解决当前存在问题的需求,如果有,用户会感到满意,

如果没有，用户也不会感到失望，但可能使用产品的意愿会降低。

③ 兴奋需求：兴奋需求是指超出用户期待或预期的需求，一般是通过挖掘表面需求背后隐藏的需求，或是用户没有发现但是改善后非常好用的功能，就是兴奋需求。

④ 无差异需求：无差异需求是指有没有都无所谓的这部分需求，不论提供或者不提供，对用户体验均不受影响，换言之，即使不做，也不会让客户感到不满意。这部分需求，往往要避免"多余动作"。

⑤ 反向需求：属于做了就会产生负面影响的需求，这个需求可能只满足少部分人的需求，却照顾不到大部分用户的使用。

Kano 模型最初并非用于互联网产品需求优先级排序，而是提高企业服务的方法论，后由于与互联网产品经理的日常工作非常契合，开始逐步被大家熟知，并被广泛应用。AI 产品经理尤其要注意评估需求的类型，如同样是语音交互功能，在驾车导航中，随着技术的进步，语音交互已经从兴奋型需求转变为基础型需求了，而语音交互不是在所有产品中都需要的，如在个人社交 App 中，语音交互则属于无差异需求，毕竟在用户沟通交流过程中很少需要帮助。大多数人工智能的应用可能属于兴奋需求，AI 产品经理需要正确把控。

2. 紧急重要四象限法则

紧急重要四象限法则也是 AI 产品经理日常常用的判断方法。如图 5-18 所示，用一个二维的横竖坐标分成四个象限，横坐标表示紧急度，纵坐标表示重要性。第一象限为重要且紧急，第二象限为重要不紧急，第三象限为不重要也不紧急，第四象限为不重要但紧急。

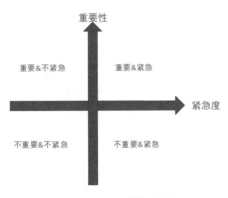

图 5-18　紧急重要四象限

在工作当中，我们可以根据当前的实际情况，把手头上的所有工作根据四象限法则进行重要性与紧急度的分析定义，然后把这些工作一一放进相应的象限中，最后再按照一定的顺序来完成工作。

产品经理刘飞在《从点子到产品》一书中对重要程度、紧急程度进行了划分，可以作为其他产品经理决策的参考。

重要程度大致的排序如下：

- 不做会造成严重问题和恶劣影响的；
- 做了会产生巨大好处和极佳效果的；
- 同重要合作对象或投资人有关的；
- 同核心用户利益有关的；
- 同大部分用户权益有关的；
- 同效率或成本有关的；
- 同用户体验有关的。

紧急程度大致的排序如下：

- 不做错误会持续发生，然后造成严重影响；
- 在一定时间内可控，但长期会有糟糕的影响；
- 做了立刻能解决很多问题、产生正面的影响；
- 做了在一段时间后可以有良好的效果。

3. 通过成本为需求排序

研发资源可以被认为是稀缺资源，如果在资源紧张的情况下，我们需要用成本结合需求的优先级，来得出需求的性价比。研发成本类型如表5-6所示。

表5-6 研发成本类型

成 本 类 型	说　　明
研发时间	需求的研发时间超过1个月，需要考虑需求拆解
系统改造量	需求是否会颠覆原有的系统逻辑，是否存在大量改造
技术栈符合程度	需求是否超出团队技术栈要求，可能需要外包或者招聘才能解决
未来改造成本	需求的通用性如何，是否对未来产品方向有巨大影响力

结合研发成本，AI产品经理可以再次根据需求的性价比，考虑是否需要付出巨大成本来完成一个功能，或者是否有更合适的方式。

4. RICE 优先级评估

RICE 是 4 个评估项目的首字母缩写：Reach（接触数量）、Impact（影响程度）、Confidence（信心指数）和 Effort（投入精力）。

（1）Reach（接触数量）

接触数量是指用每个时间段的用户数或事件数来衡量，考察一个需求在一定时间段内会影响多少用户。这可能是"每季度客户数量"或"每月交易数量"，尽可能使用产品指标的实际测量结果。

（2）Impact（影响程度）

影响程度是对目标产生可观影响的需求，以此来预估这个项目对个人产生的影响。可以分为巨大影响、高、中、低、极低几个标准。

（3）Confidence（信心指数）

有些需求有创意但无数据支持而显得不明确，我们在评估时可以把信心指数考虑进去，可以分高为 100%、中为 80%、低为 50% 三个档次。

（4）Effort（投入精力）

为了迅速行动并且事半功倍，估算项目需要团队的所有成员（产品、设计和工程）的总时间。投入精力的预估单位是人/月。

结合所有因素我们可以得到 RICE 分数，其表达式为

$$RICE = \frac{Reach \times Impact \times Confidence}{Effort}$$

然后 AI 产品经理根据 RICE 评分即可对需求进行排序，该方法比较适用于大型项目，在一般项目中不常使用。

5. 维格斯法

该方法将需求分为 4 个维度来进行评估。

① 实现需求给客户带来的收益。

② 不实现需求给客户带来的损害。

③ 实现需求所需要耗费的成本。

④ 实现需求的风险。

其中收益和损害是从客户角度出发的，而成本和风险则是从实现角度出发的，是

逻辑较清晰且通用的方法。另外评估需求时还可以从核心业务出发，满足投入产出比最大的需求（ROI 最大化）；从核心用户角度出发评估需求（二八原则）。

我们需要知道在任何时间和状态下，资源都是非常有限的，我们通过确定需求优先级的办法，不仅可以明确资源投放的方向，还可以让需求方正确表达自己的真正意图。

本章小结

AI 产品经理的工作职责依然是为产品负责，因此关于产品思维的训练依然非常重要。本章从大局观、需求分析、数据能力及优先级评估 4 个方面来说明产品的方法论，表示既要站在一定高度去理解问题，同时又要能够深入去解决产品设计过程当中的细节问题。

① 大局观，用更高的视角看世界。现代企业分工下，一个产品的诞生是需要团队的分工合作的，但是 AI 产品经理的视角对于产品的发展有着很重要的作用。当技术逐步成熟时，作为 AI 产品经理，首先要具备产品的大局观，明确产品的方向和定位，我们不应该仅仅站在自己的视角去做事，更职业的做法应该是从产品、市场、团队等方面进行全面的考察，毕竟方向错了，再努力也会离目标越来越远，这个放在人工智能的产品中也是同样的。虽然我们没有办法完全预知市场中会发生的情况，但是站在当前阶段，AI 产品经理应该具备战略分析和制定的能力，才能使自己的每一步计划考虑得更加全面。

② 同理心，用用户的视角看场景。我们都知道在探究分析需求时，需要用同理心去洞察用户的需求，只是很多情况下 AI 产品经理为了应付需求，则敷衍地去完成产品设计方案，短期内似乎任务完成得很不错，但长此以往，用户就会离产品越来越远。人工智能的确能提升效率，但是人工智能应该在用户的哪个环节发挥效用，才能发挥其真正的价值呢？从这个角度来看，产品经理需要了解问题产生的场景，厘清需求的目标，最后进行方案设计，而且在这个过程中要保证 AI 产品经理的权威性。

③ 数据分析，用数据的视角看产品。人工智能的技术特点要求 AI 产品经理要具备和数据打交道的能力，因为要想让机器智能，离不开数据。数据中包含了怎样的知识呢？数据的质量是否可拿来进行训练？数据的积累过程又是怎样的呢？AI 产品经理不仅要有数据思维，还要有数据的敏感度，表现在系统数据库的搭建、数据库基本原理的了解、产品数据埋点常识及数据标注的流程，最后用数据去驱动产品升级。

④ 取舍之道，用价值的视角看需求。AI 人才本身就紧缺，长期资源紧缺的项目，

自然要"好钢用在刀刃上",需求的优先级分析不应该是一个"拍脑袋"的过程,我们更应该学会用科学的方法分析其重要紧急程度,才能做事有条不紊。需求优先级分析工具,无论是 kano 模型或是收益评估方法,都是帮助 AI 产品经理全面思考问题的方法,因此面对具体的问题需要具体分析。

人无完人,时代的变化总会对产品经理提出更多的要求,AI 产品经理也要注重修炼产品内功,让这些能力最后都转化成 AI 产品经理的决策能力,这对于一个 AI 产品经理未来的职业发展至关重要。

第 6 章

产品的外功：沟通、协作与推动能力

　　人工智能的应用模式是对产品功能的赋能，因此在推进产品上线的过程中，跨团队、跨部门沟通是一种常态，有时候因为数据分散在各个业务模块，这时就更考验 AI 产品经理凝聚团队的能力，以及清楚表达项目价值的能力。有的 AI 产品经理的日常工作就是需要和多方沟通、协调各方资源、达成产品目标。有人说"在产品的需求评审的时候，能够应答如流"是 AI 产品经理个人的荣耀时刻，但"顺利完成需求评审，跟进产品上线、把握项目进度，产品得到用户的认可"这个过程才是整个团队最为骄傲的时刻。AI 产品经理的工作不仅表现出 AI 产品经理具备表达能力、逻辑能力和执行力，表现出跟进产品开发上线过程中的为人处事的能力，其实也是其个人人格魅力的很好体现。

　　AI 产品经理要懂 AI，更要懂人性。这不仅仅体现在对用户的理解上，也体现在做事的方方面面。本章看似和人工智能技术知识关系不大，但对于产品经理来说，人工智能的产品应用显然会比一个普通的功能设计复杂得多，从项目初期的数据评估、设定项目的目标、可行性方案跟踪，到项目中期的研发、设计、测试、协调，到最后项目上线的效果评估，每一个环节都考验着 AI 产品经理沟通、协作和项目推动的能力。

6.1 学会说和听，降低沟通成本

沟通是什么？沟通是人们分享信息、思想和情感的过程。沟通的过程不仅包含口头语言和书面语言，也包含形体语言、个人的习惯和方式、物质环境，以及赋予信息含义的任何东西。产品经理沟通的目的是什么？是为了让团队更好地协作，要知道在一个团队里"你不是一个人在战斗"，协作是我们日常工作中的常态，是一个团队为了实现共同的目标，充分利用组织资源，依靠共同的力量来共同完成某一项任务。

AI 产品经理的日常工作有一个特点，几乎所做的事情都是致力于推动各个团队共同完成目标，这意味着在日常工作中，沟通、协作、推动，是 AI 产品经理具备的基本能力。如果一个团队中的 AI 技术被定义为底层应用，就意味着 AI 产品经理需要面对多个业务方，这更加考验 AI 产品经理在与人沟通方面的能力。有一位 AI 产品经理曾这样说过："什么样的团队是我心目中最好的团队呢？我没有一个很完整的答案，但我很喜欢这样一个瞬间'我的一个眼神给到团队伙伴的时候，他们知道我在想什么'，我想这应该是团队协作的一种默契体现。"

6.1.1 认识完整的沟通

有人说"人生说起来，就是一连串的谈判"，因为他认为无论在生活中还是职场上，我们与人合作遇到的诸多困难和问题，都可以归结为"沟通不到位"。AI 产品经理的岗位决定了其需要大量的沟通，从目前来看,大部分企业原本的主要业务基本不是 AI，那么通常情况下是依靠 AI 的能力应用到各个业务场景中，这就更需要 AI 产品经理能够切换到业务方的思路，理解他们的核心诉求是什么。

1. 沟通要素

通常来说，AI 产品经理是团队中第一个接收到需求的人，获取信息的信息源可能是业务、市场、销售、运营甚至是老板，AI 产品经理需要将自身获得的信息准确表达给其他角色，如 AI 工程师、设计、业务研发、测试等，如图 6-1 所示。因此，面对如此多的沟通场景，AI 产品经理只有运用自身的沟通能力，才能保证大家在行动之前形成统一的目标。我们同样可以把沟通这件事进行拆解。

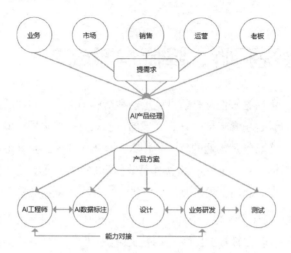

图 6-1　AI 产品经理可能的沟通对象

（1）沟通对象

公司内部：一般来说，围绕一个产品的基本角色包括运营人员、设计人员、技术人员、测试人员、市场人员等，每个角色都需要依赖 AI 产品经理一定的输出，才能开展自身的工作；同时产品经理还需要同上级、下级、产品团队内部进行沟通。

公司外部：包括与用户、与客户打交道，与协作的业务上下游进行沟通交流。

当然，AI 产品经理的主要精力还是与公司内部的沟通协作，对外的沟通通常由市场进行主导。

（2）沟通类型

自上而下式沟通：作为产品负责人时与产品助理的沟通。

自下而上式沟通：作为 AI 产品经理与老板的沟通。

平行式沟通：与开发人员、运营人员、市场人员等部门之间的沟通。

（3）沟通方式

口头：一般是面对面式的沟通，可以观察到对方的情绪。

通讯：通过即时通信手段完成沟通，快速响应并解决问题。

文档：需求文档、测试用例文档、产品说明书、邮件等，通常用于严肃、正式、规范性的场合。

沟通的核心价值在于传达内容，让对方知道他需要知道的事情，并且协助其完成任务。沟通的内容和对象，决定了你的沟通方式。一般来说，口头沟通效率>通讯沟通效率>文档沟通效率，面对面沟通所获得的信息是最全面的。

2. 沟通过程

我们以一个通过计算机视觉识别假证的需求作为沟通场景来进行说明，我们可以把一次有效的沟通分为三个阶段，如图 6-2 所示，分别是沟通前、沟通中和沟通后。

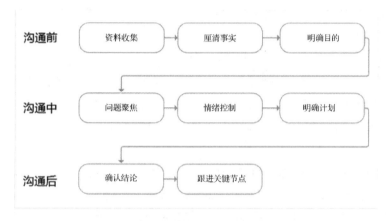

图 6-2 沟通过程

（1）沟通前的准备

在沟通之前，我们需要做好沟通准备，包括资料收集、厘清事实、明确目的。

① 资料收集。收集相关需求的背景资料，了解当前业务面临的困难，如在商家入驻、贷款申请过程中，需要在线提交资料，有的不良用户由于无法合法办理相关证件，会通过中介公司办理假的证照，其中常用的手段是通过图像处理软件生成一份证照，我们需要将业务产生的背景、问题以及价值描述清楚。

② 厘清事实。什么才是事实呢？在复杂的事务中，我们需要抓住核心诉求点，把事实讲清楚，如果能有数据进行说明，就更有支持力。例如，平台需要管控假证，这是由于假证的存在造成了潜在的风险，另外系统还需要对新增的证件采取更加严格的把控措施，防止新的假证流入平台。

③ 明确目的。明确目的指的是在沟通前我们就应该对沟通的结果进行预设。业务方面提出需要运用计算机视觉的能力，其目的是希望批量筛查存量数据是否存在假证。

（2）沟通中的要点

① 问题聚焦。有效沟通所需要的态度是"温和而坚定"的，在沟通的开始，需要确保双方在沟通同一件事情，且对同一件事情的定义一致，因此我们可以在沟通前对一些专有的定义进行解释。

在本次案例中，何为"假证"呢？一个证件的信息是正确的，可以说它是"假证"吗？业务方提出的所谓假证，指的是图像经过处理后的证件，经过处理的证件即使显示信息是正确的，也会被认定为是"假证"。而另一方则会认为只要照面信息正确，即使是经过修改的证件，由于人无法用肉眼辨别，也会被认为是真的证件。为了避免因为双方定义不一致而导致无效沟通的僵局，需要在一开始，就尽力使在场参会的人明确同一个问题。

② 情绪控制。我们在沟通过程中会遇到一些情况，如因为情绪而导致口不择言，一般在待解决事件中（尤其是即时纠纷），双方情绪都会比较激动，很多时候，事件本身倒是不那么重要，而情感的伤害却最终造成了无法沟通的死结。因此，在沟通时，为了能让对方冷静下来，我们需要按压下自己的不良情绪，这样才有可能坐下来共同解决问题。

③ 明确计划。一个有效的沟通需要明确后续的计划，给出一个明确的结论，并且明确下一步行动的责任人和完成时间。例如，假证需求沟通过后，我们明确了业务方的诉求和场景，接下来 AI 产品经理则需要对数据样本进行调研，完善产品的需求方案，另外 AI 工程师还需要进行模型的预调研等。

（3）沟通后的事项

如果是跨部门的沟通，AI 产品经理需要进行"留痕"，避免由于时间过长导致双方信息理解存在差异。

① 确认结论。对于沟通时已经确认的结论进行简要总结，并寻求各方现场反馈确认，通常可以以邮件、文件等进行实质性的记录，同时，以结论为基础，将下一步行动的责任人和完成时间记录下来。

② 跟进关键节点。一次有效的沟通，明确责任人和时间后，我们可以明确后续的沟通机制，在关键的时间阶段进行跟进确认。

6.1.2 掌握一些沟通技巧

《金字塔原理》是一本表达思维观点和思维方式的书，我们可以借助《金字塔原理》中的思维方式来厘清自己想要表达的观点。我们的大脑在处理信息时，一开始都是杂乱无章的，包括思考、记忆和解决问题等多种形式，一个通顺的处理过程是先将初始的信息进行分类，然后通过逻辑梳理，以一种利于理解的方式表达出来。金字塔的表达方式一方面可以帮助我们厘清自己的观点，另一方面也能够让接收信息的一方清楚信息的脉络。

在日常工作中，AI产品经理需要处理很多问题，这个过程可以简化为思考、表达和解决问题3个阶段，而且在不同的阶段都有不同的逻辑思维方式。

① 思考阶段的逻辑：AI产品经理在思考阶段要全面、真实、深入细致地把细节刻画清楚，尤其是对于用户和市场需求的挖掘，需要关注到用户的利益点、兴趣点和兴奋点，并将这些信息都罗列出来，重新分类，要掌握表达的标准结构和逻辑顺序。

② 表达阶段的逻辑：表达阶段的重要目的是让对方了解你所要传达的信息，因此AI产品经理可以把握主次分明、归类分组和逻辑递进的表达关系，表达内容中的先后顺序，可以按照先全局后细节、先重要后次要、先结论后原因、先论点后论据的原则进行设置。

③ 解决问题阶段的逻辑：在解决问题的过程中，AI产品经理可以优先分析复杂问题，同样是要预先组织思路，按照结构化和框架化的思维分析问题，最终提出结论并做出决策。

一般来说，表达需要有一个中心主题，如果在一开始不知道中心主题时，可以将需要表达的思维要点罗列出来，找出观点之间的逻辑关系、分类关系后再得出结论。

正式表达的过程，就是形成沟通交流的过程，如图6-3所示，一个良好的沟通过程通常包含5个环节。

① 提出主题思想。引出讨论的主题思想以及需要解决的主要问题。

② 设想主要疑问。通过预先设想疑问，反推自己表达的观点是否成立。

③ 背景—冲突—疑问—回答。事件背景是什么，产生的冲突是什么，对此有哪些疑问，如何回答解决这些疑问。

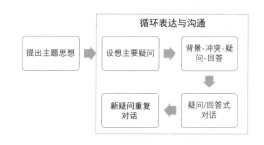

图6-3　良好的沟通过程

④ 与受众进行疑问/回答式对话。受众在接收到信息后，可能会提出自己的疑问，则可开展疑问/回答式对话。

⑤ 对受众的新疑问，重复进行疑问/回答式对话。若受众提出新的疑问，则会重复疑问和回答过程，直至沟通完成。

对话过程中，通常我们在需要表达一种观点时，如何让沟通对象更容易接收到我们要表达的信息，我们就要采用合理的表达观点的结构，如图 6-4 所示。

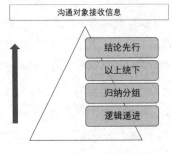

图 6-4 表达观点的结构

让对方迅速了解信息的方式，不是填充式地传达信息，而是应该找到沟通的切入点，注意免去对方筛选重要信息的过程，具体应做到以下 4 点。

第一，结论先行，中心思想在最开头，让对方快速了解主题思想。

第二，以上统下，上层思想是下层内容的总结。论点要有论据作为支撑，才能让受众深入了解论点的来源。

第三，归纳分组，每一组思想属于一个统一的范畴，各个主题相关性较强，互相支撑，让对方思路不跳跃。

第四，逻辑递进，每一组思想有一定的逻辑顺序，是相互补充、层层递进的关系，可以使对方按照一定的思路框架进行思考。

无论是会议沟通还是汇报工作，采用结构化表达方式，都更能让对方明确你的目的。下面我们来具体说明。

1. 沟通更考验情商

《金字塔原理》告诉了我们思考问题和表达观点的方法论，它相对来说是一种更为理性的思考，但是人与人沟通的过程中，实际上还要带点"人情味"，这一方面考验的是人的"情商"，我们的沟通过程不应该是一个"暴力"沟通的过程，这样反而会将矛盾激化，如何做到"非暴力"沟通，AI 产品经理需要做到观察、感受、需要和请求这几点。

① 观察：观察指的是观察沟通对象的行为和情绪，如我们同上级沟通时，如果发现他正忙于其他事务，不要急于打断对方，可以选择其他时间沟通；当与业务员沟通需求时，对方的反应是马上拒绝还是面露难色，或者是委婉拒绝，我们可以根据具体情况调整沟通内容和方式。

②感受：感受指的是站在对方的角度思考问题，少用"你"和"我"，多用"我们"，避免在沟通过程中将双方放在一个对立面。

③需要：需要的目的是赋予对方责任感，告诉对方这个功能的重要程度，为什么其需要这个功能，沟通态度既要柔和也要坚硬。

④请求：请求是明确对方应该采取的行动。与领导或下属沟通方案时，最核心的是讲重点，结构化表达就要求我们需要先讲重点，再讲需要对方如何进行协助，最后总结。

2. 文档规范避免信息不对称

文件沟通常用场景大多类似，只是目的不同，但核心规范要素是简练、突出核心观点、避免重复啰唆。一份规范的产品需求文档，需要具备完整的文档框架，涵盖修订历史、项目背景、文件目录、项目架构图、项目流程图、图文结合式功能描述、用户界面、数据埋点等。

AI产品经理在写PRD时，如果内容过多，可能就会遗漏部分功能描述，这时可以使用MECE原则，做到"相互独立、完全穷尽"，作为AI产品经理通常会用思维导图预先进行分析，将每一个功能点、用户界面都考虑到。

MECE的原则"相互独立、完全穷尽"就是追求完整性和独立性。

①完整性（无遗漏）：分解工作的过程中不要漏掉某项，问题的细分要在同一维度上进行且有明确区分、不可重叠。

②独立性（无重复）：每项工作之间要独立、无交叉重叠，问题的分析要全面、周密。

3. 了解基本的邮件礼仪

邮件沟通的目的无非是提供信息、沟通决策。一份正式合格邮件的必备要素包含邮件主题、邮件正文、邮件格式、邮件措辞、邮件敬语。

（1）邮件主题

写好一封邮件，主题一定要明确，如邮件的重点是什么，具体需要对方做什么，为了方便查询，还可以加上具体日期。

（2）邮件正文

①邮件正文的第一句话应是结论或目的，接下来再解释过程或经过。

②正文一定要条理清晰，多使用列举式结构化的表达。

③ 邮件的格式一定是符合企业内部常用的格式。

④ 邮件措辞应根据对象使用敬语。

⑤ 邮件结尾一定要让别人知道发件人及具体日期。

⑥ 必要时可结合图表、图片来帮助表达内容,直观且有效。

⑦ 合理提示关键信息。关键信息可以用粗体、有颜色字体、加大等形式突出,但必须适度且全文统一。

(3) 抄送对象

主送人是受理这封邮件所提出问题的人,需给出反馈;抄送人是只需要知道这件事,没有义务必须对邮件予以回复,当然如果抄送人有建议,也可以回复邮件。

一般抄送关系如下所述。

① 任何对外邮件需抄送你的直属领导。

② 跨部门沟通、跟客户进一步沟通时需抄送邮件双方的直属领导。

抄送人的顺序,一般来说,抄送顺序默认的是职位从高到低排列,同级别同事之间则按照与邮件内容关联度从高到低添加。

4. 沟通的信息结构化

在多部门的沟通过程中,最大的问题是每个团队的工作时间是不一致的,在节奏不能完全匹配的情况下,如果沟通没有结论就会浪费大量时间,增加沟通成本。对于这种情况,我们可以使用基本信息收集表,收集大家的基本需求,这样既可以使信息达到标准互换,又不会遇到时间难调整的尴尬情况。例如,下方就是一份图像识别需求的基本信息收集表。

(1) 基本信息收集表(见表6-1)

表6-1 基本信息收集表

主题	内容
部门	
产品线	
对接人(PM)	
对接人(RD)	
对接人(其他)	

续表

主　题	内　容
用途	
期望对接时间（年/月/日）	
业务量	
识别准确率	
识别时间	

在这份表格中，我们需要明确业务方的基本信息和主要对接人，并了解核心关键指标及期望的对接时间，通过收集多部门结构化的需求，我们便能够统一规划产品迭代的时间点。

（2）会议沟通表

如果讨论的事项较多，为了避免遗漏情况的发生，我们可以将需要讨论的事项一件一件记录下来，让沟通的过程更加顺利，其中比较重要的事项包括业务跟进人、产品侧跟进人当前状态、后续流程及相关结论，我们可以根据需要建立具体的沟通表格。

表6-2　会议沟通表

事　项	业务跟进人	产品跟进人	当前状态	后续流程	结　论

5．学会拒绝不合理需求

沟通并不意味着全盘接受所有事项，尤其是对于 AI 产品经理来说，需要考虑多个因素，有的时候要学会拒绝不合理的需求，避免 AI 科研资源的浪费，因为不同于业务功能的实现，AI 模型的建立是需要一定成本的，而且不合理的数据有可能建立一个不好用的模型。

（1）业务是否实际需要

我们要明了一个模型可应用的方向，是一次临时的业务需要还是可复制的。

（2）功能的可扩展性

一个模型的功能是否可扩展，我们要看其未来功能的延展性。

（3）数据是否完备

数据是建立模型的基础，我们要了解当前数据的积累情况，以评估是否适合运用人工智能的手段来解决。

我们要明白，如果每个人站在自己的角度去看，自己的优先级显然都是最高的，但 AI 产品经理要学会拒绝不正当的需求，要始终围绕产品的目标进行评估。沟通就是为了说明事物，把一件事情或一个东西，把它说得很清楚，这是我们所要达到的目的，但有时候过于看重技巧的沟通又失去了人情味，如何在沟通中正确表达情感，也是 AI 产品经理需要研究的重要课题。

6.2 明确产品规划，促进团队协作

6.2.1 团队协作要素

团队是指为了实现某一个共同目标而由个体组成的相互协作的正式群体。一个团队从无到有再到一个高效的团队通常需要经历 4 个主要的阶段：团队初建、团队磨合、团队凝聚，最后成为一个高效的团队。一个团队应该具有以下特征：自主性，一个团队是能够进行自我管理和自我提升的；思考性，一个团队是能够不停地审视自身的运转、发现自身的问题、积极地寻找对策，从而提出流程修改建议的；合作性，人工智能不能代替人的协作，而是在有原则和肯协作的趋向下与人沟通。

一般来说，如果一个项目成立，需要密切合作的伙伴会以 AI 产品经理为中心形成团队，如图 6-5 所示。这个团队具体包括 AI 团队，其角色包含 AI 工程师、硬件工程师、AI 数据标注；设计团队包括平面设计、交互设计、硬件设计；业务研发团队则主要包括前后端的研发及系统架构、数据工程师。这些小团队形成一个大的团队，共同完成产品的目标。

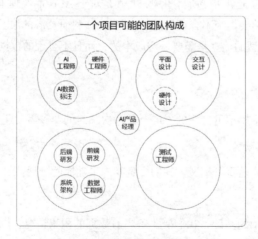

图 6-5　一个项目可能的团队构成

在团队协作的过程中，主要的影响因素包括角色、部门、规则，团队协作质量的好坏也是基于这 3 个因素。

1．角色

团队为每位成员设定了一个或多个标签，作为该成员在组织内活动的通行证，这个标签就是角色，例如 AI 产品经理、前端工程师、后端工程师、AI 工程师、测试工程师等，这些角色（职位类别）明确了每个人该做什么，也明确了与其他需要和该角色协作的成员该如何进行互动。例如，AI 产品经理通过整理需求形成产品需求文档（PRD），设计人员根据产品需求设计产品界面、前端工程师根据设计效果图实现前端界面、后端工程师根据 PRD 设计技术方案、AI 工程师根据 PRD 建立 AI 模型，这些角色在团队中分工作业，不得逾越、不得懈怠。

2．部门

现在比较流行的部门是类似角色的集合或为某项目协作的集合，前者更加稳固，后者偏向于临时性和灵活性。部门的组织形式要基于角色属性来设定，例如，财务部门相对独立、比较稳定就适合前者；而公司临时决定成立的新项目则适合后者的部门形式。企业通过部门的协作，可以梳理关系，有利于提高效率。

部门有效地规避了重复性、随意性的协作，同时可以实现人员的更换，避免由于一位成员的离开导致项目无法继续的情况，这样使协作的入口、出口和路径进行了统一，使项目实施变得有章可循。

3．规则

每个公司都会有规章制度，规则就是团队协作的标准，这样才可以检测出工作是否有效、是否符合标准，每个成员的产出是否符合预期等。

有了规则，团队再结合角色、部门，一个有效的闭环协作机制就形成了。当 3 个元素在一个团队内合理有效地结合时，团队的协作就可以实现低成本、高效率，也就是价值最大化了。总之，在一个团队中我们需要与各种不同性格和习惯的人打交道，但是目标是一致的，只要有适宜的规则，团队就可以达到既定的目标。

6.2.2　团队协作的方法论

当面对一个普通的业务类产品需求时，AI 产品经理通常会与研发、设计、测试进行沟通,而当一个产品需求需要运用 AI 技术时,AI 产品经理则还是数据人员、AI 工程师等角色,需要将这两个团队的工作产出,合理安排到一个版本的研发周期中。通常情况下,AI 模型的输出在产品模块中属于基础能力,因此业务研发需要依赖 AI 研发团队提供成熟的接口或 SDK。面对多个团队的相互协作,AI 产品经理应该如何把控好研发周期,促进团队协作呢?那么就需要企业设计高效合理的协作规则,团队协作体系的建立需要遵循以下两点:①团队协作要以已有团队机制为依托,优化、删除、修改和创新线下体制;②团队最终目标是降低成本、提高效率、实现利益最大化。

1. 团队协作工具

（1）项目白板

在平常的工作中项目白板是团队协作较好的工具,如果能够结合每日站立会,团队成员轮流讲解自己的工作进度,则可以方便每个人了解项目当前的状况,对于提升团队协作效率有很大的帮助。项目白板是一个真实的白板,团队在项目进行中可以使用贴便签等形式,更改项目白板的状态,这样团队成员每天都会看到项目的进展情况。

根据不同的工作需要,我们可以建立不同的项目白板,如图 6-6 所示,主要有以下 4 类。

负责人	待办事项	进行中	已完成
产品	任务1 任务2 任务3	任务4 任务5	任务6
UI			
后端			
前端			
测试			
运营			

图 6-6 项目白板示意图

"负责人":按照不同的岗位划分任务负责人,如在一般的研发流程中包括产品经理、设计师、前端工程师、后端工程师、测试工程师等,在人工智能相关的产品中需要增加 AI 工程师。每个岗位最好指定一位主要负责人,其他参与人员可以作为第二负责人,列出主要负责人可以方便团队成员知晓每个任务的跟进负责人是谁。

从左至右我们可以按照项目的 3 个顺序状态显示事项,分别是待办事项、进行中和已完成事项，如果有不处理的事项，可以将相关便签去除即可，不必改变项目白板的结构。

"待办事项"：明确需要做但当前还没有开始做的任务，负责人需要把当前版本的任务或者一些临时需求添加到"待办事项"列，待办事项需要在一定的时间内迁移到进行中或直接去除。

"进行中"：将正在进行中的任务移动到"进行中"事项，此项的任务一般是从待办事项中进行选取的，通过"进行中"的一系列任务，我们可以方便看到各个团队成员当前处理的任务。

"已完成"：在一定项目周期内，我们可以将已完成的任务移动到已完成列，必要时可以标注任务完成情况，已完成任务需要定期清理，以免积累较多。

这4个元素就构成了团队协作项目白板，不同的情况下可能会有其他的状态，团队成员通过添加、减少、移动墙上的任务便签，就可以让整个团队清晰了解项目的进展状况。在项目白板中是没有明确的时间规划的，目的是让团队成员能够让事情简化到一天内完成。

项目白板可以在每天站立会的时候使用，每个团队成员只需要站到项目白板前面，用语言讲解和移动便签相结合的方式向团队成员传达自己待处理、进行中和已完成的任务。需要注意的是，对于各个成员之间相关度或依赖程度比较高的任务，需要及时向相关人员汇报进度，这个角色通常会由 AI 产品经理承担，在各个产品经理之间进行沟通。例如，后端负责的功能已完成的情况下要及时告知前端相关人员进行准备，如果涉及两个产品线，一般是由 AI 产品经理负责对接。通过项目白板，整个团队成员就能对每个任务走到哪一步有一个清晰的认知，也就有时间提前准备与任务相关的后续工作了。

（2）甘特图

如果你有多个项目需要同时进行管理时，还可以以项目为维度跟进进展，甘特图就是一个很好表示项目进度的工具，如图6-7所示。

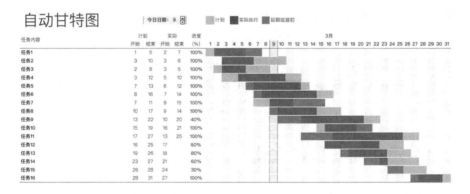

图 6-7 项目白板示意图

甘特图（Gantt chart）又称为横道图、条状图(Bar chart)。其通过条状图来显示项目进度，以及其他相关系统随着时间推移的进展情况。在实际工作中，项目执行会提前，也可能会延期，进度随时都可能有变化，所以，我们应该分开考虑计划图和进度图的功能，并在一张自动图标中展现。

2. 团队协作需注意的要点

（1）注意明确产出标准

我们需要明确团队的产出标准，避免沟通反复。例如，对于产品需求文档，在需求评审完成后应该保障其90%不再修改，UI团队在输出视觉效果的同时，需要输出切图和标注；AI团队需要根据预先设定的准确率和召回率完成模型建立，给出实验结论，并提供相应的接口文档。

（2）推动成员讲解工作计划

我们需要推动每个成员主动去讲解自己的工作和计划，这也是锻炼团队成员"主人翁"意识的好机会，还能锻炼每个成员讲解的逻辑性。当然这部分工作也可能由项目经理或技术负责人去执行，无论如何，AI产品经理把控好整体节奏即可。

（3）注意评估存在的风险

在项目推进过程中，一般会保守估计研发时间，以便处理突发情况，如果发现在项目推进过程中，部分环节导致工作延后，AI产品经理需要及时告知相关人员，评估存在风险带来的影响，并做好相关预案。

（4）灵活运用协作工具

项目白板并没有固定模式，这个需要根据项目成员的数量，项目的实际进度情况来具体设置。项目白板也不是一成不变的，把项目白板当成一个产品，把团队成员当成用户，那么这个产品必然会随着用户的反馈而有所改进。

另外，企业每日的站立会也不能太死板，可以适当加入一些有趣的元素，并且一定要明确使用项目白板的目的，方法或工具不是目的，提升团队协作效率才是目的，围绕这个目的来说，任何有价值的方法都是可尝试的，而我们就是要想办法找到最合适的。

6.2.3 建立团队信任文化

团队成员之间的信任文化能够减少很多工作中的摩擦。因为AI模型的建立需要依赖数据质量的优势，所以模型的质量会有差异，这一点不同于完成一个明确的业务功能。例如，证照 OCR 的识别问题，模型的输出只能保证一定的精度，但无法做到百分之百正确，AI 产品经理应该意识到，不能将所有的责任都归结到 AI 研发团队，这不利于建立团队的信任文化。

在工作过程中曾经发生过这样一件事，某团队的技术领导在项目群中发表了对产品界面设计效果的看法，认为"界面设计不好看"，最终是研发人员和测试人员一并在群里讨论界面设计的问题，当时的设计师在群里并不好回复，并且这是一个很难回应的问题，因为界面设计是否好看是个人的主观感受，这时我的上级发了这样一段话，平息了这场小小的风波。

她说："当代艺术并不是故弄玄虚，如果一件作品能让我们谈论，能激发我们的思考，那它就是一件艺术品。此外，除了内容，精妙的形式也是艺术品必备的元素。审美不是一件毫无门槛的事，需要有"审美经验"作为支撑。审美或许没有对错之分，但并不意味着审美是没有门槛的，也不意味着人人的审美能力都一样。专业人士经过训练，见多识广，具有更多的审美经验，就能欣赏到更多样的美。"这样的一段话，让大家停止了无意义的讨论和质疑，最后她感谢技术人员对于产品认真负责的态度，但希望大家把注意力关注在自己的领域，让设计师对自己的界面设计效果负责。这样一个小小的案例，体现了一个 AI 产品经理的高情商，同时还能建立团队的信任文化。

1. 团队信任

建立团队的信任文化，其实需要处理好各种小细节。

（1）争议处理原则

如果一个问题争议不断，那就让最专业的人做决定。我们通常会在团队协作过程中，对他人的工作提出质疑，最常见的情况是，有人觉得"这个页面设计不好看"。如果遇到类似的疑问导致团队停滞不前时，应该将主动权交给最专业的人。

（2）沟通交流注意语气措辞

把"谢谢"改成"谢谢您"，把"随便"改成"听您的"，把"我不会"改成"我可以学"，把"我不知道"改成"我马上了解一下"。这样沟通可以让人感到尊重的温柔，尊重是沟通的基础礼仪。

有一部分 AI 产品经理经常会把自己跟团队隔离开，很多时候会在不同场合说这是"你"的责任，"你"不了解产品，"你"不了解用户。"你"对于一个团队来说是最不适合用的字。一个团队的力量并不来自"你"，而来自"我们"。

（3）设定共同的目标

团队之间密切合作，离不开统一的目标。无论是做一个从无到有的产品，或是一个成熟的产品，让团队拥有共同的目标，才能形成强有力的团队。

2. 个人信任

作为 AI 产品经理，因为在项目协作过程中的角色关系，几乎所有的任务都是围绕产品展开的，有时候一个 AI 产品经理甚至是一个产品的灵魂，因此需要对沟通协作中的一些细节处理得更加完善。

（1）避免出现一些不确定或主观性词语

例如，我觉得、可能、差不多、也许等这些主观词语的出现，说明 AI 产品经理也没有思考好具体需求，讲到某个需求的时候，"我觉得用户××××"是不是可以换成"此时用户主要使用的场景是×××"；如果对事情不清楚，也不用"可能吧、应该吧"，而可以回复"我现在暂时不清楚，稍后确认一下再给你答复"。

（2）勇于承认自己的知识盲区

人工智能技术更新换代速度很快，作为 AI 产品经理，对于技术的理解肯定不及 AI 工程师，所以在面对自己的知识盲区时，不要不懂装懂，在合适的时机应该虚心向懂的人请教。

（3）建立信任文化

有人的地方，就会有分歧；人越多，分歧也会越多。团队协作无论如何开展，终极目标就是要建立团队的信任文化，太多团队的失败正是因为互相不信任，才导致整个团队分崩离析。AI 产品经理的输出物不仅是产品需求文档，还有 AI 产品经理的个性，不要抱着说服的想法与团队进行沟通，而应该是通过相互了解让团队信任 AI 产品经理所做的决定。

6.3 学习型团队，项目整体推动

产品经理通过口头或文件完成日常的沟通，通过组织形式保证团队协作，无非都是为了一个目的：利用已有的资源实现整合，并推动项目整体前进，这也是产品经理日常最主要的工作了。在与各个团队沟通的过程中，要求 AI 产品经理厘清工作职责，提供给团队明确的产品需求，对于 AI 在产品中的应用，不同规模的团队有着不同的方法，但不论小团队还是大团队，核心都是快速迭代、小步快跑，毕竟 AI 技术的更新换代是非常快速的。为了能够推动项目发展，AI 产品经理还应该把握产品质量，同 AI 工程师和QA 密切沟通配合，规范完成产品验收工作，确定产品目标，并推进团队在效果反馈中获得激励，在工作复盘中得到成长。

6.3.1 把握产品质量

从前期准备开始，AI 产品经理就需要明确产品真正需要解决的问题是什么，事实上前期的准备工作很大程度上决定了产品最后的质量。产品研发完成后需要测试并进行验收，在这个阶段决定了产品实现具体功能的质量，AI 产品经理需要跟进以确认产品实现效果与产品方案设计是否一致。

1. 项目前期准备工作

（1）讲清楚项目背景

我们都会有这样的经历，作为 AI 产品经理或是新人接触到一个全新，或者说领域跨度比较大的项目内容时，会对要做的事情感到疑惑。AI 工程师也是同样的，他们的日常工作的主要精力是在模型的调优，数据特征的提取等方面，因此在对项目背景不了解的情况下，就有可能做出错误的决策。AI 产品经理本身对需求背景是经过一定时间的调研的，因此第一次沟通，需要梳理出重点的背景信息，帮助 AI 工程师快速了解项目。

每一个项目的开展，都会有对应的项目背景，项目背景有很多，例如，该项目是怎么产生的？项目的意义在哪里？项目的目的是什么？项目的组成部分有哪些等。项目背景不宜冗长，我们需要提炼要点，重要的是让大家能够理解，当然如果有必要，可以将相关的名词解释、详细的文档列出来，便于其他人员进行阅读。

（2）提供基本数据

AI 产品经理在进行方案设计前，需要明确模型的输入和输出数据，这对于 AI 工程师而言是基本的信息。我们可以从前面的内容了解到，一个模型的建立是离不开数据的，因此 AI 产品经理需要对现有的数据进行评估，并提供数据提取方式，方便 AI 工程师快速进入方案可行性研究阶段。

（3）描述事件特征

AI 产品经理还可以提供更多的信息以辅助 AI 工程师理解数据，除了基本的字段含义，可以描述数据产生的场景，以及数据形成的典型特征，这些特征可以在建模时用来参考。

2. 项目过程的支持工作

一个完整的项目是需要经过测试才能完成上线的，然而 AI 产品应用不同于以往的互联网类产品，一般业务类产品可以通过 PC 端或移动端进行操作，根据复现业务或功能流程，完成测试工作，AI 应用类产品大致如此，但要符合 AI 应用场景的要求。在这个过程中，AI 产品经理可以配合测试工程师，梳理需要测试的场景。

一般模型是经过训练数据验证的，达到一定精准度后才可以使用，因此对于大部分测试人员来说，AI 应用的产品更多的是黑盒测试，测试人员需要了解输入、输出即可，而不会细究模型内部的构造，因此测试的工作重点就变成对产品的边界和交互进行测试。AI 产品经理需要了解通常的测试流程和目标。

（1）认知预演（Cognitive Walkthroughs）

认知预演是由 Wharton 等（1990 年）提出的，是产品人员进行方案设计时可使用的方法。

① 内容包括：目标用户、代表性的测试任务、每个任务正确的行动顺序、用户界面。

② 进行行动预演并不断地提出问题：用户能否达到任务目的，用户能否采用适当的操作步骤，用户能否根据系统的反馈信息评价是否完成任务。

③ 进行评论，如要达到什么效果，某个行动是否有效，某个行动是否恰当，某个状况是否良好。

该方法的优点在于能够使用任何低保真原型，包括纸原型进行预演，但评价人不是真实的用户，不能很好地代表用户。此外在一些情况下，人工智能产品还要标记用户使用的场景，才能更好地还原使用过程。

（2）可用性测试

可用性测试在试产产品或产品原型阶段实施，软件类产品通过观察、访谈或二者相结合的方法；硬件类产品可通过实际操作，发现产品或产品原型存在的可用性问题，为改进设计提供依据。可用性测试不是用来评估产品整体的用户体验，而是为了发现潜在的错误。

（3）冒烟测试

冒烟测试就是对产品的基本功能进行全面简单的测试。这种测试强调功能的覆盖率，而不对功能的正确性进行验证。简单地说，就是先保证系统能正常运作起来，不至于让测试工程师工作做到一半，突然出现错误而导致业务中断。

（4）单元测试

单元就是人为规定的最小的被测功能模块，一般是指对软件中的最小可测试单元或硬件中的最小功能模块进行检查和验证。对于单元测试中单元的含义，不同的产品要根据实际情况去判定其具体含义，如 C 语言中单元指一个函数，Java 语言中单元指一类，图形化的软件可以指一个窗口或一个菜单，智能硬件可能指某一项操作命令等。

（5）回归测试

回归测试指的是在完成可用性测试、冒烟测试、单元测试后，开发人员修复功能后再次进行测试确认的步骤。通过重新进行测试以确认修改没有引入新的错误或导致其他功能而产生错误。

回归测试在整个测试过程中占有很大的工作比重，在产品开发的各个阶段都会进行多次回归测试。在渐进和快速迭代开发中，新版本的连续发布使回归测试进行的更加频繁，而在极端编程方法中，更是要求每天都进行若干次回归测试。回归测试能够回归新特性所有的相关功能，避免由于变更存在问题而引入新问题。

（6）新的形式——众测

测试的主要工作一般在产品上线前进行，尽可能模拟用户的使用场景，以保证产品在界面、交互、功能层面都没有问题，可以想见的是测试无论如何覆盖，也只能把有限的主流场景覆盖完成。为了解决上述问题，现在还出现了众测的形式，其主要是通过厂商提供测试产品、网友免费试用并提交体验报告的形式，从而实现对产品的众包测试。这种方法可以准确地反馈用户的使用情况、反映用户的需求，是一种非常有效的方法。众测的方法还十分适用于对人工智能模型的训练，对智能产品有较大价值。

6.3.2　把控产品验收

产品在上线前，AI 产品经理应该对所负责的功能进行验收。产品验收工作可以分为两个部分，第一部分是对新功能主体框架的验收，第二部分是对产品原有核心功能的验收。在进入产品验收阶段前，AI 产品经理需要保证上线的功能都经过专业的测试，如果产品涉及界面相关的变更，可安排设计师跟进产品的界面验收。

1. 验收前期准备

需求清单：需求清单也是 AI 产品经理的验收清单，主要列出需要验收的功能点。

产品原型和视觉稿：产品具体的功能可以对照原型或视觉稿进行验收。

核心功能测试用例：可以使用测试工程师提供的测试用例进行复测。

一般来说，AI 产品经理验收的需求都是自己的需求，如果验收的不是自己的需求时，需要弄清需求点后再进行验收。

2．验收环境

测试环境：产品开发完成后会提测到测试环境，测试环境中的数据一般是假数据，当测试环境优先级不高，对产品功能没有大的影响时，产品经理可以在测试环境进行初步验收，若产品功能发布到预发布环境后再进行修改，就会导致时间紧张、项目延期。

预发布环境（预上线环境）：测试环境验收通过时，就会将产品发布到预发布环境，预发布环境的数据跟线上环境相同，因此在验收的时候要注意按照规范进行测试验收，有些问题或者用例在测试环境中无法进行，就需要在预发布环境进行验收和回归，验收完成再发布生产。

生产环境（线上环境）：发布生产环境后，产品功能就正式对用户开放，这时候仍然要跟进产品发布生产后的效果，只要在不同的环境中，就要对核心功能进行验收。产品上线后需要进行最后一轮验收，如果发到线上发现比较严重的问题就需要回滚。在生产环境无问题后，产品的验收工作才算最终完成。

3．验收常见的问题

（1）适配问题

如果产品的形态是 App，需要考虑 iOS 和 Android 系统是完全独立的两个应用，而且要检查每一个页面的适配问题；对网页进行验收时，由于开发、测试、设计一般都用大屏，需要在小屏幕笔记本上看一下是否存在适配问题，通过窗口拉大、缩小看看 UI 是否存在问题。

（2）多端联动

如果产品涉及多端联动，需要在多个终端切换查看，例如，智能音箱配备的 App 测试，就需要考虑两个硬件之间的交互问题。

（3）异常情况

验收时需要注意异常情况，如网络异常、输入异常等。

（4）真实场景

尽可能模仿用户的真实使用场景，查看功能是否方便使用，如对于驾车环境中的产品，显然双手和眼睛是无法集中在产品上的，这时候就需要查看功能是否可用。

（5）建立验收清单

验收人员可以把验收时经常遇到的问题汇总起来，便于后续验收使用，如列表排序、文本框空格、选择按钮、跨页显示、数据异常等，都是常见的问题。

4．撰写产品验收报告

产品验收完成后就会产生产品验收报告，需要同步给项目的相关人员，主要是测试和研发人员，产品验收报告发出意味着产品已经达到可上线的状态了，过程中有任何疑问，也需要注明，便于后续修正，以下便是产品验收报告的模板，如表6-3所示，仅供参考。

表6-3　产品验收报告模板

项目名称					
版本号					
验收人员					
验收时间					
设备	iOS、Android				
系统版本					
验收功能清单					
功能名称	优先级	功能模块	问题描述	当前状态	验收结果
验收结论					

在验收报告中填写优先级，AI产品经理会根据紧急程度确定是否需要修改；明确功能所属模块可以方便定位复现；问题描述要具体描述操作的步骤，描述产品的现状和期望，有必要可以附上截图；验收结论需要说明是否通过或者暂缓验收。

6.3.3　效果反馈与工作复盘

产品验收工作完成后，并不代表AI产品经理工作的结束，产品发布上线后，还需要跟进产品的数据情况，数据对AI产品经理来说很重要。产品上线后，AI产品经理关注数据的变化能了解用户的态度，或者持续跟进功能效果，这个比收集单一用户反馈要客观得多，因为反馈表达的是个体的声音，而数据量化的是群体的行为。同时也需要复盘项目推进过程中的问题，让团队得到激励的同时，不断迭代成长，具体包括以下内容。

1. 效果反馈

AI 产品经理要做到每一个需求的背后都是有含义的，研发和测试团队在工作过程中需要接受产品经理的要求，但不意味着他们对于自己的工作结果不关心，究竟新的功能上线后对业务有什么影响，自己工作的价值在哪里，这些也是他们所关心的 AI 产品经理应该跟进产品上线后的效果，将工作的效果反馈给团队的成员，这样才能形成良性的循环，不断推进产品前进。

（1）产品的核心指标

产品的核心指标就是日常生产产品过程中始终围绕的中心，核心指标能够直接映射企业的业务方向，每个产品都会有一个最终的成果评估指标，如电视台的收视率、会员的开通率等，这不是互联网产品中的 PV、UV。映射到互联网行业中，不同类型的业务，产品的核心指标也不同，例如，对于电商平台，本质是做交易买卖，核心指标是成交总额（GMV）；对于音视频类产品，核心价值在于被消费，核心指标是播放时长；游戏、社交类产品可以通过在线人数反映游戏的人气，从而决定了货币化的潜在空间，核心指标是平均在线人数；智能音箱作为新一代人工智能产品，除了出货量，每日的唤醒次数说明了用户的使用情况，因此可以将唤醒次数作为核心指标。

（2）产品大盘数据

除了产品核心指标，我们也可以通过观察产品的大盘数据，来分析产品的效果。

① 用户使用时长：用户的在线时长是有限的，用户总使用时长=上网用户总数 × 人均上网时长。2017 年，上网用户总数同比增长了 5.57%，人均上网时长同比增长了 2.27%，由于用户总使用时长的增长速度已经放缓，所以市场竞争开始从增量市场转为存量市场。一般来说用户一天之中真正能够使用产品的时间在 6 小时左右。

② 用户一日活跃情况：了解用户一日活跃情况可以构建产品的使用场景，企业通过观察新功能上线后，用户的使用情况来了解产品的活跃情况。具体到产品上既要看总体活跃情况，也要看对应类型产品的活跃情况。

③ 用户数增长情况：用户的增长情况反映的是市场发展的空间，了解用户的增长速度，我们可以判断市场发展当前属于哪个阶段，是起步阶段、增长期、稳定期还是衰退期。

④ 业务反馈效果：如果是 B 端产品，可以通过业务反馈来评估产品的效果，如产品的复购率、新客户进入情况等。

（3）效果细化数据

具体可以从以下几个方面来进行分析：产品的功能是否解决问题？产品的功能对流程转化率的影响是怎样的？产品的功能对用户留存的影响是怎样的？

效果反馈案例1：证照自动审核系统准确率

① 项目背景：B2C 电商类平台需要大量商户入驻，随着《中华人民共和国电子商务法》的施行，平台要求商户需要持证经营，这意味着一个商家入驻平台的过程将不再像 C 端用户的注册那样简单，在这个过程中伴随着对证件的人工审核，进行人工审核意味着审核标准的建立，也意味着会面对许多个性化的问题。如何提高审核的效率、尽可能缩短审核的时间，这个问题的解决对于业务发展也具有重大意义。

② 调研工作：为了能够实现证件的自动审核，我们积累了审核人员的审核数据，同时实际了解了审核的标准，综合这些来考察项目是否能够实现自动化的审核。

③ 产品方案：证件审核需要审核人员校验证件的信息是否正确，需要校验是否与公开信息一致，这个过程实际上存在自动审核的空间，因此可以提取相关数据交付 AI 工程师进行建模。

④ 产品效果跟进：实现审核自动化的目的是为了提高审核效率，产品功能上线后就需要企业跟踪审核效率，如图 6-8 所示，跟进任务审核总时长，质检准确率、单任务平均审核时间，这些数据在企业的周会中都会进行分析，使得团队成员能够清晰看到自己工作的价值。

图 6-8 审核效果变化

效果反馈案例 2：图片模糊优化

图片错误包含图片模糊、信息拍摄不全、证件为复印件、证照类型错误等，其中图片模糊问题在一段时间内占据图片错误数的 80%，通过接入模糊检测来检测来源图片质量，保证图片模糊比例控制在一定范围内。

① 产品改进：为了降低图片模糊比例，工作人员应跟踪模糊图片来源，并在用户上传前端进行模糊图片校验。

② 产品效果跟进：产品功能上线后，图片错误比例出现下降，如图 6-9 所示。

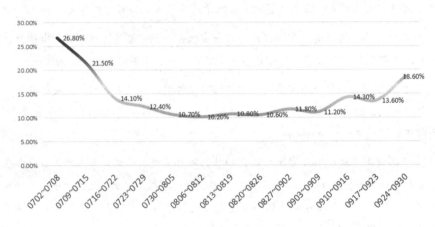

图 6-9　图片错误比例变化

团队成员看到图片错误比例的变化后，也会认可自己的工作价值。

2．工作复盘

复盘一词源自围棋的术语，意指对弈者在下完一盘棋后，把对弈过程重新摆一遍，进而反思对弈过程的每一个环节好的地方和不好的地方，然后再思考更好的下法。在工作过程中，复盘的实质是从经验中学习，关注的是过程和结果，因此能够观察到的问题也会更多、更全。哈佛大学大卫·加尔文教授在《学习型组织行动纲领》中曾指出：学习型组织的快速诊断标准之一是"不犯过去曾犯过的错误"。在一个团队中应该建立一套比较有效的复盘机制，也许在前一两次大家还不适应如何复盘，但只要坚持推行下去，才能让团队避免"重复交学费"，让整个团队快速分享经验教训，提升团队的能力。

团队的复盘工作，主要内容应该包括对一个完整的项目周期中的 3 个阶段进行回顾，包括项目的准备过程、执行过程及项目结果，团队成员可以针对这些情况去斟酌某个环节进展不顺利的原因，而且可以针对完成目标的项目，回顾某个环节是否有提升的空间，也可以针对未完成的项目总结问题和规律，避免再次犯错。

（1）复盘流程

项目复盘人数建议不超过 10 人，在大的团队中建议进行人员分组，按照小组进行复盘，由组长组织整体项目的复盘工作，避免出现记流水账的现象。复盘根据团队和项目的不同，可以有不同的方式和形式，在复盘的主体流程中，建议按照目标回顾、结果评估、原因分析和规律总结 4 个部分进行归纳总结。

第一，目标回顾。项目需要有目标，才能够防止项目周期无限延长，没有最开始的目的和期望，团队成员就很容易在过程中迷失自己。一个没有明确目标的项目不应该启动，尤其是人工智能相关的应用，团队成员不仅要明确项目的目标是什么，更要评估目标是否正确。

第二，结果评估。项目的结果是成员工作的产出，团队需要评估结果是否与原定的目标一致，是否达到预定的目标，其中的亮点和不足是什么？团队对结果进行评估时最好可量化，通过数据能够说明产品的效果如何，如将转化率从 80% 提升到 85% 就是一个具体可评估的结果，如果是不可量化的结果，就容易导致主观臆断。

第三，原因分析。根据项目的成果，可能存在成功和失败两种情况，团队需要对两种情况都进行原因分析。如果项目的结果符合目标，团队可以分析这个项目是否有提升和优化的空间，为何能达到项目目标；如果项目失败，则需要分析导致事项失败的原因是什么，是人的原因还是目标设定的原因，这个过程是否有优化的空间，对于下一步的规划是否有影响等。

第四，规律总结。复盘的重要意义是对规律的总结，团队通过分析项目进程，避免在后续的项目流程中犯同样的错误，还可以针对存在的问题说明可以采取的新措施。一般来说，团队会总结团队协作的方式和方法，这需要特别注意站在对方的角度进行思考。

经过以上的环节，能够基本完成复盘工作，在复盘过程中团队要对复盘得出的结论进行归档，方便后续的传播和查阅。另外，针对不同复盘阶段也会有不同的复盘问题，如表 6-4 所示。

表 6-4　阶段复盘问题

阶段	环节	问题	改进方法
项目目标复盘	项目进度复盘	关键节点：是否按照原计划交付时间交付	针对问题提出改进方法
		需求点：原计划的需求点实现了多少，哪些需求点没有按计划实现，每一个需求点延后的原因是什么	
		里程碑：哪些里程有延迟，延迟的原因是什么	
	项目结果复盘	问题：项目中出现了哪些意外，为什么会出现这些意外	
		接受程度：用户对新增功能点的接受程度和项目规划中的是否一致	
需求阶段复盘	需求定义复盘	文档完整度：是否提供完整的需求输出，包括原型、MRD、PRD、UML等，是否对典型用户和使用场景进行清晰的描述	
		需求理解：设计师、交互师、开发人员分别对需求是否明确，如果出现需求不明确的情况，将会严重影响项目的进度和质量	
	需求变更复盘	需求变更次数：敏捷开发已经将需求变更的影响降到最低，但是较少的需求变更仍然是项目进展顺利的前提之一，要明确哪些需求变更影响了项目实际的进度	
		变更原因分析：每次变更的原因是领导干预还是前期考虑不周等，分析变更原因，可以在后期项目中进行有效的规避	
		变更信息同步：每个项目成员是否都清晰地知道每一次的变更，是否能接收需求变更。只有每位项目成员清楚地了解每次需求变更，并做好充分的沟通，才能保证项目的进度和质量	
设计阶段复盘	设计工作复盘	设计时间：产品设计工作在何时进行，是由谁来完成的	
		设计工作：设计工作是否影响了开发工作的进度，影响原因是什么	
		设计产出：UI设计产出是否符合统一标准，是否确定视觉设计的最终审核人	
开发阶段复盘	工期评估复盘	项目开发实施前，是否有充分的时间做工期预估。工期预估一方面让项目成员能够对项目的整体进度有所了解，另一方面也是对项目需求进行详细梳理的过程	
		工期预估与实际开发时间是否有差异，对差异原因进行分析	
	开发文档复盘	技术文档：是否提供开发文档，开发文档是否符合规范	

续表

阶段	环节	问题	改进方法
开发阶段复盘	突发状况复盘	需求变更：是否出现需求无法实现的状况，原因是什么	
		成员变动：是否出现团队成员变动的情况，如何应对成员变动，后期应该如何避免	
		功能差异：是否出现功能模块与需求不符的情况，出现原因是什么	
	代码审核复盘	流程：是如何进行的，包括如何分工，如何复查等	
		结果：代码复审的结果是什么	
		执行：是否严格执行了代码规范，对不规范的代码如何处理	
测试阶段复盘	测试计划复盘	测试用例：是否有完整、准确的测试用例	
		测试计划：是否有一个测试计划，这样的计划是否有效	
		效果跟进：团队是如何测试并跟踪产品开发效果的	
	测试工具复盘	工具：使用了哪些测试工具来帮助测试，是否可以持续使用	
		时间：测试的时间、人力和软件或硬件资源是否足够	
	测试结果复盘	Bug 分析：哪个功能模块产生的 Bug 最多，为什么	
		Bug 分析：哪些 Bug 出现回滚，原因是什么	
上线阶段复盘	验收复盘	上线验收：是否进行了正式的上线验收	
		其他状况：在正式发布的过程中是否出现了状况，后续如何避免	
		沟通：上线前是否和运营、文案进行了充分的沟通	
		数据：是否检查了数据埋点，数据埋点是否满足运营要求	
	上线后效果复盘	重大 Bug：在上线之后是否出现了重大 Bug	
		反馈流程：产品上线后的问题反馈渠道是否流畅	
		问题：产品上线后收集到哪些问题反馈，都是什么类型，如何改进，为什么测试阶段没有发现	

（2）如何提升复盘的质量

每一次高质量的项目复盘，都是对团队的一次拷问和锤炼。复盘的质量取决于每一个复盘参与者的自身状况，包括情绪、精神状态、动机、价值观与行为等，而且可能会相互影响。要想让复盘工作真正深入到位，引导者需要在复盘会中引导参与者秉持正确的态度和精神，主要包括以下几点。

① 保持开放的心态。开放的心态是有效复盘的首要条件。所谓开放的心态，指的是不预设立场，愿意接纳与自己不同的观点、意见或信息，不认为自己的结论是不可

挑战的。

②彼此相互信任。"视彼此为伙伴"是深度交谈的重要条件。只有彼此信任、感到心理安全，人们才愿意敞开心扉。当团队的目标与利益达到一致时，才会信赖，才能坦诚地暴露自己的不足。引导者可以在复盘之前明确复盘的目的、规则，并在复盘会议中，进行适当的干预。

③学会深度聆听。沟通不仅仅是说，还有聆听。在复盘中，除了引导者积极运用提问技巧来驱动复盘的流程之外，每个参与者都应积极主动地参与其中，贡献自己的观点，不要害怕自己的观点错误，同时还要学会聆听，很多沟通的问题出在缺乏聆听上——经验表明，用心聆听可能比表达更为困难。

④实事求是地表达。实事求是是学习的生命线，只有实事求是、坦诚地回顾事实，我们才有可能进行学习，如果隐瞒事实，无论是对结果的评估，还是对差异的根本原因分析，以及总结经验教训，都无从谈起。

⑤尊重差异性。在组织环境中，每个人的职责分工不同，因此每个人获取的信息、看到的事实以及对事实的解读都会存在差异。为了避免每个人都坚持并不遗余力地捍卫自己的观点，最后导致团队无法深入地交流、矛盾重重，甚至最终四分五裂，团队成员需要学会尊重并欣赏差异性，接受与自己不同的观点。

（3）复盘总结表

每次复盘不应该流于形式，需要将沟通的内容记录下来，以下是一份标准复盘表格，如表6-5所示。

表6-5 复盘表格

标 准 复 盘			
主题			
时间		地点	
人物		用时	
概况			
1. 回顾目标			
最初目的			
阶段目标			
2. 评估结果			
亮点			
不足			

续表

标准复盘		
3. 分析原因		
成功原因		
失败原因		
4. 总结经验		
规律心得		
行动	开始做	
	继续做	
	停止做	

本章小结

人类历史发展过程中有一个显著的特征是社会分工越来越明确。因为分工明确、目标才会明确，整个人类社会才能高效运作起来，不断往前走。职场中也是一样，"一个人可以走得快，但一群人才能走得远"，团队协作在现代社会中越来越重要，而 AI 产品经理作为团队的黏合剂，作为团队的多面沟通的角色，自然也要承担起相应的责任。

沟通。跨团队沟通、跨业务合作，这是未来团队工作的一个常态和特点，把不确定的事情变成确定的事情，这是产品和团队成长过程中应该面对的课题。沟通，有两层含义：第一层是清晰表达自己的观点；第二层是学会聆听他人的观点。AI 产品经理与他人沟通，不是自上而下的对话，不强调"圆滑"或者"油腔滑调"，而是提倡用更加"优雅"的方式去工作。沟通体现在很多层面，有口头沟通、文档沟通、邮件沟通，我们都可以用更加结构化的思想去表达和解决问题，沟通技巧看似需要练习，但更重要的是内化成为自己的风格。

协作。协作的目的是让 1+1>2，每一个团队的形成，少不了经过从磨合到高效协作的过程，虽然根据职能的不同又划分出小的团队，但 AI 产品经理应该站在更高的视角去看待整个大的团队，毕竟 AI 产品经理的目的是让这些团队都朝着产品设定的目标高效、正确地前进。团队协作是一个过程，最终建立团队的文化其实是协作的目的，因为团队需要经历风风雨雨，成长为一个优秀的团队。

项目推动。保证产品质量不能只依靠团队中的某一个角色，虽然测试团队可以对产品质量负责，但是产品质量是否过关，AI 产品经理同样要关注，产品验收是一种有效的方法，在把控产品质量的过程中不断推进项目往前走。AI产品经理要学会适当进行效果反馈，对团队进行激励，也要安排工作的复盘，让团队得到真正的成长。

在团队协作过程中，会担心边界的问题，如果边界不清晰，就会出现"好活抢着干，脏活累活推着干"的现象，反而会迷失自己的本职工作。但是无论怎样划清边界，工作过程中还是会出现或多或少的"灰色地带"，作为AI产品经理不要推卸责任，应该明确目标，勇于担当。

第 7 章

方案落地：AI 产品的方案设计

　　从行业认知到技术理解，从方法论建设到沟通协作，AI 产品经理还有一项重要的产出物——产品方案。产品方案具体可以指市场需求文档（MRD）、商业需求文档（BRD）和产品需求文档（PRD），其中研发和测试主要是以产品需求文档为蓝本来开展工作的，市场需求文档和商业需求文档主要是前期项目调研的产物。

　　产品开发过程中会有明确的功能和业务目标，基本的开发流程分为 6 个阶段：产品规划、概念开发、系统设计、详细设计、测试改进和持续优化，这个过程一直都是围绕产品方案开展的。人工智能产品模式的建立离不开数据这一基础条件，因此相比传统产品的开发流程，AI 产品经理在数据处理方面的工作会变得更多。好在相比于过去，数据的积累在这个时代已不是最为头疼的问题，因为过去 20 年基于互联网在各个行业的渗透，使很多行业已经实现数据化，无论从企业的内部到企业的外部，所具备的基础数据能力和算力都是呈指数级增长的。人工智能的系统产品方案，除定义清楚背景之外，还要定义清楚人工智能模型需要解决的问题。本章通过几个实际的 AI 产品方案的案例，来说明 AI 产品经理在具体工作实践中的分析方法。

7.1 AI 产品方案的落地过程

人工智能在过去多年的历史发展中是逐步演变的，同样我们也可以发现人工智能产品的特点也是逐步"演进"的。目前，人们对于人工智能产品的期望，基本具备以下特点：在产品功能足够精细的前提下，人工智能产品能够更加人性化、在特定的场景中更加智能化，所谓的人性化主要指的是改变过去产品冰冷而生硬的交互方式，智能化则主要体现在功能上，产品能够处理更加复杂的任务。新一代人工智能衍生出了众多应用型的 AI 技术，并且已经渗透到各行各业，而且多种技术组合后又衍生为产品或服务，改变了不同领域的商业实践。为了能够让 AI 产品更好落地，在产品规划流程中，我们可以将 AI 产品的落地过程划分为 4 步。

1. 定义需求——解决什么问题

AI 产品经理的核心工作是运用人工智能手段去解决问题，从而找到 AI 产品的价值。找到需要解决的问题后，在如何解决问题方面，就涉及 AI 产品经理对 AI 技术的理解了。根据产品现状，不同的产品对应的技术方向也会有所不同，AI 技术在大的方向上有计算机视觉、自然语言处理等，AI 产品经理在理解人工智能技术的基础上，需要把行业内的需求，转化成合适的"输入"和"输出"的问题，然后定义功能、收集数据，并整理成可执行的产品方案。

2. 数据工作——智能模型基础

数据准备可以分为 3 个阶段，数据来源—数据定义—数据交付，在这 3 个阶段中，需要 AI 产品经理具备规划、收集、整理数据的能力。在数据准备的过程中，我们可以根据不同阶段考虑以下问题。

（1）数据来源

数据源。数据源在哪？这些数据是否存在不同的地方，以及如何进行关联？

数据规模。数据是否能够或足够进行建模，有多少数据来描述这个场景？

数据更新。数据是怎么更新的？这些数据的维度是什么？

（2）数据定义

数据清洗。用什么样的方法清洗和整理数据？

输入和输出。设置什么样的"输入"和"输出"，能够保证测试集训练出来的机器能更好地运用在实际场景中?

数据标注。如何更迅速高效地标注数据?不同的输入方式之间有什么层级关系?我们应该用什么形式来展现这些层级关系?

(3) 数据交付

在产品的实际交互中,应记录哪些数据?

用什么样的形式提供数据?

如何使用数据,通过接口或是批量推送?

获取正确数据的过程并非我们想象中那么简单,因为不同团队对于数据的维护程度是不一样的,在获取正确数据的过程中,沟通成本是非常高的,在 AI 产品构建过程中,除了业务场景的调研,数据的准备环节也是很重要的,因为数据是 AI 产品设计的基础,所有的工作自始至终都是围绕数据展开的。

3. 产品设计——良好的产品架构

基于 AI 技术的发展,越来越多的智能产品会脱离界面的限制而触及更广泛的行业,AI 产品经理面临的是对更丰富和广阔的用户场景的把握。无论如何,在这个阶段,AI 产品经理需要明确产品的基本框架、确定产品的形态。AI 产品的应用形态可以分为硬件和软件应用,在产品功能设计方面则是两个不同的方向。良好的产品架构对产品而言是非常重要的,一般具有以下特性。

易用性:产品突出核心功能,具备易用性,可降低用户的学习、使用成本。

稳定性:产品提供的服务稳定可靠,及时响应用户的需求。

可扩展性:产品架构要考虑产品未来增加的功能或内容。

AI 产品经理要面对的是更丰富的场景、更贴近人的需求。在新的场景下,产品经理对人的理解、对产品的把控都会有新的要求,这是 AI 产品经理相比于传统产品经理所面临的新挑战。

4. 上线跟踪——产品的持续迭代

一个产品的功能不断变化的,产品上线后,AI 产品经理需要通过收集数据,一方面跟踪产品的实际效果,另一方面让 AI 模型不断迭代优化,从而使产品变得更加智能。只有不断从用户那里得到更多和更深入的数据,才有可能基于新获得的数据,使 AI 产品更加深入功能的研发成为可能。

7.2 智能客服的调研和设计

本节介绍的智能客服系统方案背景，是基于企业考虑布局人工智能领域，期望通过内部改造进行实际落地过程中的样例。方案立项的时间是在 2017 年年末，本节方案将从方案背景、市场分析、产品规划、方案设计和智能模块 5 个方面进行描述，介绍基本的智能客服系统功能。

智能客服系统是融合人工智能技术很好的产品载体，语音识别、自然语言处理、语音合成和计算机视觉都能在客服服务环节中有所应用，本方案的设计难点在于从 0 到 1 搭建智能客服系统，企业一方面要满足业务需要，另一方面还要学会取舍，同时还要做好整体框架的设计。

7.2.1 方案背景

过去几年，中国人工智能领域涌现了大量的初创公司，尽管相比传统行业，人工智能的商业发展还处于非常早期的阶段，但企业依然在寻找合适的切入点，让人工智能与行业能够结合，从而产生巨大的商业价值。目前无论什么类型的企业，在布局 AI 应用时，都可以使用如下两个基本策略。

① 从内部孵化到体外输出。

② 从产品应用到企业应用。

随着人力成本的增加，客服中心逐渐从企业的价值中心转变成了成本中心，同时，如何保持客服人员的服务质量，也是企业面临的一大难题。智能客服机器人通过自动识别客户语音及语义，自动回复客户问题，再通过语音合成将回复以语音形式呈现，让人机交互形成闭环。AI 产品经理要在企业内部选择合适的 AI 落地切入点时，智能客服是一个非常好的应用方向，因为客服系统相对业务系统来说，允许有较大的试错成本和试错空间，另外智能客服可以将人工智能的自然语言处理、语音合成、语音识别、图像识别等多项技术进行综合应用，可以进行大量的基础研究。

企业通过改造内部的智能客服系统，一方面可以将人工智能技术进行实际应用，不断提升基础服务能力；另一方面，可以通过构建垂直领域的客服产品，降低客服系统的购置开销，这是企业选择客服系统作为人工智能落地的两个期望。

7.2.2 市场分析

企业选择在垂直领域切入客服系统市场，那么在智能客服系统市场会有怎样的机会呢？在传统的客服系统领域，企业在客服部门的投入仍然会考虑成本、效率等问题，普遍会遇到需求碎片化、个性化、难以提升满意度的问题，这也是企业客服系统市场发展过程中遇到的瓶颈。国内的客服系统经历了从电话呼叫到在线客服系统再到智能客服系统的发展过程，目前智能客服系统的普及率还不足三成，因此有较大的市场提升空间。目前客服服务遍布电信、旅游、电商、医疗等各行各业，随着未来人力成本的不断提升，企业对于客服系统智能化需求也会增强，企业也期望通过技术降低人力成本，因此从整体发展趋势来看，智能客服领域的发展是可期待的。

1. 发展动机

Gartner 是一家从事信息技术研究和顾问的公司，其曾在研究报告中指出全球 89% 的公司的主要竞争领域在客户体验上，而客户体验中，客服服务又占据很大的比重，因此 Gartner 预测 2019 年虚拟客户助手（智能客服机器人）的使用量将会快速增长。企业在客服系统方面的投入，一方面期望能够提高客户的满意度，另一方面还要考虑降低运营成本，这是企业在购买客服系统时主要考虑的两点。

企业如何提升用户满意度呢？在移动互联网时代，已经有一大批用户将使用场景转移到了移动终端上，因此大量用户会首先通过手机随时随地联系客服，相比以往通过 PC 端或电话联系客服来说，在移动互联网时代客服的请求量是呈指数增加的，如果用户咨询人工客服等待时长较长，就势必影响用户的满意度，因此企业需要让智能机器人解决用户大量的常见问题，来释放宝贵的客服资源。

企业如何降低运营成本呢？人口红利消失后，中国的劳动力成本是逐年上升的，而客服这种相对简单、枯燥的工作就难以形成职业吸引力。企业从只看重质量转向看重服务质量，用户从价格敏感逐步向服务体验敏感转变，这些转变都在不断促使智能客服系统迅速落地到企业的服务当中去。

2. 市场规模

智能客服系统是一个典型的 2B 服务的产品，但是产品功能方面又会触及 C 端的用户。中国互联网络信息中心 2018 年发布的第 41 次《中国互联网络发展状况统计报告》显示，截至 2017 年 12 月，中国网民规模已达 7.72 亿，中国智能手机用户网民规模保持同向增长，长移动端应用已逐渐渗透大众生活，移动客服需求将进一步扩大。

根据中国企业数据报告的统计，2015年以来我国中小企业的数量每月仍然按照30万家的速度在增长，预计2019年，全国中小企业将达到3900万家，较2015年的2500万家增长了56%。伴随着中小企业的发展壮大，客服系统的市场仍然会呈现一个增长的态势，预计2019年在线客服领域的市场规模在700亿左右，呼叫中心领域的市场规模在1300亿左右。

3. 竞争格局

中国客服系统市场主要由电信运营商、呼叫中心设备厂商、传统呼叫中心厂商、传统客服软件厂商、系统集成商、云客服SaaS厂商、客服机器人厂商等构成。

在国内市场，现有的SaaS智能客服产品的竞争主要体现在资源的整合能力以及新技术的利用方面，而用户资源、基础设施规模、资本实力、品牌与声望、团队规模则是评价厂商现有资源能力的重要指标。除了专业从事智能客服系统开发的公司之外，互联网巨头也都有自己开发的智能客服类产品，如图7-1显示的是智能客服系统中典型的企业分布情况，分为传统客服企业、PaaS产商企业、互联网巨头和新锐企业4个维度。传统企业具备行业影响力，系统成熟，在评估市场趋势时，会推出新一代的智能客服系统，如小i机器人、中科汇联推出的爱客服等；部分PaaS企业则纵向拓展SaaS客服业务，如环信、容联七陌等；互联网巨头利用其产品创新能力和资本支持力推出了智能客服产品，相关产品的代表有阿里小蜜、网易七鱼、百度夜莺等；新锐企业则更专注于应用人工智能技术，在核心业务中拓展客服服务业，包括智齿客服、Udesk等。

图7-1 智能客服市场竞争格局

4．市场时机

智能客服解决方案能够对企业中的劳动密集型部门进行技术改造，因此会受到大中小企业客户的青睐，越来越多的企业选择使用智能客服系统，这成为推动企业客服市场变革的重要力量。除考虑人力成本、运营效率以外，随着消费升级及消费者对服务质量要求的不断提升，企业客服系统也开始兼具销售与营销性质，企业期望客服系统成为联系用户、获取用户第一手信息的关键节点，同时能够在系统中快速维护客户关系，让客服部门成为创造增值服务的关键部门，因此从当前市场发展时机来看，智能客服仍然有较大的可挖掘的市场空间。

5．核心问题

智能客服之所以备受期待，在于其能够解决当前客服系统中存在的问题，主要包括以下 4 个核心问题。

（1）人工成本高

客服服务属于劳动密集型行业，当人口红利消失时，用人成本就会不断增加。

（2）工作效率低

人工客服的工作场景是"一对一"，部分客服处于"忙线中"时，就会导致客户体验差、客服投诉率上升的问题。

（3）智能化程度低

大量重复性的咨询问题占据人力，加重服务工作量，反过来降低了工作效率，形成恶性循环。

（4）多渠道服务能力弱

客服需要在 Web、App、社交媒体、其他智能设备等取代支持服务，传统的呼叫中心沟通效率低，无法进行多渠道覆盖。

当然如果智能客服系统智能化程度还不够高，并且受到多项技术因素的限制，从用户的角度来看，智能客服机器人就会变成实在无法联系到人工客服时的被迫选项，企业就无法真正达到节省人工成本的目的。

7.2.3 产品规划

项目选择时企业期望构建具有本行业标杆式的系统产品,为此企业将智能客服方案的整体划分为 4 个阶段,分别是业务方案设计、系统整体方案设计、系统细节方案设计和实施验收,如图 7-2 所示。

图 7-2 智能客服方案的整体阶段

在立项启动之前,AI 产品经理需要通过业务调研,了解业务现状,并完成业务方案;而后根据业务方案,开始进行系统整体方案设计,明确系统定位、产品架构以及抽象的功能清单,这个过程可能会通过头脑风暴,将很多流程省去,最后产品经理需要设计产品的演进流程,以便清楚产品的发展状况;进入系统细节方案设计时,由于企业系统的特殊性,因此需要进行角色设计,之后相关的界面、功能、权限设计随之而来;产品方案完成后,接下来就会进入验收阶段。

1. 产品价值梳理

智能客服产品要解决的问题是为垂直行业领域的中小企业提供智能化客服服务。

(1)客服系统需求分类

① 以客户为中心,提升用户体验,增加订单,减少流单。

② 信息化、移动化办公的需求。

③ 统计监控、数据收集的需求。

(2)客服系统核心

① 节约人工、运营成本,促进企业内部、企业对外客户的有效沟通。

② 以客户为中心的客服体系确保客户留存率,为企业的长远发展打下基础。

2. 产品愿景

产品愿景：让创业者可以快速搭建自有的客服系统。

用户角色：超级管理员、普通管理员。

3. 对接方式预设

① H5 嵌入。

② 消息自定义接口。

③ CRM 系统对接。

④ App SDK 接入。

⑤ 网站接入。

4. 智能客服功能表（见表 7-1）

表 7-1 智能客服功能表

模 块	功 能	说 明
基础管理	账号配置	用于新建普通管理员账号
	权限配置	用于分配普通管理员权限
	产品配置	用于新建企业产品
	界面配置	用于配置对话框颜色
数据报表	数据面板	用于统计基本数据
	客服评价	用于统计评价指标数据
知识库	问题设置	标签+问题+答案，支持批量上传
	热点问题	数据统计热点问题+自动整体答案
会话系统	实时会话	根据用户答案自动分类并提示整理好的回答，可快速响应
	历史会话	用于历史会话回溯
工单系统	工单分配	支持自动发送邮箱
呼叫中心	呼叫中心	支持电话拨打

以上功能是简化版的智能客服系统功能，它从产品定位出发，突出了主要的核心功能，重点解决企业在客服服务领域搭建成本高、团队建设难的问题。

7.2.4 方案设计

本节以知识库的产品方案设计为例,说明在方案撰写过程中应该注意的事项。

案例:智能客服知识库方案设计

1. 概述

知识库功能是本版本智能客服系统的核心功能,是实现机器人回答问题的数据源,在智能客服系统知识库创建导入入口,用户可自定义热门问题,然后作为前台默认推送的热门问题。

2. 名词解释

知识库:机器人客服回答问题的语料库。

热门问题:指用户进入客服的【猜您想问】页面。

3. 用户场景

一般客服人员会整理好完善的回复话术,录入知识库,然后由机器人协助回答。客服后台将知识库问题分为问题标题、标签和问题答案的基本组成方式,同时提供批量导入功能,以帮助用户维护更新知识库。大部分产品目前已实现逐条添加问题,而对于已经整理好的知识库,需要有批量添加入口。

4. 产品功能集

(1)查看知识库列表

(2)搜索知识库

(3)单条添加问题

(4)批量添加问题

5. 详细功能设计

(1)知识库功能用例

业务描述:智能客服知识库。

需求描述:用户为产品添加知识库问题列表。

行为者:具备知识库权限的用户。

前置条件:点击知识库菜单。

后置条件:展示该产品知识库列表。

(2)界面说明(见图 7-3):

① 展示用户上传知识库列表。

② 支持用户手动添加问题(包括单条添加和批量添加)。

图 7-3 智能客服知识库原型

(3)知识库列表中会显示字段的详细描述,如表 7-2 所示。

表 7-2 知识库列表

字段	说明	示例
序号	显示问题列表顺序,每页默认展示 10 条,每页固定显示 001,002,003……	001,002,003……
标签	问题标签分类,由用户个人设置,根据实际业务设置类型	如放款类问题、还款类问题、注册类问题等
问题	问题标题,指客服系统中设置的详细问题	如放款后一般多长时间收到款项
答案	问题对应的答案,包括文本、图片等形式	—
热门	设置是否热门,若热门则在移动端前端【猜你想问】热门问题设置条数暂不进行限制	—

续表

字段	说 明	示 例
操作	基本操作包括编辑和删除，单击【编辑】按钮可显示文案 （1）单击【添加问题】按钮 单击【添加问题】按钮，页面切换进入【添加问题】页面，默认显示单条添加入口 （2）排序说明 按照热门优先、时间优先进行排序，即热门问题顺序在前、最新添加问题在前	—

本节介绍了知识库设计操作流程的说明文档，一份标准的产品文档一般由需求背景开始，对相关重要的名词做解释，以便保持理解的统一；说明产品需求文档的用户场景后，列出对应的产品功能清单，之后才是介绍产品功能的详细设计方案。在产品功能设计中，设计者可以从界面、功能两方面进行详细说明，将产品的逻辑描述清楚。在本节中知识库是智能机器人回复问题的语料库，因此设计者要将后台的知识与前台的回复功能描述清楚。

7.2.5 智能模块

智能客服是一个非常好的人工智能落地载体，它几乎可以将所有的人工智能技术进行加工应用，例如，使用自然语言进行智能回复、自动创建知识库，运用语音识别进行语音质检、优化即时通信功能，运用计算机视觉技术实现图片快速识别定位等。

本节主要是对智能客服会话层面的智能化工作提出参考方案。因为智能客服方案是对人的会话进行处理，因此需要大量自然语言处理技术方案提供支持，另外智能客户系统可以分为用户端和客服端来进行优化。

1．用户端功能改造

（1）用户动态输入补全

用户动态输入补全是为了让用户更快锁定问题，能够获得更加一致的问题描述。该功能交互场景如下：当用户输入问题时，系统能够根据用户输入的关键词，进行预处理分析，给予动态补全提示，此外还支持关键词识别、拼音简写的识别。

需要注意的是，企业可以根据各自企业维护知识库中的 FAQ，甚至通过后台统计的问题热点，动态补全用户的问题。

（2）常见问题推荐

在用户发起询问前，系统会根据用户画像或特征，为用户推荐可能想问的问题，这是常见问题推荐产生的背景。常见问题可以基于用户画像相关的个性问题首页展示，也可以根据全体用户的最常问的问题首页展示。"猜你想问"模块就是智能客服根据用户特征进行问题的推荐，如图7-4所示。

（3）多轮对话的意图识别

多轮对话的上下文意图识别，可以让用户感觉智能客服系统更像真人一样为自己服务，例如，在咨询开户的会话进程未结束时，用户前文提到"开户"，之后用户提问"要什么条

图7-4 问题推荐列表

件"，智能客服便可跟踪上文确认官网开户的指代关系，补全指代的业务名词，猜测用户提问的问题。

客服端的优化主要目的是提升客服的工作效率，同时也期望促进业务的发展，因此在涉及关键业务流程时，可以在会话进程中进行"问题引导"，例如，用户不了解如何开户，则可在回答中增加开户的跳转链接。

2. 客服端改造

智能客服的客服端主要是解决客服人员的效率问题，因此有以下功能可进行改造。

（1）智能知识库

知识库的更新和整理是客服人员的日常工作之一，但是海量的问题实现持续更新，也是比较复杂的工作。我们运用人工智能技术，可以将知识库中的FAQ归类到知识图谱中的对应节点上，便于知识库的更新修改，可实现以下功能。

自动分类：FAQ分类器，FAQ自动归类到对应的分类节点中。

快速查询：提供路径查询功能，快速锁定回答内容（与前端的多轮意图识别功能实现有关）。

问题发现：通过聚类发现新的客户投诉问题，让客服人员能够关注与完善答案。

（2）敏感词监控

对客户信息进行敏感词监控，当客户信息触发较高敏感级时，系统会发出预警而自动转接人工客服。

（3）情感分析

智能判断用户交互中的情绪数据，并返回积极、消极和中性的结果数据，然后根据情况适时进行人工介入。

7.3 景区评论挖掘方案

景区评论挖掘方案是一个典型的对数据十分依赖的方案。这个方案设计并不是为了实现商业价值，而在于对数据的精细化运用。在前期调研中会发现，我们能够从行业、数据中分析出一定的问题模式，在方案的建立过程中，还会遇到一些由于数据产生的问题。通过这个方案的实现过程，我们能够了解数据对于产品最终实现效果的影响。

7.3.1 方案背景

近年来，在线旅游市场规模不断扩大，取得瞩目成绩的同时，也存在一些问题和乱象，如何加强在线旅游市场的监管和规范，成为当前政府主管部门、旅游企业、游客共同关心的话题。北京市消费者协会发布的"在线旅游消费者满意度调查"数据显示，在线旅游投诉量超过全年旅游总投诉量的一半；网站存在不公平格式条款、网上宣传产品及服务与实际不相符、网站没有清楚告知权利义务等成为旅游投诉的重灾区；在售后方面，满意度更低，53.82%的被调查者不太满意或不满意。旅游中的痛点还有很多，对于某些企业来说，是比较头疼的问题。因此有必要针对平台的业态和模式开展自查自纠工作，进行更为精细化的内部管理和运营。

在 OTA 平台上沉淀着大量的用户评论，包括文字和图片形式。基于这个平台，如果我们能够挖掘景区的评论数据，就能挖掘出更有价值的信息，给消费者、监管者提供参考。景区评论挖掘方案正是基于以上背景衍生的产品，我们通过评论数据关键词提取，能够实现对景区服务进行动态监管。

7.3.2　产品调研

这个项目是对平台现有数据的挖掘,因此我们先针对行业需要监管的问题展开调研。从消费者反馈、政府及媒体披露的景区主要问题来看,主要包括消费价格、安全设施、环境卫生、服务态度等,通过整理评论数据,初步可获得以下问题及关键词,如表 7-3 所示。

表 7-3　评论数据分析

问　　题	说　　明	部分负面关键词
消费价格	主要跟踪景区服务过程中强制收费、隐形收费、抬高价格等问题	价格过高　价格问题　强制消费　价格倒挂　隐形消费
安全设施	主要跟踪景区的安全防护措施、项目安全保障机制问题	危险　安全隐患太大　安全员太少　设施陈旧　安全系数不高　乱停车
环境卫生	主要跟踪景区对于环境保护及卫生问题	环境不好　拉肚子　脏乱　异味　水质差　荒凉
服务态度	主要跟踪景区服务人员对待游客的态度和景区管理中出现的问题	服务态度不好　服务质量特别差　体验非常差
其他问题	主要跟踪景区宣传、提供服务是否符合标准等问题	项目诈称　虚假宣传　危险项目

消费者针对景区投诉的主要问题包括消费、服务问题等,而政府相关部门通过旅游价格监控和制定行业标准,期望促进当地旅游经济发展,具体主要有以下 3 项措施。

① 对在线旅游产品报价实施全面监控,加强供应商产品的上线审核,保障在线旅游市场规范有序。

② 加强在线旅游投诉信息分析,及时掌握旅游投诉动态和趋势,掌握侵权行为特点和规律。

③ 建立有利于电子商务发展和消费者权益保护的质量担保机制。

我们基于以上调研,来确定景区评论数据挖掘的产品目标。

① 通过大数据、人工智能等手段,赋能相关部门实现旅游市场的智慧监管与引导。

② 将消费者评价数据、景区出行数据等,通过数据可视化的方式进行展示。

③ 消费者或者政府监管人员可通过该系统,了解景区基本数据和状况,调整经营或监管策略。

7.3.3 方案设计

本项目一共涉及 3 个团队的工作,评论数据源提供来自业务平台,评论数据挖掘来自机器学习小组,由项目研发完成产品的前后台包装工作。

1. 数据情况

需要注意的是,AI 产品经理需要明确的是评论数据的基本框架,包括评论内容、评论时间、评论对象、评论质量、评分含义等,这些信息是在同 AI 工程师沟通前就明确下来的,同时还要明确模型的输出,包括评论分类和评论关键词。AI 产品经理的工作内容包含跨部门合作项目,前期需求沟通时,可做好背景调研,让自己尽可能地获得完整的信息,这样在后续沟通对接过程中,就会减少很多不必要的沟通障碍,也有利于站在对方的角度来思考问题。

景区评论数据包含的字段,如表 7-4 所示。

表 7-4 景区数据字段

字 段	说 明
用户 ID	用户在平台的唯一 ID
景区 ID	景区在平台的唯一 ID
评论时间	用户发布的评论时间
评论内容	用户发布的评论内容,除文字信息,还包括图片、表情等
评论分数	用户对景区的评价分数(0~5 分),其中 0 分表示用户未评分

2. 关键词提取流程(见图 7-5)

评论数据标注过程。

第一步:关键词提取。

获取评论数据、关键词数据,提取评论关键词。

第二步:评论分类。

机器学习根据评论关键词数据库,将评论分为消费价格、安全设施、环境卫生、服务态度、项目信息及其他问题。

第三步:情绪识别。

根据用户评分及评论描述,确定用户正向及负向情绪。

第 7 章 方案落地：AI 产品的方案设计

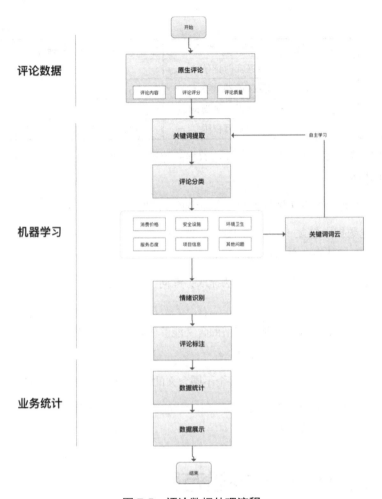

图 7-5 评论数据处理流程

3. 评论产品模块设计（见表 7-5）

表 7-5 评论数据产品模块设计

序 号	模 块	功 能 概 要	功 能 描 述
1	数据	城市区域差评数据	一级省市下各区域差评数据统计
2		城市景区差评数据	能查看各二级区域下的景区差评数据，并能查看景区评价关键词
3		供应商差评数据	能查看提供服务供应商的差评数据统计

续表

序号	模块	功能概要	功能描述
4	数据	景区实时评价	—
5		景区问题分类	—
6		城市评价关键词	—
7	权限	用户查看权限	账号对应的城市、数据查看权限

本方案的主要着眼点在于景区评论数据的挖掘,因此对于前端页面的显示在此不进行详细描述。

在本方案评论挖掘实施过程中,会碰到较多问题,主要有以下几点。

① 评论数据中包含"0 分"的数据,评论分类和关键词提取较不准,因为无法参考评论分数,因此消费者的意向不明确。

② 一条评论内容过短,导致无法提取关键词,如评论数据只有"好""不错",这类评价是需要进行过滤的。

③ 评论中包含大量的表情,表情的含义能够代表消费者的情绪,因此需要单独处理,否则也会影响关键词提取质量。

④ 评论内容中出现多个主题,多个不同含义的情绪表达,无法正确提取主要内容。

这是产品在实施阶段遇到的问题,针对这些问题,产品经理需要做出决策,进行数据清洗或者定义新的功能。

7.4 地址一致性校验方案

地址信息是重要的基础信息,如在物流行业中物流公司需要使用地址信息完成配送服务;对于有线下服务需要的产品,如打车平台,地址信息则会影响服务覆盖的范围。为了规范地址信息,我国使用三级地址信息进行标准化处理。对于计算机来说,地址信息不仅是一段文本,同时还包括其所代表的经纬度信息。

在本案例中,我们需要对标准的地址信息和人们日常生活使用的地址信息进行比对,以此来判定是否一致。这两个地址信息通常在语言表达上会有较大的差异。因此,判定两个描述的地址是否一致,需要综合更多的特征信息。

7.4.1 方案背景

标准地址和口语描述地址是否为同一地址,如果通过人工进行判断,除了通过语言的描述,还会通过地图工具查看两个地址的距离来进行判断。通过人工判定地址是否一致时,通常存在以下问题。

① 主观性较强。通过人工观察地图距离信息的方式判定,无统一标准。

② 重复性工作较多。标准地址与口语描述地址基本一致,较少出现不一致的情况。

③ 未来业务发展需要提升效率。人工判定的效率始终无法与业务发展匹配。

本方案的重点是结合门店文字描述、地理位置等综合信息,提取更多的判定特征,从而判定口语化地址与标准地址是否属于同一地址。

7.4.2 数据分析

为实现地址的一致性校验,AI产品经理可以先对样本数据进行简单的分析。在本案例的样本中,选择的口语化表达地址为经营地址,选择的标准地址包括执照类地址和许可证类地址。

经营地址(门店地址):指商户实际的经营地址,通常会采用口语化的表述方式。

执照类地址:指相关正规证照使用的经营场所地址,一般是按照三级地址的形式,比较有规律可循。

许可证类地址:指相关许可类证照显示的地址,通常也是三级地址形式,一般执照类地址与许可证类地址会一致。

判定两个地址是否为同一地址,两个地址的距离通常是一个重要的特征。为更好表述数据处理过程,我们假设 C=经营地址,G=许可证地址,F=执照类地址,CG=经营地址与许可证地址距离,CF=经营地址与执照类地址距离。(以下用字母替代)

1. 总体数据概览

(1)样本地址距离分析

初步进行数据分析时,首先从业务数据库中随机提取样本数量5000个,其中具有有效地址数据样本4835个,这些样本均事先通过人工进行标记。

在统计的4835个数据样本中,如果按照50m为单位进行划分,如表7-6所示。

表 7-6　样本地址距离数据分布

距离范围（m）	CG（样本数）	CF（样本数）	FG（样本数）
（0，0]	72	64	3907
（0，50]	1498	1340	57
（50，100]	601	550	30
（100，150]	428	381	11
（150，200]	309	291	20
（200，250]	235	213	18
（250，300]	174	169	17
（300，350]	123	112	12
（350，400]	90	92	10
（400，450]	82	83	14
（450，500]	65	65	9
（500，max]	1158	1475	728

53.8%的样本能够保证经营地址与许可证地址的距离在 200m 以内；有 25%以上的样本能够保证其经营地址与许可证地址超过了 500m；31.85%的样本能够保证其经营地址与执照地址距离超过了 500m，超过原因可能是用户选错或技术问题导致的地址经纬度数据错误。

（2）疑似经营地址与许可证类地址距离不一致的数据分析

在 5000 个样本中，人工标记共计 1368 家门店疑似地址不一致，其中 1310 家门店具有经营地址与许可证地址距离有效值，疑似地址不一致数据分布，如表 7-7 所示。

表 7-7　疑似地址不一致数据分布

C 与 G 距离（m）	样本数量（个）	样本占比
（0，50]	298	21.77%
（50，100]	107	7.82%
（100，150]	94	6.87%
（150，200]	67	4.89%
（200，250]	68	4.97%
（250，300]	46	3.36%
（300，350]	34	2.48%
（350，400]	27	1.97%
（400，450]	16	1.17%
（450，500]	15	1.10%

续表

C 与 G 距离（m）	样本数量（个）	样 本 占 比
（500，1000]	99	7.23%
（1000，2000]	76	5.55%
（2000，3000]	29	2.12%
（3000，4000]	32	2.34%
（4000，5000]	21	1.53%
（5000，10000]	93	6.79%
（10000，4042840]	188	13.73%

数据分析：在疑似地址不一致的样本中，仅有 21.77%的门店经营地址与许可证地址距离在 50m 以内；7.82%的门店经营地址与许可证地址距离为 50～100m；26.81%的门店经营地址与许可证地址距离为 100～500m；41.56%的门店地址与许可证地址距离超过了 500m。

2．地址一致样本数据概览

在 5000 个样本中，人工标记共计 3632 家样本的经营地址与证照地址一致，其中 3525 家门店具有经营地址与许可证地址距离有效值，正常门店位置数据概览，如表 7-8 所示。

表 7-8　正常门店位置数据概览

C 与 G 距离（m）	样本数量（个）	占 比
（0，50]	1272	35.02%
（50，100]	494	13.60%
（100，150]	334	9.20%
（150，200]	242	6.66%
（200，250]	167	4.60%
（250，300]	128	3.52%
（300，350]	89	2.45%
（350，400]	63	1.73%
（400，450]	66	1.82%
（450，500]	50	1.38%
（500，1000]	219	6.03%
（1000，2000]	117	3.22%
（2000，3000]	53	1.46%

续表

C 与 G 距离（m）	样本数量（个）	占比
(3000, 4000]	28	0.77%
(4000, 5000]	15	0.41%
(5000, 10000]	61	1.68%
(10000, 4042840]	127	3.50%

3. 数据分析

在人工判定地址一致的样本中，48.62%的门店地址与许可证地址距离在 100m 以内；31.36%的门店经营地址与许可证地址距离为 100～500m，17.07%的门店经营地址与许可证地址距离超过了 500m。

7.4.3 样本测算

根据以上数据分析，假定以经营地址与许可证地址的距离作为地址是否一致的判定标准，即以 C 与 G 距离 50m 为起点，按照 50m 为单位递增来测算策略精度。

AI 产品经理可以根据数据设计简单的策略，本文策略为当 C 与 G 距离小于一定限值时，则自动判定地址一致。相关公式为

$$精确率 = TP/(TP+FP)$$

$$召回率 = TP/(TP+FN)$$

$$F 值 = 精确率 \times 召回率 \times 2 / (精确率+召回率)$$

式中 TP——将正类预测为正类数；

FN——将正类预测为负类数；

FP——将负类预测为正类数；

TN——将负类预测为负类数。

样本共计包括 5000 家门店，地址一致的样本数为 3632 个（有效数据 3525 个），地址不一致的样本数为 1368 个（有效数据为 1310 个），地址是否一致判定精度评估，如表 7-9 和表 7-10 所示。

表 7-9 地址一致判定精度评估

C 与 G 距离(m)	判定地址一致样本总数(个)	地址一致样本命中数(个)	精确率	召回率	F 值
50	1570	1272	81.02%	35.02%	48.90%
100	2171	1766	81.35%	48.62%	60.87%
150	2599	2100	80.80%	57.82%	67.40%
200	2908	2342	80.54%	64.48%	71.62%
250	3143	2509	79.83%	69.08%	74.07%
300	3317	2637	79.50%	72.60%	75.90%
350	3440	2726	79.24%	75.06%	77.09%
400	3530	2789	79.01%	76.79%	77.88%
450	3612	2855	79.04%	78.61%	78.82%
500	3677	2905	79.00%	79.98%	79.49%
1000	3995	3124	78.20%	86.01%	81.92%
2000	4188	3241	77.39%	89.23%	82.89%
3000	4270	3294	77.14%	90.69%	83.37%
4000	4330	3322	76.72%	91.46%	83.45%
5000	4366	3337	76.43%	91.88%	83.45%
10000	4520	3398	75.18%	93.56%	83.37%
4042840	4835	3525	72.91%	97.05%	83.26%

表 7-10 地址不一致判定精度评估

C 与 G 距离(m)	判定地址不一致样本总数(个)	地址不一致样本命中数(个)	精确率	召回率	F 值
50	3430	1070	31.20%	78.22%	44.60%
100	2829	963	34.04%	70.39%	45.89%
150	2401	869	36.19%	63.52%	46.11%
200	2092	802	38.34%	58.63%	46.36%
250	1857	734	39.53%	53.65%	45.52%
300	1683	688	40.88%	50.29%	45.10%
350	1560	654	41.92%	47.81%	44.67%
400	1470	627	42.65%	45.83%	44.19%
450	1388	611	44.02%	44.66%	44.34%
500	1323	596	45.05%	43.57%	44.30%
1000	1005	497	49.45%	36.33%	41.89%
2000	812	421	51.85%	30.77%	38.62%

续表

C 与 G 距离(m)	判定地址不一致样本总数（个）	地址不一致样本命中数（个）	精确率	召回率	F 值
3000	730	392	53.70%	28.65%	37.37%
4000	670	360	53.73%	26.32%	35.33%
5000	634	339	53.47%	24.78%	33.87%
10000	480	246	51.25%	17.98%	26.62%
4042840	165	58	35.15%	4.24%	7.57%

我们可以发现，仅以地址的距离判定经营地址与标准地址是否一致，显然会出现很大偏差，无论是地址一致的样本还是地址不一致的样本，在地址距离分布上重合概率非常大。结合人工判定过程，我们建议需要根据地址的文本信息，再次进行挖掘，从而建立模拟人工判定标准的智能模型。

7.4.4 方案设计

基于以上信息，我们需要综合位置描述和位置的经纬度，模拟人进行判断地址是否一致的过程，同时方案应结合实际的业务场景，判定地址是否一致，基本处理流程如图 7-6 所示。

判断地址是否一致，系统首先会通过强规则校验、智能审核和人工审核对数据进行三层审核，然后将疑似地址不一致的样本交给人工进行处理。

1．输入特征

结合数据分析，可以为方案设计提供如下输入特征参考。

① 经营地址与执照类地址距离。

② 经营地址与许可类地址距离。

③ 执照类地址与许可类地址距离。

④ 执照类地址与许可类地址文本相似程度。

⑤ 经营地址与执照类地址文本相似程度。

⑥ 经营地址与许可类地址文本相似程度。

执照类地址和许可类地址可视作标准地址。

注意：在本方案中地址之间的距离包括路线距离和直线距离两类特征。

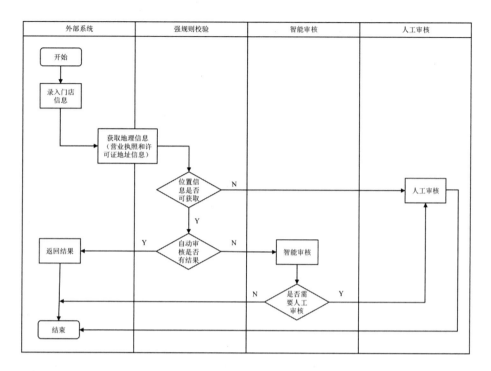

图 7-6　判断流程设计

在业务调研过程中，我们还发现了一些特别难分辨的情况。例如，如果选用距离较近的样本，那么在距离上经营地址与标准地址就会非常接近，但这种情况下应该判定地址不一致；一些地址描述只是在楼层或门牌号上有所区别，因此在文本相似程度规则中，我们要求省区市一致，同时相关人员对楼层、门牌号等数字也需要进行特别校验。

2．输出特征

① 判断经营地址与标准地址是否属于同一个地址。
② 判断经营地址与标准地址是否属于同一个地址的可信程度。

3．计划实施

① 阶段 1：自动审核与人工审核并行，查看自动审核与人工审核之间的差异。
② 阶段 2：灰度发布。部分商户进行智能审核，同时对比人工审核的标注。
③ 阶段 3：开始全量切入自动审核，同时对智能审核进行抽查。

④ 风险方案：开关切换（智能审核开启关闭）。若出现自动审核有大量错误的情况，则自动审核关闭，按照原有流程进行审核。

7.4.5 产品跟踪

地址一致性智能校验方案在设计之初，是期望结合地址文本信息和地理位置信息且精确区分两类样本的，但在实际推进项目的过程中发现，地址不一致的样本占地址一致样本的比例非常小，基本上 95%的样本都是地址一致的样本，这是一个典型的不平衡数据问题，模型也无法保证地址一致和不一致的判定的准确率都高。可是相比于判断地址不一致，判断地址一致似乎对模型来说更加容易一些，准确率一直很高。那么从业务的角度来说，如果机器能够将大部分地址一致的样本进行过滤，只将疑似地址不一致的样本流转给人工审核，同样能够达到提升审核效率的目的。

另外，AI 产品经理需要设计产品上线数据跟踪表格。经过模型参数调优，模型可以过滤门店位置与标准地址一致的样本，然后将疑似地址不一致的门店进行人工核查。由于审核量较大，需要产品经理对模型进行继续调优，如表 7-11 所示。

表 7-11　阶段 1 初次效果

日　　期	判定一致数	判定正确数	准　确　率
0618—0624	11671	11141	95.50%
0625—0701	20235	19085	94.30%
0702—0708	21432	19938	93.00%
0709—0715	16491	15338	93.00%

在确认以地址一致判定准确率为目标后，模型进行了调整，经过一段时间的跟踪，虽然模型的召回率在 50%左右且有所下降，但模型判断的准确率达到了 99.7%，初步达到了人工审核的准确率，如表 7-12 所示。

表 7-12　阶段 2 调优后效果

日　　期	判定一致数	判定正确数	准　确　率
0903—0909	7159	7110	99.30%
0910—0916	8142	8075	99.20%
0917—0923	8448	8388	99.30%
0924—0930	7330	7280	99.70%

小结：地址一致性校验方案的数据样本是一个典型的不平衡数据样本，在方案实施过程中，产品的目标从"找到地址不一致的样本"逐步转变为"过滤大部分地址一致的样本"。这一方面和模型的准确率有关系，另一方面也是业务的实际需要，因为相比于找到"大部分地址不一致的样本"，过滤"地址一致的样本"显然容易得多。方案目标的变化也是 AI 产品经理根据实际业务的需要而权衡的。

7.5　图片相似程度比对方案

图片的相似程度在多个领域都有实际应用。例如，以图搜图功能、通过明星照找到相关衣服的功能，实际这些上是计算机视觉功能的衍生功能。不同的业务场景对于图片相似程度的要求不一，不同的业务对于特征的构造也不同，这些成了图片相似程度比对方案设计的难点。

图片的相似程度的智能比对方案在模型上并没有特别的创新，但在特征提取方面的工作却是相对特殊的。在这个过程中，AI 产品经理需要结合业务的经验知识详细描述相似图片的特点，为 AI 工程师的模型构造提供参考。

7.5.1　方案背景

图片信息已经成为重要的证明信息，因此上传图片是目前许多互联网产品业务中常见的功能。例如，在保险领域中对验车照片进行检测、针对查勘定损照片进行检测及查看是否出现修改。虽然图片是重要的证明信息，但现代的图片修改工具已经能够轻易改变图片的显示信息，并且修改的信息难以使用人眼去分辨，这为平台后续的管理和经营都带来了难题。

7.5.2　需求分析

许多经过修改的图片信息，都是使用同一套模板进行修改的。这些图片通过肉眼难以识别，但如果将多张图片都放在一起，便会发现修改的蛛丝马迹。这些经过修改工具修改过的图片信息具有相同的特征，如展示的文本信息不同，但其样式甚至阴影都完全一致，而且图片属性信息也显示出了一定的修改痕迹。基于以上特征，我们可以通过构建强大的图库进行比对，通过机器进行初步筛选，从而找到图片相似程度较高的图片。

我们通过现有案例分析，发现经过修改的图片具有以下共同信息。

1. 图片属性包含修改信息

如图 7-7 所示。目前已有公开的方法提取图片中 EXIF 的信息，而一些信息如照片拍摄的时间、GPS 地点、拍摄工具、EXIF 信息是否完整等，可用来判断照片是否经过修改。

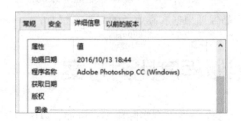

图 7-7　图片属性信息

虽然修改信息不能作为唯一的判定标准，但显然可以在业务方面使人提高警觉。

2. 图片的拍摄角度特征

以资质证照为例，图 7-8 所示为两个不同的经营主体提交的图片，除所示文字信息不一致外，拍摄的阴影、角度均一致（注意：由于公司的营业执照信息是在网上公开的，因此可通过统一社会信用代码查询企业信息）。在这个案例中，图片伪造程度十分精细，二维码、印章等都是使用图像处理软件制作而成的。

图 7-8　模板图片信息

3. 图片细节信息的处理

经过二次修正的图片，部分细节处会出现瑕疵，如图 7-9 所示，部分证照二维码具有较明显的粘贴痕迹，出现了不对称的白边。

图 7-9 留有白边的二维码

4．图片字体信息

如图 7-10 所示，类似驾驶证照等标准的证照，可以通过字体大小等细微差别作为判断的特征。

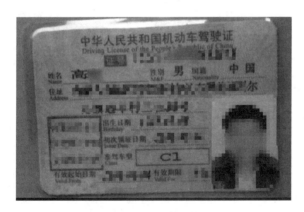

图 7-10 驾驶证照字体信息

相似图片的特征可能无法全部作为模型的输入进行使用，也可能不具有代表性，但对已有图片信息的分析，能够为后续建模提供参考。

需要说明的是，图片相似程度的判断是一项系统工程，除了利用图片的信息，还会通过其他信息进行辅助判断，例如，用户行为信息、用户身份信息等，本方案主要是针对一批相似的图片进行重点筛查。

7.5.3 方案设计

方案设计的目标是提供判定相似图片的比对方案,提前对用户上传的图片进行筛查,其模型输出可供审核人员进行参考,同时模型可用于批量复查在线图片的情况,模型能力描述如表 7-13 所示。

表 7-13 模型能力描述

识别目标	识别图片是否与图库中图片相似
输出辅助判定信息	（1）图片信息是否经过 Photoshop 或其他软件的处理 （2）图片的二维码是否能够识别 （3）图片二维码信息是否为纯文本 （4）图片二维码信息是否跳转至公示网 （5）图片与模板图片相似程度 输出结论：是否需要人工审查

关于图像识别准确率和召回率的需求,我们期望方案设计可实现"图片相似识别"高召回率,即有大量的图片被认为疑似、相似,需要确保绝大部分通经过图片修改工具处理过的图片能够被找到。

可使用的训练数据包括以下两项。

① 业务人员通过筛选的相似图片样本。

② 系统中存储的相似图片样本。

测试数据:可开放系统中的证照来验证模型的准确程度。

7.5.4 产品迭代

如何防止经过修正的图片进入平台,一方面需要继续积累参考模板库素材,同时还要借助其他辅助信息和措施进行综合治理,而仅仅依靠证照比对是远远不够的。

在证照图片信息审核方面,就会有以下判定类别。

① 图片清晰程度判定。

② 图片拍摄方向判定。

③ 图片是否违法判定。

④ 图片信息 OCR 读取（包含编号、法人、有效期等信息）。

⑤ 图片二维码自动识别。

我们通过多元的图片智能判定，能够提升审核效率，相似图片比对模型也会作为后续系统界面判定用户上传图片是否存在问题的模板，为后续智能审核打下良好的基础。

7.6 智能搜索方案设计

智能搜索方案是一个偏向概念设计的方案，方案运用了自然语言处理技术和计算机视觉技术，当然技术不是重点，这个产品方案的重点是发现这个需求的过程，是对于人性的关注。因为是概念设计，因此还对产品的发展路线进行了一定的规划，从而分析出产品未来的发展情况。

7.6.1 方案背景

搜索是互联网重要的入口，我们通过搜索获取想要的信息。人工智能在搜索方面的应用主要集中在交互方式上，过去用户通过文本进行搜索，现在可以通过语音、图片进行搜索。用户搜索的场景可以简化成先输入关键词，后返回相关搜索结果，然而现实的情况是用户可能需要经过多次的搜索，更换不同的搜索关键词，才能出现理想的搜索答案。

识别意图的智能搜索方案，期望解决的是通过理解用户的意图，给出解决方案式的搜索结果，避免用户多次输入和查找的烦恼，这在生活服务领域中可以得到优化应用。

7.6.2 用户场景

如今我们越来越习惯通过 App 购买商品，甚至是生鲜类的产品。通过 App 购买生鲜商品，顾客可以在一个 App 选购需要购买的食材，如图 7-11 所示，购买菜品的常见流程为"选店—找菜—下单"。

用户在选择食材时，是会考虑做什么样的菜，如需要做一道西红柿炒鸡蛋，至少要准备西红柿、鸡蛋、葱三样食材，但这三样商品却不会在同一个栏目中，而需要手动查找，而如果搜索需要做的某一道菜时，很少能搜索到需要的食材，如图 7-12 所示，在相关 App 中搜索"番茄炒鸡蛋"时，我们会发现目前很多的搜索系统不理解用户的意图。

274　当产品经理遇到人工智能

图 7-11　用户下单的过程

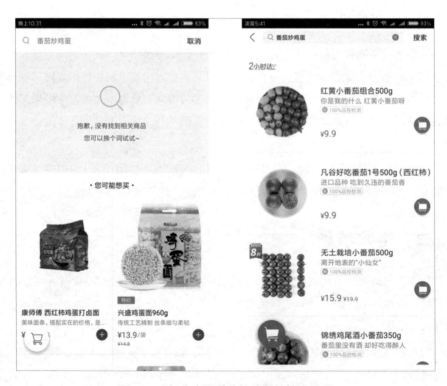

图 7-12　部分应用番茄炒鸡蛋的搜索结果

生活中还有很多这样的场景，如出去旅游，我们会搜索相关地点，收集交通、住宿等信息。我们正是基于以上场景，来设计更加智能的搜索方案，理解用户的意图，以期能快速形成相关订单。

7.6.3 方案设计

智能搜索方案的核心在于识别信息的进一步优化，如用户输入美食，能显示需要的食材；用户搜索景区，能提供出行的解决方案，如图 7-13 所示。

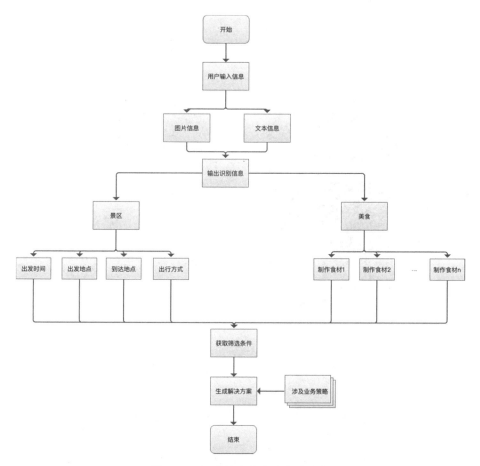

图 7-13　智能搜索方案的主体流程

考虑到方案的复杂性，就美食的搜索进行优化作为例子，我们可列出功能清单，如表 7-14 所示。

表 7-14 功能清单

序号	模块	功能	示例
1	输入方式	支持文本搜索	输入西红柿炒鸡蛋，返回食材清单
2		支持图片搜索	拍照或者扫描图片识别菜品，返回食材清单
3	搜索内容	按照菜谱搜索	输入五仁炒饭，返回一键下订单
4		按照食材搜索	输入牛肉，返回推荐牛肉做的菜
5		查看美食做法	可查看做菜的详细步骤

产品功能设计者会根据产品的功能清单，设计产品的前端页面，如图 7-14 所示，包括搜索入口和搜索结果页。

图 7-14 搜索产品页面

7.6.4 未来发展

智能搜索方案还处于概念阶段，从已有的技术来看未来是可以实现的，重点在于数据积累与业务场景的结合，才能够发挥其更大的价值。以搜索引擎作为产品方案来看，未来类似的智能搜索产品的基本架构，如图 7-15 所示。

智能搜索引擎可分为前端应用模块、人工智能模块和方案决策引擎。前端可以作为独立应用，也可以提供搜索赋能业务；人工智能模块需要提供自然语言识别、图像识别、语音识别功能，用于识别用户意图；方案决策引擎的底层是数据的积累，包括网络数据、业务数据、第三方数据，AI产品经理需要定义好数据的格式。

图 7-15　智能搜索引擎产品结构

本章小结

本章列举了一些与人工智能相关的产品方案，方案主要涉及自然语言处理、计算机视觉的应用。在不同的项目中，产品方案的侧重点会有所不同，重要的是我们要了解一个产品方案实际落地过程中的细节。

① 产品规划是立足点。在智能客服这个项目中，涉及的端和功能点是比较复杂的，因为智能客服同时面对 C 端和 B 端的用户，在这个时候方案的主体框架设计就尤为重要了。人工智能的很多项技术都能在智能客服中得以应用，选用哪些技术就是考验 AI 产品经理的取舍能力和价值判断力了。

② 数据对模型建设的影响。景区评论挖掘方案，看似数据完备、目标明确，但项目推进过程中实际上还会遇到难题，如无意义的评论、表情符号或者是评分内容的缺失，都会对模型的效果产生影响，而这些问题只有 AI 产品经理亲身经历过，才能敏锐察觉，因此项目能够顺利上线，产品的策略又显得尤为重要。

③ 准确率和召回率的选择。地址一致性校验方案，是一个典型的不平衡数据二分类问题，这个时候需要 AI 产品经理结合实际的业务场景，确认模型的输出目标，是需要高准确率还是高召回率，这样就能以很低的成本来实现自己的诉求。

④ 特征分析的价值。在图片相似程度比对方案中，图片的特征分析过程是 AI 产品经理需要特别关注的，因为这些特征正是后续建模需要使用的特征，AI 产品经理需要提炼有效可用的特征，才能保证模型建设能够顺利进行。

⑤ 关注人的天性。智能搜索方案，其实是在一个非常小的使用场景中发现的需求，这需要 AI 产品经理在对人工智能技术的理解的基础上，还要善于观察生活当中的种种现象。方案本身除了创意之外，AI 产品经理更要关注方案产品能够为用户带来什么价值，不要只是一味追求创意。

产品方案设计并没有统一的模板，只要是适合团队，有利于团队达成产品目标即可，有的方案甚至很简单，AI 产品经理最终还是要在实践中不断成长，才会形成自己的工作风格。

第 8 章

发展模式：产品的成长路径

人们都期待人工智能的未来，但人工智能的产品究竟会如何发展呢？人工智能的商业化到底该怎么实施呢？这是摆在人工智能企业面前的一个大难题，每个企业都试图在自己的业务中寻找人工智能商业化的最优解。技术的成熟不等于产品的成熟，更何况人工智能技术本身还有待发展，尤其到了细分领域，更可能因为行业数据积累程度的不同，而导致缺乏实用性，这样产品的发展逻辑就显得尤为重要了。当人工智能不断进入细分行业，企业就需要和行业中的传统行业合作或者竞争，对于一个企业来说，市场中是否存在机会，自身企业又处于什么样的位置，只有进行细致准确的市场分析才能得到答案。人工智能产品落地，还面临着两个重要选择，是"2B"还是"2C"，不同的方向对于产品设计有着不同的设计准则。本章将从商业模式、市场分析和产品思维 3 个方面详细介绍产品的成长路径。

8.1 商业模式：确定产品的发展逻辑

人工智能产业对于很多企业来说，是新的机会，同时意味着更多的挑战，尽管与人工智能相关的技术已经在实验室中研究多年，但由于大规模商业化应用条件的限制，一直到近几年才得到人们的重视，从目前市场上的企业来看，各个人工智能企业都在探索适合自己的商业模式。

对于 AI 产品经理来说，当前人工智能产业发展远没达到成熟的阶段，在学习人工智能的产品的过程中，还要时常跳出来思考产品的商业模式，这是一个产品发展的大逻辑。

8.1.1 人工智能商业模式

商业模式是一个非常宽泛的概念，我们该如何系统梳理商业模式呢？我们通常了解跟商业模式有关的说法有很多，包括运营模式、盈利模式、B2B 模式、B2C 模式、"鼠标加水泥"模式、广告收益模式等，简单来说，商业模式就是指企业设计完整的商业逻辑，从而实现企业的生存价值。设计合理的商业模式，就要充分考虑和运用企业运行的内外要素，从而形成一个完整的高效率商业化运行系统，它可以保持产品独特的核心竞争力，并通过最优形式满足客户需求、实现自身价值，与此同时达成持续盈利的目标。

商业模式作为整体解决方案给企业带来的变化是巨大的，如技术的创新、用户需求的变化等。伴随人工智能技术的深度应用、市场规模发生变化，适合人工智能的商业模式正在逐步形成，对于大型企业而言，只有不断调整自己的商业模式，才能适应时代的发展。战略转型往往是需要勇气的，这不仅需要企业真正愿意走出"舒适区"，也需要企业创始人有决心和魄力。

8.1.2 商业模式规划工具

人工智能和算法的兴起及其带来的影响，让许多企业看到了新的机会，也迎来新的挑战，这一次人工智能浪潮比以往任何时候都更接近现实、更重要或更复杂。为了能够梳理商业逻辑，企业可以使用一些成熟的工具来描述这种逻辑，帮助理解和思考商业模式。

1. 商业模式画布

商业模式画布（BMC）是著名商业模式创新作家、商业顾问亚历山大·奥斯特瓦德在 2008 年提出的概念，商业模式画布从重要伙伴、关键业务、核心资源、价值主张、用户关系、获客渠道、用户细分、成本结构和收入来源 9 个关键词来描述企业（产品）的商业模式，并将产品细分为创造价值、传递价值和获取价值 3 个基本过程，这些人工智能的商业模式规划有重要作用。商业模式画布如图 8-1 所示。

图 8-1 商业模式画布

商业模式画布图由 9 个方格组成，每一个方格都代表着成千上万种可能性和替代方案，纵向来看重要伙伴、关键业务、核心资源共同构成了成本结构。用户关系、用户细分、获客渠道通常是收入来源需要考虑的因素。AI 产品经理要做的就是找到最佳的方案。商业模式画布的核心可以简述为"为细分用户提供差异化的价值"，其目的在于找准产品所能够覆盖的用户对象和所能承载的服务能力。

（1）重要伙伴——谁可以帮助我

能够让商业模式有效运作的重要伙伴，包括所需的供应商和合作伙伴，企业需要梳理以下问题：正在从伙伴那里获取哪些核心资源，合作伙伴都执行哪些关键业务。

（2）关键业务——我必须做什么事

企业在运作过程中的核心价值是什么？企业必须做的最重要的事情是什么？企业价值的实现需要哪些关键业务作为支撑？这些业务能够形成怎样的壁垒？

（3）核心资源——我拥有什么资源

核心资源是用来描绘使企业的商业模式有效运转所需的最重要因素，如资金和人才的情况如何。产品的价值主张需要什么样的核心资源？为产品进行的渠道通路需要什么样的核心资源？如开发的产品对技术要求能力比较高，就需要很强的技术资源。

（4）价值主张——我在解决什么问题

价值主张是用来描绘为特定客户细分创造价值的系列产品和服务，从而明确我们该向客户传递怎样的价值，我们正在帮助我们的客户解决哪一类难题，我们正在满足哪些客户的需求，我们正在为谁创造价值，谁是我们最重要的客户等问题。

（5）用户关系——如何维系用户关系

客户关系是企业不断加强与客户交流，不断了解顾客需求，并不断对产品及服务进行改进和提高的过程。在这个过程中，我们需要考虑的是每个客户细分群体希望我们与之建立和保持怎样的关系，哪些关系我们已经建立了，这些关系成本如何，如何把它们与商业模式的其余部分进行有效整合等。

（6）获客渠道——如何让用户找到我

此部分内容主要考虑的问题包括通过哪些渠道可以接触我们的客户细分群体，我们如何接触他们，我们的渠道如何整合，哪些渠道最有效，哪些渠道成本效益最好，如何把我们的渠道与客户的例行程序进行有效整合。

（7）客户细分——产品的目标群体是谁

客户细分用来描述一个企业想要接触和服务的不同人群或组织，而且明确我们正在提供给客户细分群体哪些产品和服务。

（8）成本结构——我为此付出的成本

成本结构是指企业运营一个商业模式所引发的所有成本。什么是我们商业模式中最重要的固有成本？哪些核心资源花费最多？哪些关键业务花费最多？如电商公司，有场地成本、人力成本、营销成本、仓储成本、物流成本、进货成本等。对于创业公司来说，当自身拥有足够的优势后，就可以从上游供应商那里拿到比较好的采购价格。此外，运营管理效率和水平也会影响人力成本，如果运营管理水平高、人均产出高，成本费用（管理费用）的支出就可以降低，也就可以获得更多的利润。

（9）收入来源——我能得到的回报

收入来源需要考虑以下几个问题。什么样的价值能让客户愿意付费？他们现在付费买什么？他们是如何支付费用的？他们更愿意如何支付费用？每个收入来源占总收入的比例是多少？

目前，互联网产品常见的收入模式：流量变现，通过广告引流获取收入；佣金分成，抽取商家收入；增值服务，通过售卖会员；收费服务，系统及技术的服务等。关于产品定价，通常有 3 种不同的定价模式，包括基于成本的定价法、基于需求和用户认知的定价和基于供需比例的动态定价法。在比较大的公司，收入模式和产品定价会有专门的核算团队进行处理，AI 产品经理需要了解产品核心收入，以便有针对性地设计产品的功能，因为它和收入直接挂钩。

2．战略示意图

Jeroen Kraaijenbrink 的战略示意图适合制定企业的总体战略，有利于在新的产品出现时，根据新的发展战略确认其是否可行。从该战略示意图来看，企业需要增加对市场危机和机会的调研，如图 8-2 所示。

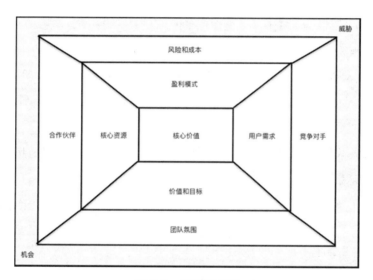

图 8-2　战略示意图

（1）核心价值

核心价值是指企业通过某种方式提供的产品和服务，企业需思考产品对于消费者的价值是什么，产品能够解决的问题是什么。

（2）核心资源

企业的产品拥有什么资源，使得产品在市场竞争环境中具有优势，表现为产品的的核心资源和核心活动，人工智能类产品一般是核心的算法、数据等。

（3）盈利模式

根据企业的核心资源，产品能够如何收取费用？从谁身上收取、怎样收取、何时收取？

（4）用户需求

产品服务于什么组织与群体，产品应该满足什么需要呢？

（5）价值和目标

企业要明确产品要达到什么目标，产品解决的最重要的问题是什么。需要注意的是，不要将收益或者股东利益当作产品的主要目标。

（6）合作伙伴

重要的合作伙伴，能够保证企业的产品和服务更有价值。

（7）风险和成本

商业模式运作过程中承担什么样的财务、社会或其他风险及企业如何管理这些风险。

（8）竞争对手

客户会用比较的方式来决定是否购买你的产品和服务，你有什么样的竞争优势。

（9）团队氛围

团队文化和结构是什么样的，工作的组织结构和文化环境是制定决策并完美执行的重要因素。

（10）机会与威胁

市场中有什么因素影响着组织，这些因素是机会还是威胁？对未来的商业模式有着怎样的影响？

此外，我们还有其他工具去规划商业模式，如麦肯锡的 7S 模型：在企业的战略和商业模式设计过程中，要考虑包括结构、制度、风格、员工、技能、战略、共同的价值观在内的 7 个方面。这些方面协调共生，共同构成了企业的商业模式；BCG 的价值 3 层面把商业模式分成了价值定位和价值传导 2 个大的层面，每个层面又包括 3 个小的具体模块，需要分别设计和规划。商业模式规划工具仅供参考，在具体规划过程中还需要我们具体问题具体分析。

8.2 市场分析：如何实现突破进入市场

8.2.1 市场初步评估

商业模式是对内战略的分析，市场分析则是产品对外部环境的评估。当前人工智能市场大环境被各方看好时，人工智能便成为引领科技进步、推动产业升级的新引擎，2017 年国务院更是印发了《新一代人工智能发展规划》，确立了人工智能的战略定位。2018 年以来，人工智能产业保持快速增长，中国的人工智能产业规模、投融资规模和企业数量位居世界前列，同时与实体经济融合正在不断加速。

那么在人工智能产业细分领域，我们又会面临怎样的市场状况呢？从第一章我们已经了解，在产业链的基础层和技术层，科技巨头通过推出算法平台吸引开发者，希望通过活跃的社区、众多的开发者，打造开发者生态，成为行业标准，实现持续获利，如谷歌、Facebook、IBM、微软等科技巨头已经相继推出并在近期开源的人工智能工具；在产业链的应用层，科技巨头都借助积累的个人用户数据，开发出针对个人用户和企业用户的方案，如 Amazon 推出智能家居硬件 Echo，谷歌推出家具中枢 Google Home，阿里巴巴推出个人助手阿里小蜜和智能家居等；在针对企业用户的解决方案上，IBM Watson 推出医疗、金融、政府、呼叫中心等企业应用，阿里巴巴则布局智能金融解决方案。除直接布局场景应用解决方案外，一些具有技术优势的企业，采用了从深挖技术到拓展应用的发展路径。

1. AI 产品市场分析

当一个企业推出相关的 AI 产品进入市场时，一般会遇到以下 3 种场景。

（1）市场中已有此类产品，进入竞争市场

如果推出的 AI 产品是公司之前未触达的领域，这个产品将会进入一个新的竞争领域（注意：这个领域可能对公司来说是新领域，但却是市场中已有的领域）。例如，智能音箱市场，在某一个时间段内，天猫、百度、小米等多家互联网公司都推出了自己的智能音箱，此前这些公司都没有智能音箱领域的经验，但都期望通过该产品切入新的与用户交互的市场。

（2）推出一款创新型产品，进入探索市场

如果推出的 AI 产品属于创新型产品，目前还没有抢占大规模市场，AI 产品经理需要进行市场和用户的调研，确认产品是否可进行大规模推广。AI 的应用，为多个行业的发展赋能带来了更多的可能性。

（3）基于所在领域推出生态产品，巩固已有市场

企业为了巩固已有用户，打算推出一些生态产品。例如，在小米的整个产品框架中，围绕手机衍生出了非常多的智能产品，其实无形中增加了用户选购的成本。

2．如何把握和分析市场规律

产品切入市场时，会形成 3 种情况，分别是"老用户—新产品""新用户—老产品"和"新用户—新产品"，企业在做出不同的选择时，要依据不同的市场发展规律。

（1）选择 1：老用户—新产品

"老用户—新产品"指的是企业针对现有的用户群体不断优化产品功能，不断推出新的产品，在这时用户对产品已经具备了一定的认知，企业需要通过新产品不断提升服务体验或创造更多的价值。当企业结合人工智能技术推出新产品时，需要考虑老用户的认知和转移成本，从商业模式来看就是不断挖掘需求的过程，然而却不能违背老用户的认知，例如，苹果手机 iPhone 就是一个不断推陈出新的案例，其结合人工智能技术，会不断刺激老用户新的兴奋点，才能持续保持产品的价值。

（2）选择 2：新用户—老产品

"新用户—老产品"指的是产品进入新的市场空间的情况，进入新的市场空间可以指进入新的地域或是拓宽新的人群，包括不同年龄、职业、性别等。老产品拓宽新用户，一方面要维护与老用户的关系，同时要考虑拓展的合理性，保证老产品还能够深入新的用户群体，才能深入精准地拓宽新的用户群体。在拓展新的用户群体时，企业需要考虑新的用户情况，如使用场景、使用习惯以及与老用户的关注点的异同等，才能保持产品的价值。

（3）选择 3：新用户—新产品

"新用户—新产品"是一个完全新的产品进入一个新的市场的情况，相比于前 2 种选择，"新用户—新产品"的模式的挑战最大，因为在"新用户—新产品"的选择下，用户和产品的因素都是不确定的。在一个企业面对全新的领域时，要解决一个重要的问题：产品是否与市场匹配，这要求 AI 产品经理在早期要找到产品和市场的契合点。这个阶段对 AI 产品经理来说是巨大挑战，对于需求的把控也是很大的考验，如 AI 产品经理需要辨别用户的需求是否真实、服务是否是用户真实需要

的、产品能否带来正向价值、能否有正常的商业盈利模式等。

AI 产品经理进行市场初步评估时，可以借助以上模式进行分析，可以快速了解将要进入市场领域的情况，一旦确认初步可行，就需要更为详细的市场分析，则可以使用一定的方法，投入更多的调研时间和精力进行分析。

8.2.2 市场竞品分析模型

哈佛商学院教授克里斯坦森在《创新者的窘境》中曾总结出领先企业走向失败的 5 大因素。

① 用户控制了企业资源分配的模式，导致企业难以主动去做一些新的突破。

② 一些新兴出现的小市场，无法满足大企业的增长需求，导致错失机会。

③ 新技术的最终用户和应用领域无法提前预知。

④ 组织是维护现有模式的核心能力，既定流程和价值观，然而却无法应对市场的破坏性变化。

⑤ 不满足主流市场的新技术，被舍弃后，结果却在新兴市场大放异彩。

人工智能使市场出现新的突破点，在这时如果企业无法抓住机遇，则可能错过一个时代，而抓住机遇则有可能会实现翻盘。

1．波特的 5 种竞争力分析模型

波特的 5 种竞争力分析模型主要是通过 5 个方面来评估市场情况的，如图 8-3 所示，分别是供应商议价能力、新进入者的威胁、企业竞争能力、替代产品威胁和用户消费能力，这 5 种竞争能力决定了企业的盈利能力和水平。

图 8-3　波特 5 种竞争力分析模型

（1）供应商议价能力

供应商的议价能力会影响行业的竞争程度，尤其是当供应商垄断程度比较高、替代方案较少时。决定供应商力量的因素包括投入的差异、产业中供方和企业的转换成本、替代品投入的现状、供方的集中程度、批量大小对供方的重要性、与产业总购买量的相关成本、投入对成本和特色的影响、产业中企业前向整合相对于后向整合的威胁等。

（2）新进入者的威胁

企业必须要对新的市场进入者保持足够的警惕，他们的存在将使企业做出相应的反应，而这就不可避免地需要公司投入相应的资源，通常影响潜在新竞争者进入的因素包括经济规模、专卖产品的差别、商标专有、资本需求、分销渠道、绝对成本优势、政府政策、行业内企业的预期反击等。

（3）企业竞争能力

企业间的竞争能力是 5 种能力中最重要的一种，企业只有比竞争对手的战略更具优势，产品才有可能获得成功，为此，在市场、价格、质量、产量、功能、服务、研发等方面，企业都应该建立核心竞争优势。影响行业内企业竞争的因素包括产业增加、固定(存储)成本或附加价值周期性生产过剩、产品差异、商标专有、转换成本、集中与平衡、信息复杂性、竞争者的多样性、公司的风险、退出壁垒等。

（4）替代产品威胁

在很多行业，企业会与生产替代品的公司开展直接或间接的斗争。替代品的存在为产品的价格设置了上限，当产品价格超过这一上限时，用户将转向购买其他替代产品。决定替代威胁的因素包括替代品的相对价格表现、转换成本、客户对替代品的使用倾向。

（5）用户消费能力

用户的消费能力体现在用户和产品之间的关系，2B 类产品用户的议价能力会更强，此外用户对价格的敏感程度也是重要的影响因素，并且成为影响行业竞争强度的主要因素。决定用户购买者能力的主要因素包括用户的集中程度相对于企业的集中程度、用户的数量、用户转换成本相对企业转换成本、用户信息、后向整合能力、替代品、用户的激励。

2. 三四规则

三四规则可用于分析企业在一个成熟市场中的竞争地位，它将参与市场竞争的企业分为三类，分别是领先者、参与者和生存者。三四规则描述了这样一个市场规律：在有影响力的领先者之中，企业的数量绝对不会超过三个，而在这三个企业之中，最有实力的竞争者的市场份额又不会超过最小者的四倍。

一般来说，领先者是指市场占有率在15%以上、可以对市场变化产生重大影响的企业，体现在价格、产量等方面；参与者一般是指市场占有率为5%～15%的企业，这些企业虽然不能对市场产生重大的影响，但是它们是市场竞争的有效参与者；生存者一般是局部细分市场的填补者，这些企业的市场占有率都非常低，通常小于5%。三四规则如图8-4所示。

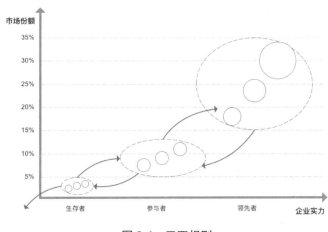

图8-4　三四规则

当然，三四规则的成立也有两个假定条件。

① 在任何两个竞争者之间保持2∶1的市场份额均衡点时，无论哪个竞争者要增加或减少市场份额，都显得不切实际而且得不偿失。

② 当市场份额小于最大竞争者的1/4时，就不可能有效参与竞争。

虽然"三四规则"只是从经验中得出的一种假设，并没有经过严格的证明，但是这个规则的意义非常大。我们通过"三四规则"可以了解一些市场规律，倘若两个竞争者拥有几乎相同的市场份额，在竞争时谁能提高相对市场份额，谁就能同时取得在产量和成本两个方面的增长，而在任何主要竞争者的激烈争夺情况下，最有可能受到伤害的却是市场中最弱的生存者。

8.2.3 人工智能市场状况

2018年11月,全球人脸识别算法测试结果公布,前5名中有3家中国公司依图科技继续保持全球人脸识别竞赛冠军,商汤科技、旷视科技等中国团队也榜上有名,NIST指导下的人脸识别算法测试,数据均来自真实业务场景,这意味着测试结果能够代表该技术在实战场景中的表现。种种数据表明,2018年是中国人工智能从实验室走向商业化的关键一年。尽管目前还处于"弱人工智能"时代,但国家层面的政策支持和资本的认可为行业带来了持续发展的动能。预计到2030年,中国将实现人工智能核心产业规模超过1万亿元,带动相关产业规模超过10万亿元。

中国企业在人工智能基础层和技术层的发展仍然有很大空间,《中国人工智能产业白皮书》显示,中国人工智能企业大多数都集中在了应用层,因为将AI技术应用在垂直行业当中,对于企业来说能够更快地实现商业化,对于跨界人工智能的公司来说也最容易切入。当前,公众对人工智能的关注度也在不断上升,其中最关注的依然是与日常生活关联度最高的产品。

1. 智能家居——场景落地竞争激烈

在人工智能大热的背景下,万物互联是物联网的终极目标,5G技术的出现将会极大地促进"智能家居"的落地。智能家居以住宅为平台,基于物联网技术,由硬件(智能家电、智能硬件、安防控制设备、家具等)、软件系统、云计算平台构成家居生态圈,可实现远程控制设备、设备间互联互通、设备自我学习等功能,并可以通过收集、分析用户行为数据为用户提供个性化生活服务。

智能音箱是借着人工智能浪潮最先火起来的产品之一,作为智能家居入口的重点产品,走进越来越多的中国家庭,成为目前公众感知度最高的AI产品,扫地机器人、零售机器人、儿童陪伴机器人等多种场景下的产品落地,让国内机器人企业迅速成长起来。整体来看,智能家居行业,参与者众多,"上游"厂商的芯片是关键,"中游"厂商提供方案,"下游"厂商产业化最大、互联网化水平最高。

2. 金融科技——数据成为竞争点

因为金融领域拥有天然的数据优势,金融行业一直被认为是人工智能落地较好的领域。中小企业一般通过人工智能技术服务切入金融行业,为传统金融企业提供风控、反欺诈等服务。在金融行业,数据源仍是金融科技企业争夺的焦点,它们依赖大数据、云计算、人工智能、区块链等提高金融业务的智能化。

在金融行业中常见的应用包括利用人工智能模型实现的智能投顾;利用人脸识别、

语音识别来识别身份，实现信贷反欺诈；利用信息关联、信息分析进行风险控制与定价；通过用户画像等进行精准营销。可以说人工智能的应用贯穿新金融的整个流程。

3．智能安防——消费者主导型市场

安防系统主要是利用人工智能技术进行治安防控，由于与视频监控结合，因此安防是人工智能在视觉技术领域最直接的应用，但为防止出现影响公共安全的事件，所以这个市场主要是以政府为导向的消费者主导型市场，企业进入安防领域需要与政府进行合作。

智能安防系统主要应用了生物识别技术，包括识别人的性别、年龄、姿态等信息，再配合交通监控系统，能够实现对公共场所多种异常现象的人群分析和反恐预警。目前该领域的硬件系统主要被海康威视和大华垄断，业务集成软件技术，直接对接 B 端客户；在软件算法类企业中，旷视科技、商汤科技、云从科技等均有相关类产品。

4．医疗行业——数据成为主要壁垒

人工智能应用在医疗领域的渗透率不高，AI 与医疗行业融合目前主要体现在两方面，分别是智能医疗设备和智能识别诊断，其中智能医疗设备多用于医院、诊所的医疗或辅助医疗的智能型服务机器人上；在智能识别诊断领域，主要包括诊前的疾病预防、健康管理，诊中的辅助诊断、医学图像处理，诊后的虚拟医护助手等。目前在识别诊断领域，发展较为成熟的有医学影像识别和智能诊断，其中针对疾病的智能诊断，人工智能方向的产品具有 4 个应用角度：在医院信息系统中的应用、在疾病辅助诊断中的应用、在药物开发中的应用、在遗传学方面的应用。

人工智能渗透医疗行业，当前竞争的主要壁垒是数据，如医学影像数据、电子病历等，由于存在各医院之间信息不流通、企业与医院之间合作不透明等问题，因此医疗行业数据层面的建设不甚理想，但是一旦数据壁垒被打破，这些产品将有可能充当医生的角色，为人类服务。人工智能企业进入医疗领域，首先要解决医疗数据问题，从而能够抢占市场。

5．教育行业——重点解决个性化教育

目前，人工智能在教育领域的应用主要有自适应/个性化学习、虚拟导师、教育机器人、科技教育、VR/AR 的场景式教育 5 个方面。人工智能进入教育行业，主要解决了个性化教育的痛点，同时缓解了教育资源不均衡的现状，具体的产品应用包括为学生的作业打分、聊天机器人回答学生的问题、虚拟助手成为辅导老师，智能产品将从学生的作业及考试大数据中分析个人学习的特性，从而推荐适合的教学内容，还可以

根据用户的学习过程动态个性化推荐知识点等。

人工智能虽然能够让优秀的教育经验模式化，但 AI 也不能够违背教育的本质，目前来看，人工智能在教育行业的应用仍处于初级阶段，商业模式与技术怎样才能更好地结合起来，人工智能的教育产品如何才能更"懂学生"，这些都在尝试与探索之中。

8.3 产品思维：B 端与 C 端产品设计

人工智能的崛起是依托互联网的发展，因此互联网的商业逻辑——流量、成本、价格与风险，事实上也可以套用到人工智能领域的产品上来。从目前的市场来看，人工智能在 C 端产品的应用多以功能优化为主，以人工智能服务的产品的商业模式更多的是以智能硬件切入，如智能手表、智能音箱、翻译器等，以 App 方式出现的基本是现有产品为载体，如地图导航、即时通信 IM、美图类软件，其产品依托的核心还不是纯粹的人工智能。而基于人工智能服务，更多企业是从 B 端的企业服务开始切入的。AI 产品经理在当前的市场大环境下，应该对 B 端和 C 端产品设计有深刻的认识。

8.3.1 如何定义 C 端或 B 端产品

在工作过程中，很多人会去看产品功能，如会抓住某一个功能点讨论它是否属于 B 端产品的功能，有时会因为某些功能在 C 端常见而被认为不适合在 B 端产品出现。但就我个人而言，思考产品功能时不应该把 B 端和 C 端严格区分开，因为无论哪端产品都还是要给人用的，生产时在思考产品安全、体验或是功能上，其实都应该是互通的。

一个产品属于 C 端还是 B 端，取决于这个产品究竟在解决什么样的问题，而不在于产品究竟会有什么样的功能。例如，IM 即时通信，通常被理解为 C 端产品的功能，然而这个功能在某些场景下也可以被认为是 B 端产品的功能，如微信是典型的 C 端产品，但并不妨碍它发展为 B 端产品，企业微信便应运而生，你不能简单地说企业微信还是 C 端产品。

C 释义：Consumer、Client，本文中取"Consumer"，意为消费者、个人用户或终端用户，使用的是客户端。常见 C 端产品有 QQ、微信、抖音等。

B 释义：Business，通常为企业或商家为工作或商业目的而使用的系统型软件、工具或平台。例如，企业内部的 ERP 系统、客服系统、报销系统等。我们来对比一下 C 端和 B 端产品的主要区别，如表 8-1 所示。

表 8-1　C 端和 B 端产品的区别

要　　素	C 端 产 品	B 端 产 品
切入点	关注用户的刚需	寻找行业切入点
模式衡量	商业模式有很成熟、通用的业务衡量体系	商业模式是围绕运作中所遇到的问题和瓶颈而产生的
产品设计	关注用户的整体使用流程	对目标市场的公司各个环节以及上下游协作方式有深入的理解和清晰的判断
用户消费	依赖口碑、消费冲动购买产品	非常有逻辑性的分析判断和团队的共同理性决策
获客成本	获客周期一般比较短且切换成本很低	B 类产品获客周期一般都比较长且切换成本比较高

C 端产品在切入点、模式衡量、产品设计、用户消费和获客成本环节都与 B 端产品有本质的差别。在切入点方面，B 端的产品重在寻找行业的切入点和自身的价值定位，C 端产品则更关注用户的刚需；在模式衡量方面，C 端商业模式有很成熟、通用的业务衡量体系，如日活、月活、GMV 等，B 端的产品主要是为了实现企业客户使用产品过程中的需求，是完全围绕运作中所遇到的问题和瓶颈而产生的；在产品设计方面，拥有 C 端和 B 端的企业都要找到未满足的需求并将其变成机会，对 C 端产品的要求主要是关注用户整体的使用流程，而 B 端产品需要对目标市场的公司运营的各个环节以及上下游协作方式有非常深入的理解和清晰的判断；用户消费层面，企业管理者在采购一项产品或服务时，往往是基于非常有逻辑性的分析判断和团队的共同理性决策，因此需要理解这条决策链上不同人的思维方式包括预算、责任边界和关键人等，产品解决客户问题只是基础，促成购买还需要信任，而影响 C 端产品的决策包括口碑甚至是消费冲动，因此企业对产品的宣传很重要。

企业所处的发展阶段不一样，对于 B 端产品的需求也不一样，但本质都是为了控制成本、提高企业效率，对于企业客户来说，理想的解决方案有两项最低要求：提高企业利润、扩大收入；控制成本、提高竞争力，所以 B 端产品设计的难点就在于发现未被满足的客户需求并找到了理想的解决方案或者通过创新获得了更好的替代方案，这也是人工智能选择从 B 端切入的原因，因为人工智能为 B 端服务带来了新的可能性。

8.3.2　B 端产品的设计准则

针对企业客户的云服务产品我们可以划分为 3 个类型，分别是基础设施即服务（IaaS）、平台即服务（PaaS）、软件即服务（SaaS），基础设施服务包括基础设施和基础资源服务，平台服务则提供软件部署平台、抽象硬件和操作系统细节，软件服务给企业提供的是可用的软件产品。这三类产品对于企业的可扩展性要求是由高到低的，并且企业对此需要投入的二次开发成本也是由高到低的。不同类型的企业服务产品，对应的企业需求也不一样。这些产品为了满足企业数据保密的需求，会有私有云服务，也会支持本地化部署服务。现在人工智能企业中会将服务包装为 SDK 或 API 接口，帮助企业扩展业务功能。当下许多人工智能企业的产品，主要还是通过切入企业市场提供服务，因此大部分也是 2B 的产品。

1. 衡量 B 端产品发展健康状况的指标

关于人工智能相关的企业服务类产品，我们同样可以通过 4 个相关指标评估产品的健康发展状况。

① 顾客流失率（Churn），顾客流失率从另一个层面对应的就是顾客的留存率，是企业服务产品的重要指标之一。一般来说流失率低于 5%的企业服务产品就是明星级别的产品了。如果每月流失 2%的客户，一年就会有 24%的客户流失，因此当这个数字超过 5%的时候，就非常考验团队的拓展能力了，因为每年都要寻找新客户来弥补旧客户的流失，当后期客户流失基数较大时将会给销售团队造成非常大的压力。

② 月循环营收（MRR），指的是每月的用户付费收入，由于企业服务产品存在按月付费的情况，每一个企业客户的获客时间不同，签约周期有差异，因此通过这个指标可以观察公司付费用户的变化趋势，相比传统意义上的销售收入，月循环营收 MRR 更能准确定义公司运行的健康状况。在计算时，有时还会计算新增用户的营收指标，按照新用户计算收入，同时还会计算月循环营收增长指标等。

③ 客户终身价值（LTV），客户终身价值在计算上可以用月循环营收与顾客流失率的比例来进行计算，即 LTV=MRR/Churn，该指标可以计算出平均单个客户给公司带来的价值。客户终身价值可以用来评估企业产品的客户获取成本及计算预期的收入。

④ 客户获取成本（CAC），客户获取成本是销售和市场推广费用与付费客户数量的比值。比较健康的状态是客户获取成本与客户终身价值的比例在 1∶3 以内，这意味着单一客户提供的价值可以在一年内实现盈利。

2. 企业服务产品的要求

① 产品核心需求。企业服务产品要找到市场定位，核心要求是对目标客户进行精准画像，具备"杀手级"隐性需求、系统性价值链，并且对于整个产业链有正向积极

的影响，使各个环节都受益，这样产品才有生存的空间。

② 客户价值。与 C 端的长尾不同，企业服务客户适用"二八"原则，即 80% 的价值由 20% 的用户提供，因此大型客户是企业服务产品的最佳目标客户，当客户生命周期价值高于 30 万元、年金额流失率低于 20% 时产品才会处于健康发展状态。

③ 销售方式。企业客户的销售方式和客单价有关，当客单价低于 1 万元时适用于电销，若高于 5 万元则拜访式销售更容易取得企业的信任，而会销是企业服务产品性价比最高的销售形式。

④ 产品发展蓝图。企业服务的产品可以先标准化、再定制化、再标准化、再定制化，不断循环才是企业服务产品的最佳路径。

⑤ 商业模式发展。商业模式最好可以跟企业规模成正比，一家只有 10 人的小型企业，如果年收入 100 万元的时候，企业的付费能力可能在 1 万元以内，但如果发展到 500 人的中型企业、年收入达到 2 亿~3 亿元的时候，付费能力基本就可以达到 10 万元以上了。

⑥ 企业动机。企业选择付费服务，需要有强付费的动力，即产品带来的开源和节流，这也被视为"可量化的商机"。

⑦ 理解"客户成功"。AI 产品经理需要正确理解"客户成功"，还要理解人工智能的价值，关键是深刻理解客户的状况和需求。

企业服务产品的需求，对于企业来说不仅仅是一个 IT 化的需求，AI 产品经理需要了解企业服务产品发展的要求，才能在商战竞争中脱颖而出。

案例：B 端产品的 Kano 模型分析

对于 B 端产品设计，AI 产品经理应该关注功能本身能解决什么问题，抓得多不如抓得准。Ping++ 联合创始人赵宇针对 B 端产品变现方式指出："对 SaaS 服务商而言，企业服务如何变现，逻辑关系应该是能够给客户提供好的服务，并且客户愿意买单。因此 B 端产品应该定义清楚我们提供什么样的服务，它属于什么样的需求。"以企业的结算支付系统为例，我们对 B 端产品进行需求分析，如图 8-5 所示。

背景：企业在运作过程中离不开资金的支付结算，不同于 C 端移动支付大行其道，企业在财务支付结算方面不仅有业务流程限制，因其资金量大、安全稳定的要求与 C 端产品也是完全不同的。

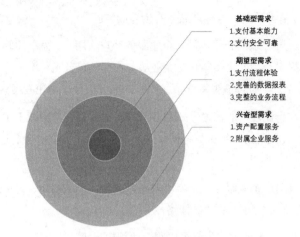

图 8-5　B 端支付产品需求类型

（1）基础型需求

为企业提供支付工具，支付功能是其本质与核心。

支付基本能力是指支付产品的基础功能，包括账户管理功能、支持的支付方式、支付通道容量、收入支出流水等基础功能。

支付安全可靠是指支付安全问题，如提供的产品是否有必要的安全措施，保证支付全过程是安全的；提供的支付系统能够保证长期稳定运行。

（2）期望型需求

提供支付功能后，用户关心的是整体的流程体验。

支付流程体验是指支付方式转变的门槛，支付操作是否烦琐，包括支付单填写过程、正确的操作引导、友好的错误提示方式等

完整的业务流程是指产品提供的功能能否满足基本的业务流程，而不必去改变现有的业务模式。

（3）兴奋型需求

资产配置服务是指在支付场景下提供智能的企业资产配置服务。

附属企业服务是指其他解决企业生产运作过程中问题的功能，如管理、法律等。

3. 设计 B 端产品的注意事项

（1）B 端产品也应该注重用户体验

用户体验是指用户使用产品的感受，B 端产品其实也是给人使用的，只不过使用过程带有特殊的业务场景，产品经理不应该抱着"B 端产品，企业一定会用"的想法，要知道用户是有选择权的。

（2）B 端产品设计功能时的思考

B 端产品为企业服务，人工智能无论如何应用，对于企业来说同样需要考量其为企业带来的生产价值。企业为 B 端产品带来的价值买单，购买原因无外乎是增加营收（开源）、降低成本（节流）抑或降低企业的风险。这些原因的最终目标主要是提高企业的利润，所以 B 端产品经理需要思考如何在企业的利润链上产生价值，提高企业的利润，对最终的利润正向贡献越大，产品的价值也就越大。在设计 B 端产品的时候，除考虑市场环境、公司资源和竞争对手外，企业一定还要思考两点。

① 产品服务企业的利润链上是否能产生较大的正向价值？

② 产品如何才能提升正向价值？

8.3.3 C 端产品的设计准则

C 端产品设计的重点是突出其核心功能，对于 C 端产品在规划初期我们就需要全盘考虑，哪一个功能是产品最核心、最不可舍弃的功能，哪些功能是锦上添花、为了提升用户体验的附加功能。人工智能的应用在 C 端产品中更多的是赋能，因此 AI 产品经理在面对 C 端的人工智能产品时，需要处理好人工智能和核心功能的关系，不要忽视核心功能而只注重人工智能的应用。

1. C 端产品思维

人工智能在 C 端产品设计中，同样不会背离产品的基本思维，在结合人工智能后，我们应该如何解读这些思维呢？

用户思维：以用户为中心，认识产品的核心用户，明白运用人工智能是为了提升用户体验。

简约思维：不要在核心功能外画蛇添足，并不是所有功能加上人工智能就能成为好的功能。

极致思维：超越用户预期，人工智能可以赋予产品超越用户预期的功能。

迭代思维：小步快跑，人工智能有时不是那么完美，企业可以在小步快跑中达到目的。

社会化思维：用网络的方式完成分工与合作。许多需要模型学习的标注数据，同样可使用该方法来实现。

平台思维：建设开放、共享、共赢的平台，同时人工智能的能力输出实际上也能够为模型的不断进化提供支持。

跨界思维：要有大眼光，用多角度、多视野看待问题和提出解决方案，并结合人工智能的多项手段，提出综合解决方案。

2. C 端产品的设计原则

C 端产品的设计十分注重细节，产品在方案设计过程中，在初期主要思考的是主体框架和流程，在后期主要注重产品细节的设计，以下是 10 大经典的产品设计原则，可供 AI 产品经理参考。

（1）状态可见或可知原则

用户的任何操作，单击、滑动、按下按钮、语音唤醒等，产品应即时给出反馈。"即时"是指响应时间小于用户能忍受的等待时间，这个反馈可以是页面形式也可以是语音提示。

（2）环境贴切原则

产品的一切表现或表述，应该尽可能贴近用户所处的环境（年龄、学历、文化、时代背景）。系统所使用的词、短语应该是用户熟悉的概念，而不是系统术语。如个人助理中，机器与人的交谈会非常注重人性化的回复。

（3）用户控制性与自由度原则

不要替用户做决定，为了避免用户的误用、误碰，产品应该可以撤销或重复操作，在人工智能产品中，则可以用语音提示的方式告知用户。

（4）一致性原则

一致性不仅指产品中的用语、功能、操作、界面的一致，还包括产品应遵循行业规则，如智能音箱的唤醒就是一个通用操作。

（5）防错原则

在用户选择动作发生之前，就要防止用户有容易混淆或者错误的选择，比出现错误信息提示更好的是用更好的设计来防止此类问题发生，在语音交互系统中回声的消除、误唤起就要遵守防错原则。

（6）易获取原则

尽量减少用户对操作目标的记忆负荷，无论是操作动作还是选项都应该是可见的，而系统的使用说明应该是可见的或者是容易获取的。

（7）灵活高效原则

中级用户的数量远高于初级和高级用户的数量，这意味着企业需要为大多数用户设计，不要低估、也不可轻视，要保持灵活高效的产品设计原则。

（8）审美与简约设计

如果用户使用产品的习惯是浏览产品，一般动作不是读、不是看，而是浏览，那么界面就需要突出重点，弱化和剔除无关信息。如果用户是在一个无法看只能听的环境中使用产品，则需要设计简单的语音沟通功能。

（9）容错原则

容错指的是允许用户犯错，错误信息应该用语音表达，较准确地指出问题所在，并且提出一个用户可进行实际操作的解决方案。

（10）人性化帮助原则

系统帮助性提示包含①无须提示；②一次性提示；③常驻提示；④帮助文档；提示的方式可以是文本、图片和语音，如果系统不使用文档是最好的。系统提供的任何信息应当是容易去搜索的，并且专注于用户的任务，列出了具体的步骤。

3. C端产品从需求到产品

（1）客观挖掘用户需求

C端产品经理的重要工作是对用户需求进行挖掘，在许多情况下，用户出于某种原因并不会袒露自己的真实想法或者用户也不知道自己的真实需求是什么，他们更多的是期望产品在已有功能上进行优化，这时候就需要产品经理不断挖掘表面背后的真实需求，然后结合用户的使用场景探讨用户希望借助这个功能达到什么目的，再去评估产品能够达到的功能。许多AI产品经理为了省事，往往会直接抄袭竞品，但实际上你只能抄到表面，却无法知道产品背后的逻辑。

（2）通过MVP验证用户需求

明确用户需求后，产品的方案也就基本完成了，AI产品经理需要注意结合产品的核心需求、产品的发展方向、现有框架、团队资源和用户期望来设计产品功能，切忌图大图全，应注重迭代优化和产品验证。

(3) 产品的迭代优化

我们经常在 C 端产品提到的用户体验,是需要依靠产品不断的优化来逐步提升的,所谓用户体验就是用户使用产品的感受,我们要在保证核心功能的情况下,不断从细节方面进行优化。例如,经常被我们忽视的搜索框大小、位置,优化卡片样式、颜色等。

(4) 商业目标的结合

以用户需求驱动的产品迭代,并不意味着没有自己的商业目标,AI 产品经理同样要思考如何把产品的商业价值和用户需求结合起来,并且能带来持续的效益,这样才能保证产品的可持续发展。

本章小结

人工智能的浪潮正在向我们袭来,然而企业技术的成熟并不能代表商业的成功。人工智能在细分市场和领域往往会缺乏实用性,一方面商业化不健全,行业缺乏统一标准,许多人工智能产品从模型、算法到软件实现和操作系统层面无法实现兼容和跨平台;另一方面许多人工智能产品,包含软硬件开发近似于雕琢工艺品,无法进行量产和复制。事实上人工智能落地,仍然缺乏既对技术有深入了解、又对行业有深刻洞察力的领导者。那么作为一个人工智能企业的领导应注意以下几点。

(1) 人工智能产业的商业模式

大多数企业总是以盈利为目的,人工智能的确带来了新的市场机会,但我们在抓住机会的同时也要更加理性地思考并确认合适的商业模式。企业应该找到自己的位置,结合可运用的各种生产要素,明确自己可向市场提供什么样的商品或服务。

(2) 市场竞争分析

人工智能市场初步形成,已经有许多玩家进入,对于 AI 产品经理来说,合理评估市场,正确分析市场情况,找到产品的差异化,才能在激烈的市场环境中存活下来。

(3) 把握 B 端和 C 端产品的设计

人工智能的落地,无论是 B 端还是 C 端产品,都有不同的设计准则,也有不同的成长路径,AI 产品经理应该把握好产品的生命周期。

AI 产品经理的工作如果用"二八"定律来解释,可以说 80%的时间都在思考,20%的时间在执行,因此思维的素质一定程度上决定了 AI 产品经理的高度,所有人都看到人工智能市场的未来潜力,但不是所有人都能占领市场的高地,合理的产品成长路径,依赖于合理的规划。

第 9 章

核心价值：自我学习与成长

世界上的很多变化是"润物细无声"的，只有细心观察的人才能体会到变化的过程，而大多数人看到的只是变化后的结果。人工智能时代带来的变化，是细小而激烈的，细小是因为人工智能是慢慢融入各行各业的，而激烈指的是因此带来的行业巨大变革。人工智能时代的到来，不仅能够为生活带来更多便利，更深刻地影响着行业未来的发展。当人们提出"机器何时能够像人类一样思考呢？"这个问题后，多少代人前赴后继为之付出努力。当然，目前人工智能技术还很难达到"人类的水平"，尚只能在垂直领域超越"人类"，但谁又能说人工智能的未来没有这个可能性呢？或许就在不久的将来，还会有人提出"机器是否能够超越人类的思考呢？"这样的问题。

AI 产品经理身处在这个变化发展如此快速的时代，许多人也会产生对未来的焦虑，担心自己会被时代所抛弃，但与其充满焦虑，不如用更加开放的心态，主动接纳这个变化，努力奋斗向前，才能创造出许多前人不敢相信的奇迹。人工智能的未来充满挑战，同时也充满希望。人工智能作为新一轮产业变革的核心驱动力，我们应该看到的是由此催生的新技术、新产品、新产业、新业态、新模式，从而能够引发经济结构的重大变革，实现社会生产力的整体提升。在本书的最后一章，我们的目光将回归到个人，在这个人工智能时代，说一说 AI 产品经理最难能可贵的核心价值。

9.1 AI 产品经理的人才观

人工智能的火热发展带动了大量的人才需求，也新增了很多新的岗位，如 AI 算法科学家、AI 工程师、人工智能训练师、AI 产品经理、数据标注专员等。2017 年 7 月，《全球 AI 领域人才报告》发布，这份基于 LinkedIn 数据的报告显示，截至 2017 年一季度末，全球 AI 领域技术人才数量超过 190 万，其中美国相关人才总数超过 85 万，而中国的相关人才总数也超过了 5 万人。正如《2017 全球人工智能人才白皮书》中指出，为争抢优秀人才倾其所有已成为 AI 公司正在做的同一件事情。过去 3 年中，AI 相关岗位平均招聘薪资正以每年 8% 的速度增长。

在这些岗位中 AI 算法科学家、AI 工程师涉及关键性应用，是目前人才市场中最稀缺的人才；而有产品的地方，就需要产品经理，AI 产品经理是非关键性应用中较稀缺的人才。合格的 AI 产品经理需要对 AI 认知全面且懂得如何与实际的市场需求相联系，市场中各行各领域关于 AI 行业的尝试大部分进展过慢或难以开展，AI 产品经理的匮乏也是重要原因之一。

产品经理是产品的灵魂。这句话其实一点都不夸张，如果你愿意去深入研究一款产品，你真的会明白一个产品设计者的思路，可以说产品经理思想的高度，能在许多产品设计细节中体现出来。产品经理是新型工业化生产的代表，在传统制造业中，产品经理承担着捕捉客户和市场需求，及时掌握技术和生产的革新，跟踪服务、调试、修正产品的重任，而在互联网时代扁平化管理体系中，产品经理首先是一个社会人，他面对的是市场、用户和研发团队。

无论人工智能发展如何，如今的职场，对于人才的要求越来越多样化。有人认为"艺多不压身"，具有丰富知识储备的"通才"会有更多的发展机会。但也有人认为"百艺通不如一艺精"，只有具备某一个领域的专长，才能有更大的上升空间。对于 AI 产品经理来说，同样要面对这个问题：AI 产品经理究竟要成为"通才"还是"专才"呢？

抛开人工智能的特殊属性不谈，AI 产品经理这个岗位似乎具备成为"通才"的天然优势，因为 AI 产品经理不仅要懂用户、懂业务，工作过程中还需要同技术、设计、测试、运营、市场等多个岗位的人沟通交流，如此综合的工作内容，做事要有条理、有重点，毫无疑问是 AI 产品经理必备的素养。那么在实际工作过程中，AI 产品经理是否对任何事情只要浅尝辄止即可呢？并不是，实际上在工作中要想成为出色完成工作的产品经理或产品负责人，"通用技能"和"专业技能"二者缺一不可。

所谓的"通才"指的是具备通用技能的人才，AI 产品经理的通用技能可以泛指通用的产品管理能力，如产品思维、用户思维、逻辑能力等就是产品经理的通用技能。专业技能是指与岗位或行业相关的技能，会因为岗位不同需要的能力也会有所不同，是岗位价值的重要体现，产品经理的专业技能更多指的是对行业的深度理解，如对电商、金融、财务等专业知识的理解。AI 产品经理对于人工智能行业的理解就应该站在更高的角度，使自己努力成为 T 型人才，如图 9-1 所示。AI 产品经理的通用技能，应该体现在传统互联网产品经理的基本能力方面；而 AI 产品经理的专业技能，应该体现在对 AI 技术的理解力和 AI 行业的理解力两个方面。

图 9-1 T 型人才模型

1．AI 技术的理解力

① 同 AI 工程师交流，具备理解 AI 概念，判断技术边界的能力。

② 同各业务沟通的能力，能够转化概念，判断某项业务能不能做，能做到什么程度。

③ AI 数据的评估能力，了解需要什么样的数据。

④ AI 产品交互设计能力，能结合功能和产品体验，发挥 AI 的最大价值。

⑤ AI 产品数据功能设计能力，能设计最佳数据采集功能，累积以备后续使用。

2．AI 行业的理解力

① 个人具备关于 AI 行业的知识框架。

② 拥有结合系统的 AI 知识可展开逻辑思维发散的能力。

③ 能够思考 AI 给行业带来的新的可能性。

AI 产品经理在"通"和"专"方面的能力要求并不是相互矛盾的，当然在成长过程中会遇到"该专的不专，该通的不通"的现象。例如，许多 AI 产品经理局限于对算法的一味追求，不利于产品目标的实现。AI 产品经理的重点应该是"发现产品的价值"，AI 产品经理的"通"是方法和过程，"专"是方向和目的。AI 产品经理需要认清自己，知道自己所掌握的知识，并将这些知识转化为自身的技能，才可以体现自身的价值。

9.2　AI 产品经理的成长环境

互联网解决的是信息对称和连接的问题，以百度为代表的搜索引擎致力于解决人与信息之间的问题，以阿里巴巴为代表的电商致力于解决人与商品之间的问题，以腾讯为代表的社交平台致力于解决人与人沟通的问题。人工智能的价值并不在于解决对称和连接的问题，而在于解决行业中生产效率的问题，这也是未来人工智能需要解决的核心问题，即如何提高生产力的问题。

1. 不同类型企业中 AI 产品经理的成长环境

许多企业都开始投入资源布局人工智能产业，但对于不同类型的企业，因为 AI 产品经理面对的模式不同，所以成长环境也不一样，如表 9-1 所示。

表 9-1　不同企业背景下 AI 产品经理的成长环境

企业背景	说　　明	典 型 企 业
科技背景	这一类型的企业积累了大量的数据，同时技术基础储备较全面，AI 覆盖面较宽。不仅只有一种 AI 技术，可能在人脸识别、语音识别等多领域都有所探索。在这个类型的企业做 AI 产品经理，至少内部资源丰富、技术精深，但也可能数据较复杂，导致 AI 产品经理的沟通成本增加，如果人工智能与业务核心功能联系不紧密，很可能由于短期利益，而无法推进产品前进	百度、阿里巴巴、腾讯等
硬件背景	产品在硬件领域已经占有一席之地，企业期望运用人工智能技术为硬件产品带来创新，提升原有产品的用户体验，从而拓展新的市场。对 AI 产品经理来说，需要正确把握产品创新的边界，助力生产出落地且受市场欢迎的产品	华为、中兴、寒武科技等
服务背景	服务背景企业的优势在于积累了行业的历史数据，市场品牌号召力强，需要人工智能提升服务水平，降低损耗。这类企业需要 AI 产品经理有较好的学历背景和综合的项目管理能力	平安、宜信等
制造业背景	制造业拥有传统的非智能类产品，在 AI 时代期望赶上智能化的列车，期望能够制造出新的智能产品，甚至构建新的智能生态。这对 AI 产品经理的异业合作、异业管理的能力提出了较高要求	海尔、格力

2. AI 产品经理成长的不同阶段

无论是哪个类型的企业，AI 产品经理都需要对 AI 行业知识有深刻的理解，这样才能具备边界判断能力及寻找最佳解决方案的能力。AI 产品经理不仅要懂 AI 技术，更要懂 AI 技术下的人性。成为一名 AI 产品经理，在职业发展的每个阶段都会有不同的侧重点，要想成为高阶 AI 产品经理就应该具备多方面的能力。那么 AI 产品经理是如何成长的呢？

（1）第一阶段核心能力：产品方案撰写能力

在这个阶段的 AI 产品经理，主要会接收到领导的任务和需求，主要工作是推动产品方案的上线和落地。在这一阶段中，AI 产品经理会被分配到一些看似不重要的优化类需求领域，但切忌眼高手低，一定要将产品方案的每一个细节设计清楚。在这个阶段，AI 产品经理需要培养基本的产品方案设计能力，同时也要有意识地锻炼自己的产品思维。

培养了解背景的意识：虽然在这个阶段，AI 产品经理会被指派处理相关工作任务，但不要一接手工作，就开始做方案，要培养自己了解需求背景的意识，多问一下究竟这个功能在解决什么问题。

产品方案的撰写能力：培养撰写完整的产品方案的能力，包括一个产品的正向流程、异常流程、主流程、分支流程，功能的逻辑、跳转交互等，将产品方案有条理且清晰地写下来。

了解产品的数据：执行产品方案过程中，不要害怕处理数据，尤其是 AI 产品经理，要了解数据是否达到了建模标准，实际上初步评估方案可行性更加重要。

产品方案的评审：文档要写得条理分明，评审要逻辑清晰，准备充分后避免重复沟通，并且要记录评审过程中的问题提要。

在这个阶段，AI 产品经理会有重要的产品文档输出，包括产品原型图设计、BRD、MRD、PRD 文档等。

（2）第二阶段核心能力：需求拆解能力

产品的世界就是结构与流程的世界。一个比较成熟的产品线，会有多个产品模块组成，在这个阶段 AI 产品经理需要知道自己负责的产品模块所在的位置及其价值，即各系统的依赖关系。正确规划产品的基本架构，这个时候 AI 产品经理还需要学会分工合作，需要学会拆解需求，从而让产品的主次需求清晰有效。

明确产品的边界：产品边界的界定，一方面是为了防止"需求蔓延"，另一方面是防止"重复造轮子"，清晰的产品边界能够让流程高效运行。

理解产品的目标：产品目标不是停留在文档里的，而是从需求开始一直到产品上线所围绕的核心，什么样的功能应该做，什么样的功能可以延后做，都基于是否能够实现产品的目标。

在这个阶段，产品的思维方式应该更加成熟，虽然着眼点还会聚焦在具体功能上，但此刻 AI 产品经理应该学会抛开产品功能看问题。此时 AI 产品经理会对产品流程有自己的拆解方法论，敏锐发现各类产品的异同，并能用清晰明确的语言进行产品的描述，如一个产品的视觉、功能、交互体验，面向的主要用户群体、解决的主要需求、核心功能等。

（3）第三阶段核心能力：产品大局观

创新和空想最大的区别在于创新是有依据，有目的的创造。无论是何种类型的产品，作为 AI 产品经理应客观理解一个现实，每个产品在上线之前，它的生命周期、盈利能力基本都会有一个上限，只有市场发生突变或新技术产生，才可能产生突破。人工智能产品亦是如此，因此 AI 产品经理才要明了产品的前期调研与产品评估，从而探索产品的核心需求与市场容量。

产品有计划地不断迭代与优化，才能保持产品的竞争力，这需要 AI 产品经理有足够的勇气，更需要专业水平来支撑自己的判断。

9.3 AI 产品经理的自我迭代

从人工智能产业进程来看，技术突破是推动产业升级的核心驱动力。数据资源、运算能力、核心算法共同发展，掀起了人工智能的第三次浪潮。人工智能产业从计算智能而来，目前正处于从感知智能向认知智能的进阶阶段，智能语音、计算机视觉及自然语言处理等技术，已具有大规模应用的基础。党的十九大报告也提出"推动互联网、大数据、人工智能和实体经济深度融合"，可见人工智能发展的重要性，一方面，随着制造业强国建设步伐的加快，将促进人工智能等新一代信息技术产品的发展和应用，助推传统产业转型升级，推动战略性新兴产业实现整体性突破；另一方面，随着人工智能底层技术的开源化，传统行业将有望加快掌握人工智能基础技术并依托其积累的行业数据资源实现人工智能与实体经济的融合创新。预计到 2025 年全球人工智能应用市场规模总值将达到 1270 亿美元，人工智能将是众多智能产业发展的突破点。

从"移动互联网"时代逐步走向"人工智能"时代，作为一款产品的决策者，将会面临全新的体系和理论，在产品的迭代过程中，每一位 AI 产品经理都要有一个独立并勇于思考的灵魂，技术永远在不断地更新迭代，AI 产品经理应该清楚地意识到自己的核心能力是什么。那 AI 产品经理应该走什么样的路呢？其实很多时候，我们选择哪条路，不是空想出来的，而是在不断的实践过程中探索出来的。在我看来，AI 产品经理要想持续修炼自己的基本功，应该做到以下 6 点。

1. 持续学习

学习能力才是 AI 产品经理最重要的能力，因为人工智能的技术发展日新月异，而相应行业的发展也是一个动态的过程，所以 AI 产品经理要不断地学习。产品在不断的发展中满足了用户新的需求，同时也在不断融入新的科技手段来增强自身的竞争力，从这一点上来说持续学习对产品经理来说是一个必然要求。无论行业发生怎样的变化，AI 产品经理都应该通过持续的学习，保证自己的学习能力，更新自己的知识。在持续学习的过程中，AI 产品经理要注意学习的方法和重点，学习不是比谁花费的时间多少，不是搞形式，而是要沉淀自己的学习方法论，"吾生也有涯，而知也无涯"，我们应该认识到学习是一个终生持续的过程，不断学习才会带来不断地进步。

2. 注重实践

"不怕从零开始，只怕从未开始"，学习新东西固然重要，但是内化知识则更加重要。王守仁认为，"知是行的主意，行是知的工夫；知是行之始，行是知之成"，此所谓"知行合一"。当我们学习到的方法和知识并没有被我们应用到工作中时，随着时间的流逝，它们就会逐渐消失了。没有经过思考与实践的知识，是不可能形成潜意识的，因此作为 AI 产品经理，应该把学习到的知识和方法在实践中应用，才能够内化成为自己的技能。

3. 勇于尝试

人会慢慢停留在自己的舒适区而失去尝试和挑战的勇气，许多人都希望凭借自己已有的知识与能力，让自己处于相对轻松的状态，其实不走出舒适区，就永远都不会知道自己的成长空间有多大。在固定岗位工作许多年的人在某种程度上是缺乏挑战新鲜事物勇气的，这实际上就会错过很多机会。人工智能市场未来一定会进入残酷的竞争市场，而始终停留在舒适区的人往往会最早被公司淘汰。职场中新人阶段是成长最快的阶段，因为在新人时期，我们会始终保持一种渴望成长的态度。因此，在工作中 AI 产品经理可以让自己保持一种新人态度，勇敢地去尝试，成败并不重要，重要的是尝试过程中所获得的经验。

4. 好奇心

如果回到 10 年前，有多少人能想象出门仅带一个手机就可以完成就餐、购物等活动。新的科技、生活方式都是人们在好奇心的驱使下，对未知事物、未知领域进行探索、研究、追求的产物。人工智能的技术能力是基础，但究竟应该如何应用，就需要 AI 产品经理保持一颗好奇心，驱动创新、灵活思考、打破现有的思维局限。

5. 关注趋势

AI 产品经理需要站在一定的高度去看待行业的变化，我们处于变化的世界，行业趋势的重要性不言而喻。AI 产品经理需要培养自己洞察行业趋势的能力，一个行业的发展始终是有自身的发展规律的，只有不断拓展自己的视野，才能理解其中的含义，尤其是在人工智能领域，更需要看到行业的变化趋势。

6. 独立人格

保持自己的独立人格，不要人云亦云，AI 产品经理需要有自己独立的思考能力，有人说"AI 产品经理的成长没有固定的方法论可言"。我认为其实说的是"学习的道路无法复制"这件事，许多道理和方法，最终都是要落到每个人自己身上的，AI 产品经理重要的是寻找最适合自己的成长路径。

人工智能时代，依然需要许多具有人工智能理念、国际视野和创新能力的人才，对于 AI 产品经理来说，也应该像产品一样，不断自我迭代，才能保持竞争力。

反侵权盗版声明

电子工业出版社依法对本作品享有专有出版权。任何未经权利人书面许可，复制、销售或通过信息网络传播本作品的行为；歪曲、篡改、剽窃本作品的行为，均违反《中华人民共和国著作权法》，其行为人应承担相应的民事责任和行政责任，构成犯罪的，将被依法追究刑事责任。

为了维护市场秩序，保护权利人的合法权益，我社将依法查处和打击侵权盗版的单位和个人。欢迎社会各界人士积极举报侵权盗版行为，本社将奖励举报有功人员，并保证举报人的信息不被泄露。

举报电话：（010）88254396；（010）88258888
传　　真：（010）88254397
E - m a i l：dbqq@phei.com.cn
通信地址：北京市万寿路 173 信箱
　　　　　电子工业出版社总编办公室
邮　　编：100036